"国家级一流本科课程"配套教材系列

教育部高等学校计算机类专业教学指导委员会推荐教材

国家级线上一流本科课程"软件体系结构"指定教材

软件体系结构

李青山 蔺一帅 主 编

鲍 亮 邓 岳 王 璐 副主编

清华大学出版社

北京

内 容 简 介

本教材的主要内容可以分为如下三部分。

第一部分包括第 1 章"软件体系结构概述"和第 2 章"软件体系结构的定位与构建",这两章的内容是读者阅读本教材和掌握软件体系结构整个宏观知识体系的基础。

第二部分包括第 3～7 章,这部分中的各章分别围绕软件体系结构描述方法、基于风格的软件体系结构设计、面向质量属性的软件体系结构设计、软件体系结构评估、软件体系结构演化等软件体系结构构建过程中需要的专业知识进行讲解。

第三部分包括第 8 章,这一章选取了三个实际的软件项目案例,以实践验证的方式带领读者面向实际的软件系统需求,综合应用本教材前两部分讲解的知识内容,完成软件系统体系结构的构建。

本教材适合软件工程、计算机相关专业高年级的本科生、研究生和博士生,以及相关专业领域的从业人员、研究人员和高校教师使用。

版权所有,侵权必究。举报: 010-62782989,beiqinquan@tup.tsinghua.edu.cn。

图书在版编目(CIP)数据

软件体系结构/李青山,蔺一帅主编. -- 北京: 清华大学出版社,2025.5.
("国家级一流本科课程"配套教材系列). -- ISBN 978-7-302-68880-8

Ⅰ. TP311.5

中国国家版本馆 CIP 数据核字第 2025TS6485 号

责任编辑: 张 玥 薛 阳
封面设计: 刘 键
责任校对: 韩天竹
责任印制: 刘 菲

出版发行: 清华大学出版社
网　　址: https://www.tup.com.cn,https://www.wqxuetang.com
地　　址: 北京清华大学学研大厦 A 座　　　　邮　编: 100084
社 总 机: 010-83470000　　　　　　　　　　　邮　购: 010-62786544
投稿与读者服务: 010-62776969, c-service@tup.tsinghua.edu.cn
质量反馈: 010-62772015, zhiliang@tup.tsinghua.edu.cn
课件下载: https://www.tup.com.cn,010-83470236
印 装 者: 三河市龙大印装有限公司
经　　销: 全国新华书店
开　　本: 185mm×260mm　　　印　张: 16.5　　　字　数: 412 千字
版　　次: 2025 年 5 月第 1 版　　　　　　　　　印　次: 2025 年 5 月第 1 次印刷
定　　价: 59.50 元

产品编号: 103996-01

前　言

　　随着信息技术的飞速发展，软件已经成为当今社会不可或缺的基础设施之一。从个人生活到企业管理，从科学研究到政府服务，软件的应用无处不在。同时，随着云计算、大数据、人工智能等新兴技术的发展和应用，软件系统的规模和复杂度也在不断增加。因此，如何设计和构建一个优秀的软件系统，确保系统实现其复杂的功能需求和性能、可用性、安全性、可修改性、可靠性等质量属性需求，降低软件开发和维护的成本，提高软件开发的效率和质量，成为一个尤为重要的问题。

　　但是，软件体系结构的设计并不是一件简单的事情。作为软件系统的基础框架，它决定了软件系统的整体结构和组织方式，包括各个模块之间的关系、数据流向、系统的架构风格，以及质量属性实现策略设计等内容。这些多层面的抉择和决策，需要架构设计师具备扎实的理论基础和丰富的实践经验。

　　因此，作为国内最早开设"软件体系结构"课程，并建设了首门"软件体系结构"国家级一流课程的高校教研团队，我们基于近20年在软件体系结构课程教学、科研和软件系统设计开发的经验和成果，综合8000余名线下授课学生和近1.8万名线上学习者的教学反馈，编写了本教材，旨在帮助读者深入了解软件体系结构的基本概念和原理，掌握软件体系结构设计的方法和技术，在实际应用中具备软件体系结构设计的工程能力，更加游刃有余地应对日益复杂的软件系统开发的问题和挑战。

　　下面对本教材的主要内容、特色和阅读建议进行简要的说明。

　　本教材的主要内容可以分为如下三部分。

　　第一部分包括第1章"软件体系结构概述"和第2章"软件体系结构定位与构建"，这两章的内容是读者阅读本教材和掌握软件体系结构整个宏观知识体系的基础。

　　第二部分包括第3~7章，这部分中的各章分别围绕软件体系结构描述方法、基于风格的软件体系结构设计、面向质量属性的软件体系结构设计、软件体系结构评估、软件体系结构演化等软件体系结构构建过程中需要的专业知识进行讲解。

　　第三部分包括第8章，这一章选取了三个实际的软件项目案例，以实践验证的方式带领读者面向实际的软件系统需求，综合应用本教材前两部分讲解的知识内容，完成软件系统体系结构的构建。

　　本教材的主要特色体现在如下三方面。

首先，教材基于软件体系结构设计的生命周期组织知识体系。教材内容围绕软件体系结构定位与构建、软件体系结构描述方法、基于风格的软件体系结构设计、面向质量属性的软件体系结构设计、软件体系结构评估、软件体系结构演化，以及软件体系结构设计综合应用案例展开，教材知识体系囊括软件体系结构设计构建全生命周期中所需的专业知识和关键技术。

其次，多维度、多粒度体系结构设计案例贯穿全教材。本教材贯穿了大量来自教学研讨、科学研究和工业应用中的多维度软件体系结构设计案例，包括面向细粒度的架构设计知识点案例，面向多知识点融合的特定架构设计决策应用案例，以及覆盖体系结构设计构建全生命周期的大型综合案例。

最后，多模态、多维度资源、全方位支撑教与学过程。本教材为读者提供了对应教材内容的教学课件、习题以及对应细粒度知识点讲解的微课视频和知识点、自测题库等丰富的教与学资源。

本教材适合软件工程、计算机相关专业高年级的本科生、研究生和博士生，以及相关专业领域的从业人员、研究人员和高校教师使用。针对不同背景的读者，可以参考以下的方式进行各章节的阅读和学习。

对本教材所有读者而言，可完整阅读本教材的第 1 章和第 2 章，以对全书的内容和组织有一个总体理解，同时构建出对软件体系结构设计过程的整体认知。随后，读者可以开始阅读全书的所有章节，构建出一个完整的软件体系结构。也可以根据自身的知识储备和需求选择阅读某个章节内容，了解软件体系结构风格设计、软件体系结构描述、质量属性设计、软件体系结构评估、软件体系结构维护与演化等在软件体系结构构建过程中的某个部分或环节需要的专业知识。抑或，面向更具体的软件架构设计需求，单独阅读特定章节中讲解的对应架构设计知识点的具体内容。例如，读者需要应对软件系统的安全性需求，设计该系统的安全性架构设计策略，那么，读者可以直接选择阅读第 5 章面向质量属性的软件体系结构设计中的安全性的内容。

在阅读过程中，如果读者有对各章节知识点进行多样化学习的需求，可随时通过本教材提供的配套课件、习题、知识点讲解视频和知识点自测题库进行进一步的学习。

在编写本教材的过程中，我们汇集了众多软件工程领域的专家意见和实践经验，力求将最新的理论成果和实践案例融入书中。在此，向众多帮助我们的专家、学者及高校师生表示感谢。

我们衷心地希望本教材能够成为读者学习软件体系结构的重要参考资料，希望读者通过本教材的学习，不断提升自己的软件架构设计能力，为构建更加可靠、高效、安全的软件系统贡献自己的力量。同时，也欢迎读者提出宝贵的意见和建议，共同改进和完善本教材的内容，使其成为更加优秀的教材和参考书籍。

祝愿读者在学习本教材的过程中收获满满！

教与学资源

编 者

2025 年 2 月

目 录

第1章 软件体系结构概述 ... 1
1.1 随处可见的软件架构 ... 1
1.2 软件体系结构的定义 ... 2
1.2.1 多角度定义软件体系结构 ... 2
1.2.2 软件体系结构定义解析 ... 4
1.3 从建筑的体系结构理解软件的体系结构 ... 5
1.4 软件体系结构的作用 ... 7
1.5 软件体系结构的历史与发展现状 ... 7
1.5.1 软件体系结构的发展史 ... 7
1.5.2 软件体系结构的主要研究方向 ... 8
小结 ... 9
习题 ... 9

第2章 软件体系结构定位与构建 ... 10
2.1 软件生命周期中的软件体系结构 ... 10
2.1.1 需求分析阶段 ... 10
2.1.2 系统设计阶段 ... 12
2.1.3 系统实现阶段 ... 13
2.1.4 系统测试阶段 ... 13
2.1.5 系统部署阶段 ... 14
2.1.6 系统维护和迭代阶段 ... 14
2.1.7 系统退役阶段 ... 15
2.2 软件体系结构的生命周期 ... 15
2.2.1 软件体系结构分析 ... 16
2.2.2 软件体系结构设计 ... 17
2.2.3 软件体系结构评估 ... 20
2.2.4 软件体系结构演化 ... 21
小结 ... 22
习题 ... 22

第 3 章　软件体系结构描述方法 ··· 23
- 3.1 软件体系结构描述概述 ··· 23
  - 3.1.1 软件体系结构描述定义及其重要性 ································· 23
  - 3.1.2 软件体系结构描述类型 ··· 23
- 3.2 常见软件体系结构描述方法 ··· 27
  - 3.2.1 基于图建模的描述方法 ··· 27
  - 3.2.2 基于 UML 建模的描述方法 ·· 29
  - 3.2.3 基于形式化规格说明的体系结构描述 ······························ 31
  - 3.2.4 基于架构描述语言的体系结构描述 ································· 39
  - 3.2.5 模型驱动建模开发方法 ··· 43
- 小结 ·· 46
- 习题 ·· 46

第 4 章　基于风格的软件体系结构设计 ································· 47
- 4.1 软件体系结构风格概述 ··· 47
  - 4.1.1 软件体系结构风格定义 ··· 47
  - 4.1.2 软件体系结构风格作用 ··· 48
  - 4.1.3 软件体系结构风格的发展与演化 ··································· 48
- 4.2 数据流体系结构风格 ··· 49
  - 4.2.1 批处理体系结构风格 ·· 49
  - 4.2.2 管道-过滤器体系结构风格 ·· 52
- 4.3 以数据为中心的体系结构风格 ··· 55
  - 4.3.1 仓库体系结构风格 ··· 55
  - 4.3.2 黑板体系结构风格 ··· 57
- 4.4 调用/返回体系结构风格 ·· 61
  - 4.4.1 主程序-子过程体系结构风格 ··· 62
  - 4.4.2 面向对象体系结构风格 ··· 64
  - 4.4.3 层次系统体系结构风格 ··· 66
- 4.5 虚拟机体系结构风格 ··· 69
  - 4.5.1 解释器体系结构风格 ·· 69
  - 4.5.2 规则系统体系结构风格 ··· 71
- 4.6 独立构件体系结构风格 ··· 73
  - 4.6.1 进程通信体系结构风格 ··· 74
  - 4.6.2 事件系统体系结构风格 ··· 76
- 4.7 微服务体系结构风格 ··· 82
  - 4.7.1 微服务体系结构风格定义 ··· 83
  - 4.7.2 微服务体系结构风格特点 ··· 84
  - 4.7.3 微服务体系结构风格应用 ··· 85
- 4.8 云原生体系结构风格 ··· 88

    4.8.1 云原生体系结构风格定义 …………………………………… 88
    4.8.2 云原生体系结构风格特点 …………………………………… 89
    4.8.3 云原生体系结构风格应用 …………………………………… 90
  4.9 大数据处理体系结构风格 ………………………………………… 92
    4.9.1 大数据处理体系结构风格 …………………………………… 93
    4.9.2 大数据处理体系结构风格特点 ……………………………… 97
    4.9.3 大数据处理体系结构风格应用 ……………………………… 97
  小结 ……………………………………………………………………… 99
  习题 ……………………………………………………………………… 99

第 5 章 面向质量属性的软件体系结构设计 ……………………………… 101
  5.1 软件质量属性概述 ……………………………………………… 101
    5.1.1 质量属性的特点 …………………………………………… 101
    5.1.2 质量属性场景 ……………………………………………… 104
  5.2 可用性 …………………………………………………………… 107
    5.2.1 可用性的含义 ……………………………………………… 107
    5.2.2 可用性的质量属性场景 …………………………………… 109
    5.2.3 可用性的实现策略 ………………………………………… 110
    5.2.4 提高软件可用性的措施实例 ……………………………… 117
  5.3 可修改性 ………………………………………………………… 118
    5.3.1 可修改性的含义 …………………………………………… 118
    5.3.2 可修改性的质量属性场景 ………………………………… 119
    5.3.3 可修改性的实现策略 ……………………………………… 120
    5.3.4 提高软件可修改性的措施实例 …………………………… 126
  5.4 性能 ……………………………………………………………… 128
    5.4.1 性能的含义 ………………………………………………… 128
    5.4.2 性能的质量属性场景 ……………………………………… 129
    5.4.3 性能的实现策略 …………………………………………… 130
    5.4.4 提高软件性能的措施实例 ………………………………… 133
  5.5 安全性 …………………………………………………………… 134
    5.5.1 安全性的含义 ……………………………………………… 134
    5.5.2 安全性的质量属性场景 …………………………………… 135
    5.5.3 安全性的实现策略 ………………………………………… 136
    5.5.4 提高软件安全性的措施实例 ……………………………… 139
  5.6 可测试性 ………………………………………………………… 140
    5.6.1 可测试性的含义 …………………………………………… 140
    5.6.2 可测试性的质量属性场景 ………………………………… 141
    5.6.3 可测试性的实现策略 ……………………………………… 142
    5.6.4 提高软件可测试性的措施实例 …………………………… 144

- 5.7 易用性 ····· 145
  - 5.7.1 易用性的含义 ····· 145
  - 5.7.2 易用性的质量属性场景 ····· 147
  - 5.7.3 易用性的实现策略 ····· 147
  - 5.7.4 提高软件易用性的措施实例 ····· 150
- 5.8 特定领域关注的质量属性 ····· 151
  - 5.8.1 功耗效率 ····· 151
  - 5.8.2 可移植性 ····· 152
  - 5.8.3 可重用性 ····· 153
- 5.9 综合案例：手机银行 ····· 153
  - 5.9.1 案例综述 ····· 153
  - 5.9.2 面向质量属性的体系结构设计 ····· 154
- 小结 ····· 156
- 习题 ····· 157

第 6 章 软件体系结构评估 ····· 158

- 6.1 软件体系结构评估定义 ····· 158
- 6.2 软件体系结构分析与评估方法 ····· 159
  - 6.2.1 基于场景的评估方法 ····· 159
  - 6.2.2 基于度量和预测的评估方法 ····· 161
  - 6.2.3 基于特定软件体系结构描述语言的评估方法 ····· 162
- 6.3 软件体系结构分析法 ····· 163
  - 6.3.1 SAAM 的参与人员 ····· 164
  - 6.3.2 SAAM 的评估过程 ····· 164
- 6.4 架构权衡分析法 ····· 165
  - 6.4.1 ATAM 中的重要概念和技术 ····· 165
  - 6.4.2 ATAM 的参与人员 ····· 168
  - 6.4.3 ATAM 的评估过程 ····· 168
- 6.5 以决策为中心的体系结构评估方法 ····· 174
  - 6.5.1 DCAR 的相关概念 ····· 175
  - 6.5.2 DCAR 的参与人员 ····· 175
  - 6.5.3 DCAR 的评估过程 ····· 176
- 小结 ····· 179
- 习题 ····· 179

第 7 章 软件体系结构演化 ····· 181

- 7.1 软件架构坏味道 ····· 181

7.1.1 架构异味 …………………………………… 181
　　7.1.2 架构异味的分类 …………………………… 184
　　7.1.3 检测架构异味的技术与工具 ……………… 188
7.2 软件架构逆向工程 ………………………………… 188
　　7.2.1 架构逆向工程的定义 ……………………… 188
　　7.2.2 架构逆向工程的执行流程 ………………… 190
　　7.2.3 架构逆向工程的工具 ……………………… 192
7.3 动态软件体系结构 ………………………………… 196
　　7.3.1 概念 ………………………………………… 196
　　7.3.2 动态体系结构模型 ………………………… 197
　　7.3.3 动态体系结构描述语言 …………………… 198
7.4 软件体系结构复用 ………………………………… 202
　　7.4.1 概念 ………………………………………… 202
　　7.4.2 基于度量的重构方法 ……………………… 203
　　7.4.3 面向模式的重构方法 ……………………… 206
7.5 特定领域软件体系结构 …………………………… 207
　　7.5.1 基础概念 …………………………………… 207
　　7.5.2 基本活动 …………………………………… 209
7.6 软件产品线 ………………………………………… 211
　　7.6.1 背景与定义 ………………………………… 211
　　7.6.2 关键技术 …………………………………… 212
小结 ……………………………………………………… 215
习题 ……………………………………………………… 215

第 8 章　综合应用案例 …………………………… **216**

8.1 电商系统 …………………………………………… 216
　　8.1.1 需求分析 …………………………………… 216
　　8.1.2 架构设计 …………………………………… 220
　　8.1.3 架构评估 …………………………………… 222
　　8.1.4 架构演化 …………………………………… 223
　　8.1.5 案例小结 …………………………………… 227
8.2 基于大模型的知识问答系统 ……………………… 228
　　8.2.1 需求分析 …………………………………… 229
　　8.2.2 架构设计 …………………………………… 231
　　8.2.3 架构评估 …………………………………… 233
　　8.2.4 架构演化 …………………………………… 234
　　8.2.5 案例小结 …………………………………… 236

8.3 物联网系统 ·· 237
    8.3.1 需求分析 ··· 237
    8.3.2 架构设计 ··· 241
    8.3.3 架构评估 ··· 243
    8.3.4 架构演化 ··· 244
    8.3.5 案例小结 ··· 245
小结 ··· 246
习题 ··· 246

参考文献 ·· 247

第 1 章

软件体系结构概述

图灵奖获奖者艾兹格·W.迪克斯特拉(Edsger Wybe Dijkstra)曾这样描述软件的构建,他说"越是大型的项目,其越重要的部分就是它的结构"。那么,究竟什么是软件体系结构?为什么软件体系结构如此重要?关于软件体系结构的研究是如何发展而来?又将如何继续发展?这些软件体系结构最基础的问题,都将在本章中详细阐述。

1.1 随处可见的软件架构

在软件系统中,软件体系结构(Software Architecture)即通常所称的软件架构,是一个至关重要的概念。它涉及整个系统的高层次设计和组织,定义了软件系统中各个组件的结构、相互关系以及它们协同工作的方式。软件体系结构如同一座无形的大厦,支撑着软件生命周期中的软件需求分析、软件设计、软件开发、软件测试、软件维护等活动。从个人应用系统到大型工业软件,软件体系结构贯穿着整个软件行业的生态系统。无论是互联网应用、云计算、移动应用、大数据还是物联网,都离不开巧妙设计的软件架构的支持。

在互联网应用领域,软件架构需要考虑如何为海量用户提供可靠、可扩展、安全的在线服务。通过采用合理的云计算架构,能够实现资源的弹性调配,使用户能够根据需求灵活使用计算、存储和网络资源。

在移动应用领域,好的软件架构对于提升系统的可扩展性、适应快速变化的用户需求至关重要。以 Android 应用为例,MVC(Model-View-Controller)架构被广泛采用。通过将数据、用户界面和业务逻辑分离,开发人员能够更容易地维护和扩展应用。

在大数据应用领域,大数据应用系统需要强大的架构来处理海量的数据。Apache Hadoop 是一个典型的例子,它采用分布式存储和计算的架构,使得大规模数据的存储和处理变得更为高效。这种架构的设计使得企业可以处理来自各种来源的数据,提取有价值的信息。

在物联网领域,软件架构负责将各种设备和传感器连接在一起,实现数据的收集、传输和分析。例如,Home Assistant 是一个开源的智能家居平台,通过其灵活的架构,用户可以集成不同厂商的智能设备,实现统一的家庭自动化控制。

以上谈到的是特定领域的软件系统,下面再来关注一个具体的软件应用——微信。微信是日常生活中都在使用的软件,它的软件设计就包含了本书阐述的软件架构设计的相关知识。

首先,微信的架构设计包含多种软件体系结构风格的综合应用。例如,作为一个复杂的移动应用系统,微信的架构设计采用了经典的层次型软件体系结构风格,将系统划分为不同的层次，包括用户界面层、业务逻辑层和数据访问层。这种分层的设计有助于降低系统的复杂性，提高代码的可维护性。其中，用户界面层负责处理用户输入和展示界面，业务逻辑层负责处理核心功能，而数据访问层负责与数据库进行交互。与此同时，基于微服务架构微信将整个应用划分为多个独立的服务，每个服务负责特定的功能，如聊天、支付、朋友圈等。这种模块化的设计使得各个服务可以独立开发、测试和部署，极大地提高了系统的可维护性和可扩展性。此外，如微信等社交网络应用系统中的一些具体功能，如消息推送、好友更新等可以基于事件系统体系结构风格设计和实现。这种设计使得系统不同模块之间解耦，实现了松散的耦合关系，从而提高了系统的灵活性和可维护性。

其次，在聊天、支付、朋友圈等功能性需求实现的同时，作为一个拥有全球庞大用户群体的移动应用，实现微信应用系统的安全性、性能、可用性等非功能性的质量属性需求也离不开软件架构的支持。例如，微信涉及用户的个人信息、聊天记录等敏感数据，安全性是至关重要的质量属性。因此，微信需要采用加密通信、身份认证、访问控制等多个安全性架构设计策略，以确保用户数据的机密性和完整性，防止潜在的安全威胁。同时，微信是一个全天候运行的应用，可用性是其关键的质量属性。故障的实时检测服务、容错机制的设计、及时的故障处理等可用性架构设计策略是确保微信随时随地可用的关键要素。

因此，可以毫不夸张地说，当一个完整的软件应用系统出现在用户面前时，关于软件体系结构的设计无处不在。本书将详细讲解以上提到的各种软件体系结构设计的知识，并可以根据特定的软件需求应用这些知识，设计实现一个成熟的软件应用系统。

那么，究竟什么是软件体系结构呢？下面来解读软件体系结构的定义。

1.2 软件体系结构的定义

在软件体系结构的发展过程中，多位学者从不同角度提出了自己的理解。下面讲解一些具有代表性的定义，分析其共同点，并给出一个能够全面反映软件体系结构特征的定义。

1.2.1 多角度定义软件体系结构

1. 定义 1：Garlan & Shaw 模型

> software architecture ={components,connectors,constraints}

在该定义中，软件体系结构是由构件、连接件和约束组成的。其中，构件（component）可以是一组代码，如程序的模块；也可以是一个独立的程序，如数据库的 SQL 服务器。连接件（connector）表示构件之间的相互作用，它可以是过程调用、管道、远程过程调用等。除此之外，一个软件体系结构还包括一些限制或约束（constraint），即构件、连接件交互时应遵循的限制和约束[1]，如不循环。

2. 定义 2：Perry & Wolf 模型

> software architecture ={elements,form,rationale}

在该定义中，软件体系结构是由一组元素（element）构成的。这组元素可以分成三类：处理元素、数据元素和连接元素。软件体系结构的形式（form）是由专有特性和关系组成的。专有特性用于限制软件体系结构元素的选择,关系用于限制软件体系结构元素组合的拓扑结构。而在多个体系结构方案中选择合适的体系结构方案往往基于一组理性的分析(rationale)[2]。

3. 定义 3:CFRP 模型

> software architecture ={elements,interfaces,connections,connection semantics}

在该定义中,软件体系结构是由一组元素(element)构成的,这组元素分成处理元素和数据元素。每个元素有一个接口(interface)。一组元素的互连(connection)构成了系统的拓扑结构,元素互连的语义(connection semantic)既包含静态互连语义,如数据元素的互连,也包括描述动态连接的信息转换的协议,如过程调用、管道等[3]。

4. 定义 4:Vestal 模型

> software architecture ={components,idioms/styles,common patterns of interaction}

在该定义中,软件的体系结构由构件(component)组成,构件之间通过通用的交互关系相连。体系结构风格(style)描述了一种通用的设计模式,可满足特定系列的应用需求[4]。

5. 定义 5:IEEE 610.12—1990 软件工程标准词汇中的定义

> software architecture ={components,connectors,environment,principle}

在该定义中,软件体系结构是以构件、构件之间的关系、构件与环境之间的关系为内容的某一系统的基本组织结构,以及指导上述内容设计与演化的原理[5]。

6. 定义 6:Boehm 模型

> software architecture = {components, connections, constraints, needs of stakeholders,rationale}

在该定义中,软件体系结构是包含系统构件、连接件、约束,反映不同人员需求的集合,以及能够展示由构件、连接件和约束所定义的系统在实现时如何满足系统不同人员需求的原理的集合[6]。

基于对上述软件体系结构定义的分析,可以发现,定义 1 和定义 3 都强调了体系结构是由构件、连接件及其约束(或连接语义)组成的,即从构造的角度来审视软件体系结构。而定义 2 和定义 4 侧重于从体系结构风格、模式和规则等角度来考虑软件体系结构,采用的是一种俯瞰的视角。定义 5 不仅强调了体系结构系统的基本构成,同时还强调了体系结构的环境即与外界的交互。定义 2 和定义 6 则强调了软件体系结构是一组概念以及关于软件系统结构的设计决策,用来使待开发的系统在体系结构上满足重要的功能与质量需求。尽管各种定义都从不同的角度关注软件体系结构,但其核心内容都是软件系统的结构,并且都涵盖如下一些实体:构件、构件之间的交互关系、限制/约束、构件和连接件构成的拓扑结构、设计原则与指导方针。

总结上述研究学者对软件体系结构的定义和理解,可以认为在较大规模的、复杂的软件系统的开发中,软件体系结构是从一个较高的层次来设计组成系统的构件、构件之间的交互连接,以及由构件与构件交互连接时所形成的拓扑结构和应遵循的约束限制。并且,所设计的构件、构件间的交互、交互的拓扑结构和约束限制能够在一定的环境下进行演化以支持系统需求的变更。

1.2.2 软件体系结构定义解析

下面用精简的语言来概括软件体系结构的定义。

> 软件体系结构=构件+连接件+拓扑约束
> software architecture={components+connectors+topology constraints}

后续将分别对该定义中的构件、连接件和拓扑约束的具体含义进行更为深入的解析。

1. 构件

在软件体系结构中,构件(component)是指系统中的独立模块或单元,它是软件系统中的一个部分,具有明确定义的接口和功能。构件是系统中可以替换和升级的独立单元,通常具有自己的实现和特定的责任。构件的设计旨在实现系统的某一特定功能,并且与其他构件之间通过定义良好的接口进行交互。这种模块化的设计有助于提高系统的可维护性、可扩展性和可重用性。

构件可以是不同层次上的抽象,可以是一个计算单元、一个简单的模块、一个类库、一个服务、一个子系统,甚至是一个完整的独立应用程序。软件体系结构的设计通常涉及如何将系统划分为不同的构件,并定义它们之间的相互作用,以实现系统整体的功能和性能要求。

总体而言,构件在软件体系结构中扮演着关键的角色,它们是系统的基本构建单元,通过良好定义的接口和互操作性,实现了系统的分层、模块化设计,从而促进了系统的可维护性和灵活性。

2. 连接件

在软件体系结构中,连接件(connector)是指负责协调和管理构件之间通信、数据传输或交互的元素。连接件起到桥梁的作用,使得不同构件之间能够协同工作,实现系统的整体功能。连接件定义了构件之间的通信方式、协议和数据传递的规则。

连接件可以被看作一种中介,它管理着构件之间的信息流、控制流或事件流。连接件可以有多种形式。例如,过程调用,即通过函数调用、方法调用等方式实现构件之间的交互;消息传递,即构件之间通过同步消息或异步消息进行通信交互;共享数据空间,即多个构件共享一个数据存储空间,通过数据共享实现交互;事件驱动,即构件通过发布和订阅事件的方式进行通信,其中一个构件产生事件,而其他构件监听并响应这些事件;中间件,即构件之间使用消息队列、消息总线等中间件作为连接件进行交互。

连接件的选择和设计直接影响了系统的整体结构和性能。一个有效的连接件设计可以提高系统的灵活性,降低构件之间的耦合度,使得系统更容易维护和扩展。在软件体系结构中,构件和连接件相互配合,共同构筑了系统的基础。因此,构件和连接件的设计是系统整体架构设计的至关重要的一环。

3. 拓扑约束

在软件体系结构中,拓扑约束(topology constraint)是指对系统中构件和连接件之间的布局、排列或关联关系所进行的限制或规定。它定义了构件、连接件之间在空间布局、依赖关系、通信路径或拓扑结构等方面应遵循的规则。其中,空间布局可以定义构件在系统中的物理位置。依赖关系规定了构件之间的调用依赖、数据依赖等依赖关系。通信路径规定了构件之间的通信方式,如直接连接、中间件的使用、消息传递等。拓扑结构描述了构件和连接件之间的整体拓扑结构约束,如网络拓扑结构、分布式结构、层次结构等。

通过拓扑约束的定义,软件体系结构设计者能够控制系统中各构件之间的关系,确保系统在运行时能够满足特定的空间、结构和功能要求。这有助于提高系统的可维护性、可扩展性和性能。拓扑约束是软件体系结构设计中的重要考虑因素,对系统的整体架构具有深远的影响。

1.3 从建筑的体系结构理解软件的体系结构

上面的软件体系结构定义,对于许多学习者而言可能非常抽象。有趣的是,"软件体系结构"中的"体系结构"一词源自建筑设计和建筑设计风格,这就提供了一个很有益的比喻。为了更好地理解这些抽象的概念,不妨从建筑的角度着手,借用建筑体系结构这一相对具体、有形的概念,提供更有益的思考和类比,逐步领悟软件体系结构和软件的体系结构设计。

图1-1是世界文化遗产的瑰宝——意大利佛罗伦萨圣母百花大教堂(Cattedrale di Santa Maria del Fiore),它是一座哥特式的大教堂,建于1296年,建造大教堂的第一位主要建筑师是阿诺尔夫·迪坎比奥。大教堂的设计主要采用了哥特式风格,体现了哥特式建筑的典型特征,如尖拱、飞扶壁和高耸的尖顶。与此同时,其立面设计也融入了当地的文艺复兴式风格的元素。

图1-1 世界文化遗产的瑰宝——意大利佛罗伦萨圣母百花大教堂

在教堂的构建过程中,有一段值得关注的故事,那就是教堂圆顶的设计。在教堂建造之初,设计师阿诺尔夫·迪坎比奥提出了一个大胆的计划,在教堂上方建造一个巨大的圆顶,这个圆顶的设计方案将使得圣母百花大教堂成为具有无与伦比之华美和尊荣的圣殿,足以使任何教堂都相形见绌。但是,由于当时建造技术工艺的限制,到了15世纪初,圆顶的设计和制造实施问题一直没有解决,甚至出于建筑安全方面的考虑,已经打算放弃圆顶的设计方案。

直到1418年,建筑师菲利波·布鲁内列斯基提出了创新性的方案策略——双壳圆顶结构。通过圆顶的内部和外部壳体相互支持,形成一个坚固而轻巧的结构。在此基础上,圆顶终于于 1420 年开始建造,历时 16 年,于 1436 年完成。建成后的佛罗伦萨圣母百花大教堂的圆顶直径 45.5m,高 114.5m,内部装饰着精美的壁画和镶嵌的玻璃窗,展示着文艺复兴时期的艺术风格,是当时世界上最大的穹顶建筑。

从圣母百花大教堂的构建过程中不难发现,当建筑设计师想要完成一个建筑设计方案时,他需要分析和考虑建筑本身的需求,这种需求除了教堂作为宗教建筑,可以为宗教仪式、宗教活动、文化活动提供场所外,也包含着教堂作为建筑物和一种艺术形式,对安全性、美观性和艺术性的追求。因此,在综合分析了这些需求之后,建筑设计师融合了哥特式建筑风格和文艺复兴式建筑风格设计了圣母百花大教堂的建筑设计方案,并在建造的过程中,通过双壳圆顶结构实现了圣母百花大教堂关于无与伦比美观艺术的圆顶需求与教堂建筑物安全性需求的平衡。最终,完成了这件艺术瑰宝的设计和建造。

圣母百花大教堂无疑是一件建筑史上的艺术品,但作为一个建筑,其设计和施工建造与软件的设计和开发实现有着极为相似的过程(如图 1-2 所示)。首先,软件系统的设计同样基于需求,而这种需求也同样包含软件需要提供的功能性需求,也包含软件需要满足的如数据安全、高性能、界面友好等其他方面的需求。在分析了具体需求之后,建筑设计师可以根据建筑需提供的功能和应用场景决策建筑风格的选型,对于教堂,建筑设计师可以选择如哥特式、文艺复兴式等建筑风格来设计建筑的架构,并进一步设计建筑架构中关键元素的实现方式策略,满足建筑美观性、艺术性等其他方面的需求。同样,软件设计师也需要根据软件需提供的功能和对应的应用场景,决策合适的体系风格,例如,选择数据流、层次系统、微服务等软件体系结构风格来设计软件的架构,并通过面向特定的质量属性的体系结构设计策略来继续满足安全性、性能、易用性等软件的质量属性需求。

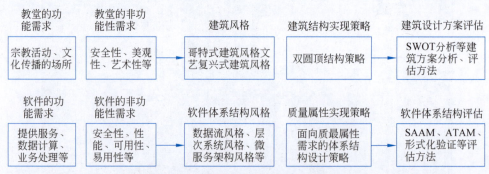

图 1-2 建筑的设计与软件的设计

综上所述,可以发现建筑的设计与软件设计都始于需求分析,建筑师和软件设计师都必须考虑用户的功能需求以及对安全性、性能、易用性等方面的要求。在需求分析的基础上,结合建筑风格,建筑师设计建筑的布局和形状;结合体系结构风格,软件设计师设计软件的体系结构和模块化组件。随后,建筑师关注建筑的结构稳定性、耐久性、美观性等属性进行设计方案策略的细化,而软件设计师关注软件的安全性、性能、可维护性等质量属性进行面向质量属性的体系结构设计。最终,在设计方案通过评估和验证之后,选择适当的设备材料和技术将设计方案进行实现。

1.4 软件体系结构的作用

和建筑的体系结构在建筑建造的过程中发挥着重要的作用一样,软件的体系结构在软件开发中也扮演着至关重要的角色,其重要性不仅体现在项目初期的设计阶段,更贯穿于整个软件生命周期的各个阶段。下面从几个关键方面探讨软件体系结构的重要性。

首先,软件体系结构设计是满足系统需求的必要条件。一个良好的软件体系结构设计方案能够确保系统不仅满足业务需求,还有助于确保系统的稳定性、可靠性、安全性等关键质量属性。

其次,软件体系结构设计提供了对整个系统的高层次整体视图。这一视图包括系统中的各个组件、模块、数据流以及它们之间的交互方式,为团队成员和利益相关者提供了清晰的系统组织结构。

再次,软件体系结构对于团队协作和沟通的促进也是至关重要的。在一个复杂的软件项目中,可能涉及多个开发者、测试人员、设计师等不同背景的团队成员。通过共享一个清晰的软件体系结构,团队成员能够更容易地协同工作,理解彼此的工作内容,减少沟通误差和工作冲突。

从次,良好的软件体系结构设计是提升系统可重用性、可修改性和可扩展性的关键。良好的软件体系结构设计促进了系统的模块化和组件化。模块化设计降低了系统的耦合度,增强了系统、模块和代码的可重用性、可修改性和可扩展性。与此同时,系统需求的变化、技术的演进以及市场的变动都可能导致系统的演化,合理的体系结构设计能够更容易地适应这些变化,提升系统的可修改性和可扩展性。

最后,软件体系结构设计有助于帮助团队在设计阶段识别和管理潜在的风险。通过在设计阶段解决潜在的问题和风险,可以极大地降低后期开发的不确定性。

综上所述,软件体系结构在软件开发中具有不可替代的地位,它不仅是项目设计的起点,更是贯穿整个软件生命周期的纽带。通过合理的软件体系结构设计,能够更好地应对日益复杂的软件开发需求,提高团队协作效率,确保系统的稳定性和质量,为软件项目的成功奠定坚实的基础。

1.5 软件体系结构的历史与发展现状

1.5.1 软件体系结构的发展史

软件体系结构的发展历史可以追溯到计算机科学的早期阶段。20世纪70年代以前,尤其是在以 ALGOL 68 为代表的高级语言出现以前,软件开发基本上是汇编程序设计。此阶段系统规模较小,很少明确考虑系统结构,也不存在系统的建模工作。

20世纪70年代中后期,由于结构化开发方法的出现与广泛应用,软件开发中出现了概要设计与详细设计,而且主要任务是数据流设计与控制流设计。因此,此时软件系统的结构已作为一个明确的概念出现在系统的开发中。

20世纪80年代初到20世纪90年代中期,是面向对象开发方法兴起与成熟的阶段。

在此阶段，软件系统的结构被视为对象与对象之间的交互。并且，1997年出现了统一建模语言（UML），它的出现开始支持从功能模型（用例视图）、静态模型（包括类图、对象图、构件图、包图）、动态模型（协作图、顺序图、状态图和活动图）、配置模型（配置图）等多个视角来进行软件系统结构的描述。

20世纪90年代以后，软件进入了基于构件的软件开发阶段。该阶段以过程为中心，强调软件开发采用构件化技术，要求开发出的软件具备很强的自适应性、互操作性、可扩展性和可重用性。在此阶段，软件体系结构已经作为一个明确的中间产物，存在于软件开发的过程中。同时，软件体系结构作为一门学科，逐渐得到人们的重视，并成为软件工程领域的研究热点。也就是在这个时期，软件领域的著名学者Perry和Wolf提出，"未来的年代将是研究软件体系结构的时代！"

21世纪以后，软件需求和应用场景的大规模演变，导致面向服务的架构、微服务架构、云计算架构等各种软件系统结构的出现。在这个演变过程中，软件体系结构的发展不仅是技术的进步，更是对不断变化的应用需求和复杂性挑战的回应。

纵观软件体系结构的发展过程，从最初的"无结构"设计阶段到现在的体系化发展的高级阶段，软件体系结构已经从一个模糊的概念，发展成为软件工程领域中一个备受瞩目的重要的研究方向。未来，随着技术的不断创新和应用场景的拓展，软件体系结构仍将经历更多的变革和演进。

1.5.2　软件体系结构的主要研究方向

在软件体系结构研究领域的发展过程中，涌现出了多个引人注目的研究方向，每个方向都围绕着不同的挑战和问题展开。下面简要阐述几个主要的研究方向。

首先关注软件体系结构设计与分析的研究方向。软件体系结构的设计与分析一直是软件工程领域的核心问题。它主要研究如何有效地设计一个系统的体系结构，使其能够满足各种需求，并且易于维护和扩展。在该方向的研究中，新兴的设计方法和形式化验证技术为解决这一问题提供了新的可能性。研究者们努力寻找能够更好地支持系统设计和验证的方法，以确保系统的正确性和性能。

其次，体系结构模式和风格是软件体系结构研究中的另一个重要研究方向。体系结构的模式和风格是体现软件体系结构抽象的重要手段，不同的应用场景需要不同的体系结构模式，而各种风格则在不同层次上影响着系统的结构。在这个方向的研究中，研究者们通过对各种模式和风格的研究，致力于找到最适合特定应用的结构组织方式。同时，他们也需要探讨在不同环境下使用这些模式和风格的适应性，以更好地应对不断变化的需求。

再次，质量属性设计也是软件体系结构研究中众多学者关注的一个方向。软件体系结构不仅关乎系统的功能性，还与一系列质量属性密切相关。性能、可维护性、可扩展性、安全性等质量属性需要在体系结构设计中得到平衡。因此，研究者们在追求系统功能完备的同时，也在不断探索新的质量属性设计方法和策略，为构建高质量软件系统提供了理论和实践支持。

从次，随着软件系统不断演化，软件体系结构的维护、演化与复用成为保持系统健康、适应需求变更的关键手段。在这个研究方向中，研究者们不仅关注重构的方法和技术，还致力于提高重构的自动化水平，以降低重构的成本和风险。

最后，软件体系结构评估与验证也是一个一直备受关注的研究方向。评估和验证是确保软件体系结构正确性和性能的重要手段。模型检测、形式化验证等技术在这一领域有着广泛的应用。在这个研究方向上，研究者们致力于提高现有方法或设计新的方法，以提高评估验证的适用性和准确度，以帮助开发者更好地理解和验证系统的体系结构。

除此之外，软件体系结构的描述、设计可视化与自动化的支持工具、软件体系结构与敏捷开发等研究方向也在蓬勃发展，它们共同推动了软件体系结构领域的发展，以适应不断变化的软件开发需求和技术趋势。

小结

本章从建筑的体系结构出发，引出了软件的体系结构，详细讲解了软件体系结构的定义，以及软件体系结构定义中的构件、连接件和拓扑约束等重要概念，还介绍了软件体系结构的发展历史与研究现状。

习题

1. 请用精简的语言描述软件体系结构的定义。
2. 请简要解释什么是软件体系结构中的构件。
3. 请简要解释什么是软件体系结构中的连接件。
4. 请简要解释什么是软件体系结构中的拓扑约束。
5. 请简要描述你所理解的软件体系结构的构建与建筑体系结构的构建过程的相似之处。

第 2 章

软件体系结构定位与构建

软件体系结构在软件生命周期中起着核心作用,它将业务需求转换为技术方案,指导设计、实现、测试、部署和维护过程。体系结构决定了软件的核心特性,如性能、可靠性和可维护性,影响测试策略和长期维护成本,是确保项目成功和系统稳定性的关键因素。

本章主要讲解软件体系结构在软件生命周期中的定位和重要作用,以及构建软件体系结构的过程和步骤。软件体系结构的构建可以分为软件体系结构分析、软件体系结构设计、软件体系结构评估和软件体系结构演化 4 个阶段。首先需要进行软件体系结构分析,明确系统需满足的性能、可靠性等关键非功能需求;其次,进行软件体系设计,选择合适的体系结构风格并定义组件及其交互,以支持这些属性;再次,通过软件体系结构评估对设计进行验证,确保其满足既定的质量标准;最后,进行软件体系结构演化,以应对不断变化的需求和技术环境,确保系统的持续适应性和有效性。

如果软件体系结构是一棵大树,那么本章讲解的内容将为读者构建一个关于软件体系结构大树的"骨骼",而随后各个章节的讲解便是这棵大树上具体"枝叶"的填充,最终完成软件体系结构这棵参天大树的构建。

2.1 软件生命周期中的软件体系结构

软件体系结构不单是构建高质量软件的基石,更是串联软件全生命周期中各个阶段的核心。体系结构的设计对于理解和满足用户需求至关重要,它指导着从需求分析到功能界定的过程,确保软件能够精准地解决业务问题。在设计和实现阶段,良好的体系结构有助于降低系统复杂性,增强代码的可读性和可维护性,同时为高效协作提供基础。这一结构不仅影响软件的性能、可扩展性和可靠性,还关系到测试的全面性和部署的灵活性。在维护阶段,它使软件能够适应快速变化的需求和技术环境,减少长期维护成本。最后,在软件退役时,体系结构同样关键,它指导着数据迁移和资源回收的有效执行。可以看出,软件体系结构的合理设计和实施对于确保软件产品的质量、降低开发和维护的总成本、提高系统的稳定性及适应未来变化具有深远影响[7]。

在软件全生命周期中的各个阶段,软件体系结构都具有重要的作用,如图 2-1 所示。下面将按照不同阶段依次进行详细论述。

2.1.1 需求分析阶段

软件体系结构在软件的需求分析过程中发挥着重要的作用。一般来说,软件需求分析阶段主要关注系统层面上的宏观结构和相关技术选型,通常较少关注软件体系结构的设计。

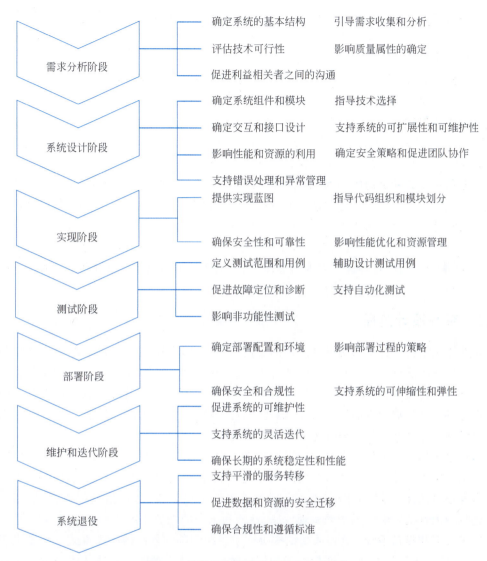

图 2-1 软件生命周期中的软件体系结构

但软件体系结构的设计和决策确实会影响需求分析过程的全面性、一致性和可实现性。因此，在软件开发的早期阶段，需求分析和软件体系结构之间仍然存在着密切的关联，两者相辅相成，共同确保了最终软件系统的质量和可维护性。

因此，在软件需求分析阶段也需要将体系结构尽早纳入考虑范围，从宏观的角度补充对软件系统层面的质量和演化要求，提升需求分析过程的完整性，并保证所收集的需求符合系统的长期发展路径。具体来说，在需求分析阶段，软件体系结构具有如下重要作用。

确定系统的基本结构：在需求分析阶段，软件体系结构起到了定义系统技术选型和基本框架的作用。它决定了软件的核心组件、这些组件之间的交互方式以及它们与外部系统的交互关系。这种早期的结构定义有助于明确项目的范围和限制，为需求分析提供了一个清晰的参考框架。

引导需求收集和分析：软件体系结构为需求分析提供了一个重要的参考点。通过理解系统的架构设计，需求分析人员可以更好地识别和理解各种功能和非功能需求。架构的视角有助于区分核心需求与次要需求，确保需求集中在满足系统的主要目标和功能上。

评估技术可行性：在需求分析阶段，软件体系结构有助于评估技术可行性。通过考虑不同的架构方案，团队可以预判实现特定需求的技术挑战和限制。这种评估确保所提出的需求不仅符合业务目标，而且在技术上是可实现的。

确定软件质量属性：软件体系结构对系统的质量属性有着决定性影响。在规划和需求分析阶段，考虑体系结构的方面能够帮助明确如性能、可靠性、可用性、安全性等非功能性需求的重要性。这有助于在早期阶段就确保这些质量属性得到适当的关注。

促进利益相关者之间的沟通：软件体系结构作为一个共同的初步参考框架，促进了开发团队、管理人员、客户和其他利益相关者之间的有效沟通。它提供了一种简化但全面的视角来讨论和理解系统的功能和限制，从而有助于达成共识，减少误解和沟通成本。

可以看出，软件体系结构在需求分析阶段扮演着关键角色。它不仅为软件的整体设计和实现提供了指导，而且确保了需求的全面性、一致性和可实现性。通过在早期阶段考虑软件体系结构，可以为项目的成功打下坚实的基础。

2.1.2 系统设计阶段

软件体系结构设计是系统设计阶段的关键活动之一，它提供了一个全局视角，帮助设计团队理解如何将需求转换为具体的软件解决方案；它定义了系统的高层结构，包括软件的主要组件、这些组件之间的交互方式，以及它们与外部环境的关系。此外，软件体系结构的设计决策还将直接影响软件的质量属性，如性能、可靠性、可扩展性和安全性。具体来说，系统设计阶段软件体系结构的重要性体现为以下8方面。

确定系统组件和模块：软件体系结构定义了系统的主要组件和模块，以及它们之间的关系。这有助于设计团队理解系统的结构和组织，确保每部分都被适当地设计和实现。

指导技术选择：体系结构为选择合适的技术栈提供了指导，包括编程语言、框架和工具。这些决策直接影响到系统的实现效率、性能和未来的维护成本。

确定交互和接口设计：软件体系结构决定了系统内部和外部的交互方式。它定义了组件之间的接口，包括数据格式、通信协议和调用约定，这对于确保系统的整体一致性和互操作性至关重要。

支持系统的可扩展性和可维护性：通过合理的体系结构设计，系统可以实现良好的可扩展性和可维护性。这包括选择适当的架构模式（如微服务或模块化设计）以支持未来的增长和变化。

影响性能和资源利用：体系结构的设计决策直接影响系统的性能。例如，决定数据存储和处理方式、并发处理机制和负载均衡策略等都是在这个阶段确定的。

确定安全策略：安全性是设计阶段必须考虑的关键方面。软件体系结构需要规划如何通过设计实现数据加密、用户认证、授权机制和其他安全措施。

促进团队协作和沟通：明确的体系结构有助于团队成员之间的协作和沟通。它为团队提供了一个共同的理解框架，有助于确保所有成员都朝着相同的目标努力。

支持错误处理和异常管理：在系统设计阶段，需要考虑如何在体系结构层面处理错误和异常。这涉及决定系统如何响应内部错误、用户输入错误或外部系统故障。

综上所述，软件体系结构在系统设计阶段起着核心作用，它不仅决定了系统的基本结构和行为，还影响了技术选择、性能、安全和未来的可扩展性。一个良好的体系结构设计能够确保系统的长期成功和可持续发展。

2.1.3　系统实现阶段

在系统实现阶段，体系结构提供了软件构建的蓝图，指导开发团队如何将设计转换为实际代码，确保各组件的实现符合预定的架构。此外，体系结构还影响技术选型和实施细节，如编程语言、框架的选择，以及实现模式。具体来说，软件体系结构的重要性体现在以下4个方面。

提供系统实现蓝图：软件体系结构在系统实现阶段起到了详细的指导作用，为开发团队提供了一个明确的实现蓝图。这包括指定系统的各个组件、模块以及它们之间的交互方式。这有助于确保开发过程的组织和协调，以及系统实现的一致性与完整性。

指导代码组织和模块划分：体系结构确定了如何将系统划分为不同的代码模块和组件，从而影响代码的组织结构。这种模块化设计有助于实现代码的重用、减少冗余，并提高系统的可维护性。同时，清晰的模块划分还支持团队成员之间的并行开发，提高开发效率。

影响性能优化和资源管理：软件体系结构为性能优化和资源管理提供了关键指导。它决定了数据如何流动、资源如何分配和管理，以及并发处理的实现方式。这些决策对于实现高效的系统性能至关重要，尤其是在处理大规模数据或高并发请求的场景下。

确保安全和可靠性：在实现阶段，体系结构的设计对系统的安全性和可靠性有着直接影响。它指导开发团队如何集成安全机制（如加密、认证和授权）、如何管理错误和异常，以及如何实现系统的容错和恢复策略。良好的体系结构设计可以显著降低系统的安全风险，并提高其对故障的韧性。

可以看出，软件体系结构在系统实现阶段中的作用不仅是提供开发的具体指导和蓝图，而且涉及确保代码质量、优化系统性能、保障安全性和可靠性等多个方面。良好的体系结构设计是实现高效、安全、可维护和可扩展软件系统的基石。

2.1.4　系统测试阶段

软件体系结构对系统测试阶段也至关重要。它帮助定义测试的范围和方法，例如，哪些组件需要进行单元测试、集成测试或系统测试。良好定义的体系结构可以简化测试工作，提高测试的效率和覆盖率。具体来说，软件体系结构在系统测试阶段的重要作用体现在以下5方面。

定义测试范围和策略：软件体系结构能够帮助测试团队确定测试的范围和策略，指出系统的关键组件和交互点，从而引导测试团队关注到那些对系统功能和性能最为关键的部分。例如，了解体系结构可以帮助识别出需要重点测试的集成点或高风险模块。

辅助设计测试用例：了解软件的体系结构有助于更好地设计测试用例。这包括识别系统的不同层次（如界面层、业务逻辑层、数据访问层）以及它们之间的交互，从而确保测试用例覆盖所有重要的功能和交互场景。此外，体系结构还能指导性能测试和安全测试的重点。

促进故障定位和诊断：在系统测试过程中，当发现问题时，良好的软件体系结构有助于快速定位和诊断故障。了解组件间的依赖关系和交互模式能够帮助测试人员理解问题可能的根源,从而加速问题的解决。

支持自动化测试:软件体系结构对测试自动化的实现至关重要。体系结构的清晰划分和模块化设计有助于实现更可靠的自动化测试脚本,减少维护成本。例如,明确划分的服务层或 API 层可以方便地进行接口测试和集成测试的自动化。

影响非功能性测试:软件体系结构对非功能性测试(如性能测试、负载测试、压力测试和安全性测试)的设计和执行有着显著影响。例如,体系结构中的并发处理模式、数据存储决策和网络通信策略都直接影响系统的性能和安全性,因此这些方面需要在非功能性测试中得到特别关注。

软件体系结构在系统测试阶段中的作用不仅关系到测试的有效性和效率,而且对于保障软件质量和性能有着深远的影响。一个清晰、合理的体系结构设计是实现全面、高效测试的关键。

2.1.5 系统部署阶段

在系统部署阶段,软件体系结构的决策影响部署策略和过程。例如,微服务架构可能倾向于使用容器化和持续部署策略。体系结构的选择还影响运维工作,如监控、维护和故障排除。具体来说,软件体系结构的重要性体现在以下 4 方面。

确定部署配置和环境:软件体系结构直接影响系统的部署配置和所需的环境。例如,基于微服务的体系结构可能需要容器化部署和动态服务发现机制,而传统的单体应用可能更倾向于单一的服务器部署。体系结构的设计还决定了需要哪些软件和硬件资源,以及如何配置这些资源以支持系统的正常运行。

影响部署过程和策略:体系结构的选择对部署过程和策略有着重大影响。例如,可扩展的云原生应用可能采用自动化的持续部署(CI/CD)策略,而对于一些高可用性的系统,需要考虑无缝的蓝绿部署或金丝雀发布策略。体系结构还决定了系统部署的复杂性,影响部署所需的时间和资源。

支持系统的可伸缩性和弹性:软件体系结构设计中考虑的可伸缩性和弹性在部署阶段尤为重要。这包括如何根据负载变化自动扩展或缩减资源,以及如何在故障发生时快速恢复。例如,云环境下的微服务架构可能需要利用云服务的自动伸缩功能,而传统部署可能需要更多的手动干预。

确保安全和合规性:体系结构中的安全设计和合规性考虑在部署阶段变得尤为关键。这包括如何保护敏感数据、如何配置网络和防火墙规则,以及如何确保软件符合特定行业或地区的法规要求。良好的体系结构设计应该在部署阶段能够有效实施安全措施,保障系统和数据的安全。

软件体系结构对系统部署阶段的影响深远,它不仅决定了部署的具体方式和过程,还影响着系统的性能、可伸缩性、安全性和合规性。一个合理的体系结构设计是确保顺利部署和长期稳定运行的关键因素。

2.1.6 系统维护和迭代阶段

软件体系结构在软件的维护和迭代阶段同样重要。它决定了软件适应变化的能力,包括新功能的添加、性能的改进和技术债务的处理。良好的体系结构可以减少维护工作的复杂性和成本。具体来说,软件体系结构的重要性体现在以下三方面。

促进系统的可维护性:良好的软件体系结构设计有利于提高系统的可维护性。它通过清晰的模块划分和组件隔离,降低了对整体系统的理解复杂度,使得开发者能够更容易地定位问题和实施修复。此外,体系结构中定义的接口和契约有助于在不影响其他部分的情况下更改或更新特定模块。

支持系统的灵活迭代:系统的持续迭代和升级依赖于其体系结构的灵活性。如果体系结构设计考虑了可扩展性和模块化,则在添加新功能或调整现有功能时,所需的工作量和复杂度将大大减少。例如,微服务架构允许团队独立更新和部署服务,从而加快迭代速度并降低对系统其他部分的影响。

确保长期的系统稳定性和性能:随着时间的推移,系统可能会面临性能下降和稳定性问题。体系结构设计中考虑到的性能优化和容错机制在系统长期运行中至关重要。通过体系结构中的设计原则和模式,如缓存、负载均衡和故障隔离,系统可以有效地应对不断增长的负载和不可避免的故障,确保长期运行的稳定性和可靠性。

软件体系结构对于系统的维护和迭代阶段十分重要,它不仅影响系统的可维护性和迭代灵活性,还决定了系统长期的稳定性和性能。一个合理且具有前瞻性的体系结构设计是确保软件能够适应不断变化需求和长期有效运行的关键。

2.1.7 系统退役阶段

当软件达到生命周期的末端,良好的体系结构可以简化退役过程。它可以确保数据的安全迁移,以及资源的合理释放。具体来说,软件体系结构的重要性体现在以下三方面。

促进数据和资源的安全迁移:一个合理设计的软件体系结构会考虑到数据的持久性和迁移性,使得在系统退役时能够安全、高效地迁移数据。体系结构中的数据管理和存储策略对数据迁移过程至关重要,如使用标准化格式和接口可以大大简化迁移过程。同时,体系结构的设计还影响到资源的回收和再利用,确保系统退役过程中的资源得到妥善处理。

支持平滑的服务转移:当一个系统需要退役时,其服务和功能可能需要转移到其他系统。良好的软件体系结构设计能够支持平滑的服务转移,例如,通过定义清晰的接口和模块化的服务,可以方便地将特定功能迁移到新的系统环境中,减少业务中断的风险。

确保合规性和遵循标准:在软件系统退役过程中,合规性是一个重要考虑因素。良好的体系结构设计会考虑到法规要求和行业标准,如数据保护法规、安全标准等。这些考虑有助于确保系统退役过程中,所有相关法律和规定都得到遵守,尤其是在处理敏感数据和信息时。

可以看出,一个合理的体系结构设计不仅能够简化退役过程,还能确保数据安全、服务平稳过渡,并符合相关的法律和标准要求。因此,体系结构应被视为软件生命周期中持续的关键部分,即使在软件的末端阶段也是如此。

2.2 软件体系结构的生命周期

软件体系结构的构建过程是一系列精细且系统化的步骤,关键在于体系结构风格的正确选择、质量属性的精准获取与设计、严格的体系结构评估,以及灵活的体系结构演化。初始阶段，即软件体系结构分析，涉及深入分析软件的业务需求和技术约束，特别关注性能、安全性、可靠性等关键的非功能性需求，这些需求将直接影响后续架构设计的方向。随后，在软件体系设计阶段，选择适宜的软件架构风格，如微服务、层次化或事件驱动等，这一选择取决于项目需求和团队背景。同时，基于捕获的质量属性进行具体的体系结构设计，确保设计的架构能够有效支持这些属性。接下来，进行软件体系结构评估，这一阶段通过一种或多种体系结构评估方法，验证设计的架构是否满足既定的质量属性，识别潜在的风险和问题，为可能的改进提供依据。最后，软件体系结构演化阶段，随着软件所处环境的变化和新需求的出现，体系结构需要不断调整和更新，以保持其有效性和适应性。这要求架构师不断地监控技术趋势和市场需求，定期评估体系结构的适应性，并根据需要进行相应的调整或重构。整个构建过程是一个迭代和动态调整的过程，需要架构师具备前瞻性的视角和深入的技术洞察力，以确保软件体系结构能够持续支持软件的业务目标和技术需求，并适应未来的变化。

具体来说，软件体系结构构建的整体过程如图 2-2 所示。

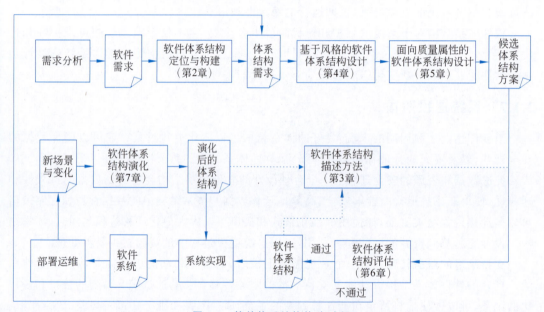

图 2-2 软件体系结构构建过程

2.2.1 软件体系结构分析

在软件需求分析阶段获得系统非功能性需求的基础上，软件体系结构分析的主要工作是从非功能需求中捕获与软件体系结构密切相关的软件质量属性集合。这一过程涉及与项目相关方的深入交流，以明确和理解软件系统所需满足的性能、可靠性、安全性、用户体验等质量特性。

具体来说，软件体系结构分析开始于详细的需求分析，通过讨论、访谈、问卷等方式与利益相关者沟通，以捕获关于软件应如何运行的详细信息。接下来，根据这些信息，确定质量属性的优先级，这通常涉及对不同属性之间的权衡，以及考虑项目的约束和实际可行性。此阶段的结果是一组明确的、经过排序的质量属性列表，它们将直接影响后续软件体系结构的设计和决策。有效的软件体系结构分析不仅需要深入的技术知识和对业务需求的理解，还需要优秀的沟通能力，以确保捕获的属性全面且准确，能够真实反映利益相关者的期望和软件系统的实际使用场景。

通常采用质量属性工作坊（Quality Attribute Workshop，QAW）的方式来进行软件体系结构分析。QAW 是一种旨在系统开发早期识别和明确软件质量需求的协作会议。在这个工作坊中，项目团队成员、利益相关者和架构师共同参与，通过结构化的讨论和活动，集中探讨影响软件系统的关键质量属性，如性能、可靠性、可维护性、安全性和用户体验等。QAW 的核心目的是确保软件体系结构的设计能够满足这些质量要求，并在整个软件开发生命周期中得到有效的实施和维护。这种工作坊通过提前识别潜在的风险和需求，有助于减少后期设计更改的成本和风险，提高项目的成功率。

具体来说，QAW 包含 7 个重要的详细步骤，下面依次进行介绍。

准备阶段：在工作坊开始前，组织者需明确参与者列表，这通常包括项目团队成员、关键利益相关者和架构师。准备工作还包括确定工作坊的目标、日程安排和所需材料。此外，对项目背景的预先调研也非常重要，以确保参与者对项目有基本的了解。

介绍和目标设定：工作坊开始时，首先由主持人介绍工作坊的目的、流程和期望成果。随后，参与者共同讨论并明确软件项目的业务目标和约束，确保所有人对项目的基本背景和目标有共同理解。

识别质量属性：在这一步骤中，参与者集中讨论和识别影响软件系统的关键质量属性，如性能、安全性、可用性等。这些质量属性是后续讨论的基础，需要确保覆盖所有关键方面。

场景开发：接下来，团队会针对每个识别出的质量属性创建具体的场景。场景是特定情况下的假设事件，用于描述质量属性的具体需求。通过这种方式，将抽象的质量属性转换为具体、可度量的目标。

优先级排序：由于资源和时间的限制，不可能同时满足所有质量需求。因此，这一步骤需要对识别出的场景按照优先级进行排序，确定最关键的需求。

行动计划制订：根据场景的优先级，参与者制订行动计划，包括如何在软件架构设计中实现这些质量需求，以及如何在整个开发过程中保持对这些需求的关注。

总结和文档化：工作坊的最后阶段是总结讨论内容和成果。这通常包括编写工作坊报告，其中详细记录了识别的质量属性、场景、优先级和行动计划。这份报告将作为后续软件开发的重要参考资料。

软件体系结构分析直接影响软件系统的非功能性表现，这一过程确保软件设计和开发能够准确地满足用户和业务的实际需求，从而提高软件的实用性和用户满意度。通过明确识别和定义这些属性，项目团队可以更有效地制定设计决策，优化资源分配，并预防未来可能出现的成本高昂的重构。软件体系结构分析还有助于提前识别潜在的风险和挑战，为软件体系结构的设计提供坚实的基础，是保证软件项目成功和可持续发展的重要步骤。

2.2.2　软件体系结构设计

软件体系结构设计是软件工程中一个至关重要的步骤，其核心目标是确定软件系统的高层结构和组织方式，以确保系统能够满足既定的功能需求和性能指标。这个过程包括定义系统的各个组件、它们之间的交互方式以及数据的流动路径。在这一阶段，软件架构师需要考虑如何将系统分解成模块或服务，并确定这些模块或服务之间的通信机制。此外，体系结构设计还需考虑到系统的可扩展性、可维护性和可靠性,确保设计能够应对未来的变化和潜在的系统故障。在选择体系结构风格时,需要基于项目的具体需求和约束条件做出决策。常见的体系结构风格包括微服务架构、层次化架构、事件驱动架构等,每种风格都有其特点和适用场景。例如,微服务架构适用于需要高度模块化和独立部署的大型应用;而层次化架构则适用于那些需要明确分层和模块化的系统。

软件体系结构设计的另一个关键方面是质量属性的设计。质量属性包括但不限于性能、可用性、可修改性、安全性、可测试性和易用性等。在设计过程中,体系结构师需要根据项目目标和用户需求,对这些质量属性进行细致的规划和权衡。例如,为了提高系统的性能,可能需要设计有效的缓存策略和数据分发机制;为了确保可用性,可能需要考虑冗余设计和故障恢复机制;而要保证系统的安全性,则需引入安全控制措施,如认证、授权和数据加密等。

总体来说,软件体系结构设计是一个综合考虑各种因素的过程,它不仅关系到系统的初始构建,也影响着系统的长期维护和扩展。一个良好的体系结构设计能够为软件项目的成功奠定坚实基础,提升软件的整体质量和用户满意度。

1. 基于风格的体系结构设计

基于风格的体系结构设计的核心是针对软件需求,选择合适的软件体系结构风格。这将直接影响软件系统的结构和未来的可维护性、扩展性。首先,这一过程开始于对软件需求的深入理解,包括功能性需求和非功能性需求,如性能、安全性、可用性等。基于这些需求,工程师评估不同体系结构风格的适应性,如微服务、单体架构、层次化、事件驱动等,每种风格都有其独特的优势和局限性。接下来,考虑项目约束条件,如技术栈、团队技能、时间和预算限制,这些因素可能会影响可选的体系结构风格。在选择过程中,对潜在风格进行深入分析,考量其如何满足需求,特别是对质量属性的支持程度,同时评估其在实现和维护上的难易程度。此外,未来的可扩展性和灵活性也是重要的考虑因素,选择的风格应能够适应未来技术的发展和需求的变化。最终,基于综合分析做出决策,并详细记录决策过程和理由,以便未来的参考和评估。这个过程要求工程师不仅具备深厚的技术知识和经验,还需要对业务需求和软件开发的整体目标有清晰的理解。精心设计的软件体系结构能够显著提升软件的整体质量,确保软件系统的长期成功和可持续发展。

具体来说,软件体系结构风格选择包含以下 6 个步骤。

需求分析和理解:首先需要深入分析和理解软件项目的需求。这包括功能需求和质量属性需求,如性能、可靠性、可维护性等。理解这些需求对于选择合适的体系结构风格至关重要,因为不同的风格对不同类型的需求有不同的适应性。

评估项目约束:在充分理解需求的基础上,评估项目的技术、人员和时间约束。这些约束条件可能会影响可选的体系结构风格。例如,团队的技术背景可能使得某些体系结构风格更可取,或者项目的时间线可能限制了可采用的风格。

识别潜在的体系结构风格:基于需求和约束,识别几种潜在的体系结构风格。这些风格应能够满足项目的核心需求,并符合项目的约束条件。常见的体系结构风格包括微服务架构、单体架构、层次化架构、事件驱动架构等。

分析和比较风格:对于每种潜在的体系结构风格,进行详细的分析和比较。评估它们如何满足项目需求、它们的优缺点,以及它们如何受到项目约束的影响。这一步骤可能涉对风格的性能、可扩展性、复杂度等方面的考量。

考虑未来的扩展性和灵活性：在选择体系结构风格时，考虑未来的扩展性和灵活性也非常重要。体系结构设计团队需要评估所选风格是否能够支持未来的需求变化和技术发展，以及对未来维护工作的影响。

做出决策和文档化：基于上述分析，做出最终决策，并选择最适合项目的体系结构风格。决策后，应详细文档化所选风格的理由和预期的影响，为后续的设计和实现工作提供指导。

软件体系结构风格是软件设计的重要宏观决策，它决定了软件系统的高层组织方式、模块间的交互模式及系统的扩展性和可维护性。合适的体系结构风格能够有效提升系统性能，简化开发和维护过程，同时确保软件能够灵活应对未来需求的变化，是软件成功实施和持续发展的关键。针对软件体系结构风格设计的详细介绍，请参考第 4 章。

2. 面向质量属性的体系结构设计

面向质量属性的体系结构设计的核心目的在于确保软件系统能够满足关键的非功能性需求，如性能、安全性、可修改性、可用性、可测试性和易用性等。这一设计过程首先涉及对软件的业务需求和技术目标的深入理解，以及这些需求如何转换为具体的质量属性。随后，根据这些质量属性的特点和优先级，选择或定制合适的体系结构风格和模式，如微服务架构以提高可维护性和可扩展性，或者采用层次化架构以提升安全性和模块化。在设计过程中，还需考虑各种质量属性之间的权衡和冲突，例如，在性能和安全性之间找到平衡点。此外，设计中应考虑到系统的可扩展性，确保随着业务发展，系统能够适应性能和功能的变化需求。有效的质量属性驱动的体系结构设计还需要综合考虑技术趋势、团队能力和项目约束，以确保设计的可行性和实用性。最终，这一设计过程形成的体系结构应当详细文档化，并在整个软件开发生命周期中得到持续的关注和评估，以保证最终软件产品能够高效、安全且稳定地运行，同时易于维护和升级。

具体来说，针对质量属性的软件体系结构设计包含以下 7 个步骤。

需求分析与质量属性的识别：首先，详细分析软件的业务和技术需求，识别关键的质量属性，如性能、可靠性、安全性、可用性和可维护性。这一步骤要求与利益相关者密切合作，以确保对软件的需求和预期目标有全面而深入的理解。

确定质量属性的优先级：考虑到资源和时间的限制，不可能同时满足所有质量属性。因此，需要根据业务目标和用户需求确定这些属性的优先级，以便在设计过程中合理分配关注点和资源。

设计体系结构以满足质量属性：详细设计体系结构以满足确定的质量属性。这包括设计组件的分布、交互方式、数据流以及如何实现特定的属性，如通过冗余和备份来提高可靠性，或者实现负载均衡来优化性能。

权衡和冲突解决：在设计过程中，对不同质量属性间可能出现的权衡和冲突进行识别和解决。例如，高性能可能与高安全性之间存在冲突，需要找到恰当的平衡点。

原型和评估：为验证设计的有效性，构建体系结构原型，并对其进行评估，以确保设计的体系结构能够满足既定的质量属性。

迭代和优化：根据评估结果和反馈，对体系结构进行迭代和优化。这可能涉及调整组件的设计、改变交互模式或引入新的技术和工具。

文档化和传达：最后，将设计的体系结构详细文档化，并与开发团队及其他利益相关者分享。这确保了设计决策的透明度，同时为开发和后续的维护工作提供了指导。

体系结构设计是构建有效、高效软件系统的基础。良好的体系结构设计能够确保系统的可扩展性、可维护性和可靠性，同时提高开发效率和减少未来的重构成本。它通过合理划分系统模块、明确组件间的交互关系，帮助管理复杂性，使软件能够适应快速变化的需求和技术环境。有效的体系结构设计还能够提前暴露潜在的风险，确保软件质量，是达成项目目标和满足用户需求的关键。针对质量属性设计的详细介绍，请参考第 5 章。

2.2.3 软件体系结构评估

软件体系结构评估旨在分析和验证软件体系结构是否能够满足其预定的质量属性要求。这一评估过程通常涉及对软件体系结构的深入理解和审查，包括分析其组件、连接器、数据流和交互模式。评估的主要目的是识别潜在的风险、问题和瓶颈，以及它们对软件的质量和性能可能产生的影响。评估过程包括与体系结构相关的所有利益相关者，如架构师、开发者和项目管理人员，他们共同评估体系结构设计是否符合业务目标和技术约束，同时考虑可能的改进方案。在评估中，常用的方法包括体系结构权衡分析法（Architecture Trade-off Analysis Method，ATAM）和软件体系结构分析法（Software Architecture Analysis Method，SAAM）等，这些方法提供了结构化的框架和步骤，帮助团队系统地识别和解决体系结构中的问题。此外，评估结果通常会导致体系结构的重要决策和调整，确保软件系统的质量和成功实施。有效的软件体系结构评估能够显著提高软件项目的成功率，减少返工成本，确保软件产品能够在快速变化的技术环境中稳定运行。

具体来说，软件体系结构评估主要包含如下 9 个主要步骤。

目标和范围确定：首先明确评估的目标和范围。这包括确定评估的主要目的（如验证体系结构是否满足特定的性能需求），以及要评估的体系结构的部分或整体。明确目标和范围有助于聚焦评估过程，确保资源有效利用。

收集相关文档和信息：收集所有与待评估体系结构相关的文档和信息，包括设计文档、需求说明、用户故事，以及其他相关的技术文档。这些信息为评估提供必要的背景和上下文。

组建评估团队：组建一个多学科的评估团队，团队成员应包括架构师、开发者、测试工程师以及其他相关利益相关者。多元化的团队可以从不同角度审视体系结构，提供全面的评估。

确定评估方法和标准：选择适合的体系结构评估方法，如 ATAM 或 SAAM，并确定评估的标准和指标。这些方法和标准将指导整个评估过程。

进行体系结构审查：对体系结构进行详细审查，包括其结构、组件、交互方式、数据流等。审查的目的是识别体系结构中的潜在问题或缺陷，并评估其对软件质量的影响。

质量属性评估：特别关注体系结构如何满足关键的质量属性，如性能、可靠性、可维护性等。使用场景、测试用例或模拟来评估体系结构在这些属性上的表现。

风险识别和分析：识别与体系结构相关的风险，包括技术风险、进度风险和成本风险，并对这些风险进行分析和优先级排序。

提出改进建议：基于评估结果，提出改进建议和解决方案。这些建议应针对识别的问题和风险，以优化体系结构的设计。

编写评估报告：最后，编写评估报告，总结评估过程、结果和建议。报告应详细记录评估的发现和结论，为进一步的设计决策和行动计划提供依据。

体系结构评估是确保软件体系结构符合项目需求和预期目标的关键环节。通过评估，可以系统地识别和解决体系结构中的问题，优化设计以满足关键的质量属性如性能、安全性和可维护性。这一过程有助于预防潜在的风险和设计缺陷，减少后期修改带来的成本和时间延误。体系结构评估还可以提高项目团队对架构设计的理解和信心，确保软件系统的长期稳定性和可靠性，是实现软件项目成功的重要保障。针对软件体系结构评估的详细介绍，请参考第6章。

2.2.4 软件体系结构演化

软件体系结构演化是指软件体系结构随着时间的推移，为适应新的需求、技术进步、市场变化及其他外部因素而进行的持续性变化和调整。这一过程涉及对原有体系结构的重新评估和改造，旨在保持软件系统的竞争力、效率和可维护性。软件体系结构演化通常由多个驱动因素触发，包括新的业务需求、技术创新、法规变更、性能优化需求或安全性增强。在演化过程中，关键的活动包括识别新需求，评估当前体系结构对这些需求的支持程度，设计体系结构修改方案，并实施这些变更。这个过程需要考虑到体系结构的可扩展性、灵活性和未来兼容性，以及对现有系统运行的影响。有效的体系结构演化管理能够确保软件系统在其生命周期内持续适应环境的变化，减少技术债务，并提升软件产品的整体价值。然而，这也是一个挑战性的任务，需要深入的技术洞察力、清晰的规划和周密的风险管理。软件工程师和架构师需要密切跟踪技术趋势，与业务团队合作，确保软件体系结构的演化与组织的战略目标和市场需求保持一致。

具体来说，软件体系结构演化主要包含如下8个主要步骤。

评估当前体系结构：首先，对现有软件体系结构进行全面评估，包括其设计的原则、组件结构、交互模式以及当前实现的效率和效果。这一步骤的目的是理解现有体系结构的优势和局限性，为后续演化提供基础。

识别驱动变更的因素：确定导致体系结构需要演化的因素，这可能包括技术进步、市场需求变化、新的业务目标或法规要求等。理解这些因素对体系结构的具体影响，有助于确定演化的方向和重点。

定义演化目标：基于评估结果和变更因素，明确演化的目标。这包括确定要实现的新功能、改进的质量属性（如性能、可维护性、安全性）以及任何特定的业务或技术目标。

设计演化方案：设计具体的体系结构演化方案。这需要考虑如何修改或扩展现有的体系结构，以支持新的需求和目标。设计时需要考虑演化的可行性、成本和潜在的风险。

评估演化影响：对所设计的演化方案进行影响评估，以理解其对当前系统的影响，包括对现有功能的兼容性、性能影响以及需要的资源和时间。

实施演化计划：在评估确认方案可行后，逐步实施演化计划。这可能包括重构现有组件、增加新组件、修改交互协议等。实施过程中需要细心管理，以确保系统稳定和目标的顺利达成。

测试和验证：在演化的各个阶段进行充分的测试和验证，确保新的体系结构满足既定目标,且不会引入新的问题或缺陷。

文档化和知识传递:对演化过程和结果进行详细文档化,并确保相关的知识和信息被有效传递给团队成员。这对于维护新体系结构和未来可能的进一步演化至关重要。

通过上述步骤,软件体系结构演化能够系统地进行,帮助软件系统适应环境变化,满足新的需求,同时保持其长期的可持续性和竞争力。关于软件体系结构演化的详细分析与介绍,请参考第 7 章。

小结

本章首先介绍了软件体系结构在软件全生命周期各个阶段中的定位和作用,说明了体系结构是一个贯穿软件全生命周期的重要概念和指导框架。在此基础上,本章详细介绍了软件体系结构的构建过程,主要包括体系结构分析、体系结构设计、体系结构评估、体系结构演化等任务。针对每个任务,给出了关键概念、注意事项和相关步骤。在第 3 章中,将从体系风格描述方面,详细介绍应该如何准确和高效地表达和描述一个软件体系结构,为后续的体系结构设计打下坚实基础。

习题

1. 你认为软件体系结构在软件生命周期中的哪个阶段中所占的比重最大?为什么?
2. 请根据你的理解,举例说明软件体系结构是如何指导并影响系统实现的效果的。
3. 请以一个具体的软件系统为例,说明如何采用质量属性工作坊的方法进行软件体系结构设计。
4. 请根据你的理解,说明软件体系结构分析的结果是如何影响体系结构设计的。
5. 在进行面向质量属性的体系结构设计时,当由于两个质量属性互相矛盾,导致体系结构设计产生冲突时,你认为应该如何消解冲突?
6. 请查阅资料,对体系结构权衡分析法进行深入理解,总结采用该方法进行体系结构评估时需要注意的三个主要因素。
7. 有人认为新的软件技术是软件体系结构演化的主要推动力。你同意这种观点吗?为什么?

第 3 章

软件体系结构描述方法

软件体系结构描述过程涉及对软件系统的高层结构和组织方式进行抽象和表达，主要描述系统组件、组件之间的关系、系统行为和性质。根据具体软件系统和需求的不同，可以选用和组合多种描述方法和技术，实现软件系统的多层次和多角度描述，以促进软件开发团队和利益相关者之间的理解和沟通。本章旨在帮助读者理解软件体系结构描述在软件体系结构领域的位置、定义、类型及其发展和演化，介绍 5 种主要的软件体系结构描述方法，包括基于图的建模、基于 UML 的建模、基于形式化规格说明、基于 ADL 和模型驱动的描述。

3.1 软件体系结构描述概述

3.1.1 软件体系结构描述定义及其重要性

软件体系结构描述在软件设计阶段发挥着至关重要的作用，它负责将软件系统的整体结构和组件间的关系进行抽象和形式化的描述。这一过程详尽阐述了系统的总体结构，涵盖组件间的相互关系、各自的功能和性质，以及整个系统的设计哲学。不仅展现了系统结构的静态视图，还应当描绘系统的动态演化和变化。软件体系结构描述具有多重价值。首先，它为软件开发和维护设定了框架和指导原则，基于清晰的结构描述，为开发团队建立共识，促进成员之间对系统结构和模块关系的理解，从而降低误解、消除沟通障碍，并提升协作效率。此外，它通过明确系统的模块化结构和交互模式，简化了功能扩展和维护过程，为系统的可维护性和可扩展性打下了基础。在决策制定过程中，软件体系结构描述同样发挥关键作用，可以在项目早期阶段辅助团队评估并选择设计方案，为开发周期内的项目方向提供指导。这种前期的决策帮助避免后期架构的大幅修改和重构，从而提升项目成功率。

总之，软件体系结构描述对于整个软件开发周期都至关重要，不仅是协作和沟通的基础，也是确保系统可维护性、可扩展性和有效决策制定的关键要素。

3.1.2 软件体系结构描述类型

本章将介绍 5 种常见的软件体系结构描述方法和一种基于体系结构描述的软件开发框架，分别从不同的角度和层次对系统进行描述。

1. 基于图建模描述方法

图建模描述方法通过图形可视化展现软件架构，重点是简化复杂性，以便相关人员轻松阅读、理解和交流。图形可视化分为两类：非正式图形表示（如盒线图、PowerPoint 风格图），灵活且易于交流；正式图形表示，则具有严格定义的结构，详细展示层次结构、组件关系和特性。

如图 3-1 所示是某软件的双曲树图,双曲树图在双曲平面上呈现了统一的层次结构,并将这个结构映射到欧几里得空间。其中,模块 A 代表软件最核心的功能块,并与其他模块 B、F、N、J 直接交互,因此被分配更多的空间。这样形成的软件层次结构铺展在一个圆形的显示区域内,可以使用焦点和上下文技术(例如鱼眼效果)作为辅助,最终简化软件体系结构的复杂性。

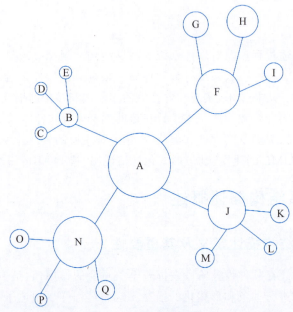

图 3-1 某软件双曲树图

2. 基于 UML 建模描述方法

UML 模型是由多个子模型构成的,每个子模型都从各自的角度和观点对系统进行描述。这些描述可以通过用例图、类图、对象图、包图、活动图、合作图、顺序图、状态图、组件图和配置图等方式来展现。为了扩展这些模型的语义,可以使用对象约束语言(Object Constraint Language,OCL)。UML 的结构通过元模型严格定义,元模型本身作为 UML 模型,阐述 UML 的抽象语法。

在如图 3-2 所示的示例图中,定义了订单预订系统的参与者与用例,参与者中包含用户、客服、管理员,用例包含预订、取消预订、查询预订状态、更改预订名额。其中,用户和客服可以进行预订和取消预订操作,客服除了这两个基本操作以外还可以查询预订状态以及时回复用户,然而,只有管理员可以执行更改预订名额的操作。

3. 基于形式化建模描述方法

形式化建模方法是一种基于数学的方法,可以清晰和精确地规范验证软件系统及其性质,发现描述中的不一致性、模糊性或不完整性。形式化建模主要分为基于形式化规格说明语言(如 Z 语言、VDM)的建模和基于 UML 的形式化建模,后者结合 UML 图形的形式化语义进行推理和验证。

以下是一个用 Z 语言描述的简单示例。

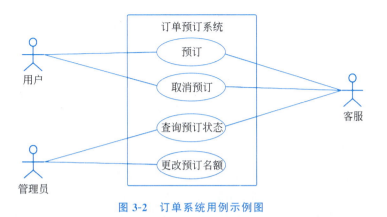

图 3-2　订单系统用例示例图

```
[ACCOUNT, PERSON]
Bank: Ω
ΔBank
bal: ACCOUNT→ ℤ
owner: ACCOUNT→PERSON
⊕ Deposit: ∀a: ACCOUNT; m: ℤ |a∈ dom bal∧m > 0->
bal' =bal ⊕ {a ↦ (bal a+m) }
⊕ Withdraw: ∀a: ACCOUNT; m: ℤ |a∈ dom bal∧m≥0∧ bal a≥m->
bal' =bal ⊕ {a ↦ (bal a -m) }
```

在上述示例中,首先定义了两个基本类型 ACCOUNT 和 PERSON。符号 Bank 表示整个银行系统的状态,bal 函数定义了账户余额,owner 函数定义了账户的所有者。Deposit 和 Withdraw 操作分别对应存款和取款操作。其中,Deposit 操作只有在账户存在且存款金额大于 0 时才可能有效,Withdraw 操作则只在账户存在、取款金额不小于 0 且取款金额不超过账户余额时才可能有效。在每个操作后面的形式化描述里,bal' 表示操作后的余额状态。

4. 基于架构描述语言建模描述方法

基于架构描述语言(ADL)的建模描述方法通过文本文件描述软件体系结构,这些文本文件需遵守特定的语法规范。ADL 建模类似于程序设计语言中的代码编写,如 C 语言的.c 文件和 Java 语言的.java 文件各自遵循相应的语言规范。以 XML 为例,作为一种常用的标记语言,它能够清晰地表达结构化信息。以下是使用 XML 描述的软件体系结构模式示例。

```
<bookstore>
    <book category="fiction">
        <title>The Great Gatsby</title>
        <author>F. Scott Fitzgerald</author>
        <year>1925</year>
        <price>10.99</price>
    </book>
    <book category="nonfiction">
        <title>The Lean Startup</title>
        <author>Eric Ries</author>
        <year>2011</year>
```

```
            <price>14.99</price>
        </book>
        <book category="fiction">
            <title>To Kill a Mockingbird</title>
            <author>Harper Lee</author>
            <year>1960</year>
            <price>9.99</price>
        </book>
</bookstore>
```

在这个示例中,<bookstore>元素表示书店,而内部的<book>元素表示书店中的每本书。每本书的详细信息,如标题(<title>)、作者(<author>)、出版年份(<year>)和价格(<price>)等,都被清晰地列出。此外,通过 category 属性,书籍被分为 fiction(小说)和 nonfiction(非小说)两大类。

5. 模型驱动建模开发方法

模型驱动架构(Model Driven Architecture,MDA)是一种软件开发方法,通过模型技术来实现从代码到模型的转变,其中,模型不仅是设计文档和规格说明,而且是能够自动转换为最终可运行系统的关键软件制品。在 MDA 方法中,模型的描述通常依赖于统一建模语言(UML)等标准化的建模语言。MDA 将模型划分为计算独立模型(Computation Independent Model,CIM)、平台无关模型(Platform Independent Model,PIM)和平台相关模型(Platform Specific Model,PSM)。CIM 为系统中使用的重要领域抽象建模,有时也被称为领域模型;PIM 是系统的形式化规格说明,与具体实现技术无关;而 PSM 则是基于特定目标平台的形式化规格说明(这里的平台指的是采用特定技术的平台)。如图 3-3 和图 3-4 所示为某汽车共享平台业务抽象以及通过模型转换和自动化工具转为低层次的具体实现。

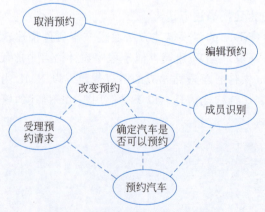

图 3-3 某汽车共享平台业务抽象

在软件体系结构的描述中,选择合适的描述方法对于有效沟通和理解软件系统至关重要。不同的描述方法可以根据项目需求、系统复杂性和开发团队的偏好进行选择和结合,以确保软件体系结构的全面和清晰表达。在实践中,往往需要多种描述方式的综合使用,以全面覆盖软件体系结构的各个方面。这种综合方法有助于描绘出更完整的软件体系结构画

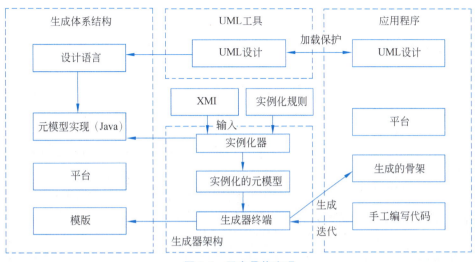

图 3-4 平台具体实现

面,从而使开发团队能够更好地理解和实现设计意图。

在接下来的章节中,将详细介绍常见的软件体系结构描述方法,包括它们的特点、应用场景和如何根据项目需求进行有效选择和组合。

3.2 常见软件体系结构描述方法

3.2.1 基于图建模的描述方法

1. 基于图建模描述方法概述

在软件体系结构领域,基于图建模的描述方法得到了广泛应用。这种方法通过采用矩形框、圆球形、圆环形和线段等多种图形符号组合,实现了简洁易懂的表达。其中,图形符号代表软件体系中的抽象构件,而图形内的文字则明确指出了这些构件的名称。线段在图中承担了连接、通信、关联或控制构件之间关系的角色。这种图形化描述方法在软件设计中占有举足轻重的地位。然而,由于术语使用和表达语义上的不规范与不精确性,基于图形框和线段的传统描述方法在不同系统及文档间存在一定的不一致性和矛盾。尽管如此,其简洁易用的特性仍然使它在实际应用中广泛流行。为了提高图建模描述方法在准确描述软件体系结构方面的能力,研究者们提出了树形结构、树地图、冰块图和旭日图等多样的图形描述方法。这些方法能够根据软件体系结构的不同特性,进行有效的图形展示。

2. 基于图建模描述方法

在描述软件体系结构时,采用图建模的方法是非常普遍的做法。这种方法往往利用树形结构、树地图和旭日图等多样的图形化结构来表达软件体系的层次架构。每种图形化结构在描述软件体系结构时都有其独特的重点和侧重,因此选择合适的图形结构对于准确传达体系结构的特点至关重要。为了深入阐释基于图建模的描述方法,本章专门选取了树形结构、树地图和旭日图三种不同的图形作为案例分析。通过这三种图形,可以探讨它们在描述软件体系结构中的不同侧重点,并清晰展示基于图建模的方法的效果。

1）树形结构

树形结构是表现层次性软件架构的理想方法,其结构简明而有效,能够清晰地阐释软件体系结构中各种类型的关系。例如,图 3-5 展示的是用节点连接方法表示的树形结构。

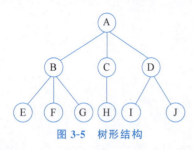

图 3-5 树形结构

树形结构定义了一种"一对多"的数据元素间关系,属于非线性数据结构的一种。在这种结构中,树根节点没有前驱节点,而除树根外的每个节点恰有一个前驱节点。叶子节点不具有后续节点,其他每个节点的后续节点数可以是一个或多个。此外,在软件体系结构中,树形结构用于表示层次关系、从属关系及并列关系。尽管树形结构的简单性使其易于实施和理解,但面对复杂的问题时,其表示能力受限。考虑到现代软件架构的复杂层次,需要更为完善的模型来描述这种复杂性。

2）树地图

树地图结构是由 Johnson 和 Schneiderman 提出的一种方法,旨在有效展示软件层次架构的全貌。树地图通常表现为如图 3-6 所示的形式。

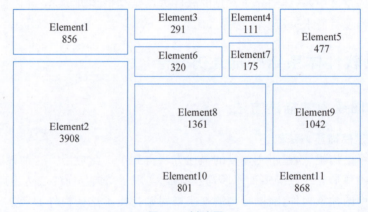

图 3-6 树地图

这种技术本质上是一种空间填充方法,它通过将层次信息展示为一系列嵌套的矩形来实现。常用的实现方式是采用"花砖算法",该算法对每个层次的大矩形盒子进行分割,生成多个小矩形盒子,并在水平和垂直方向上进行迭代分割,直至分割完毕。在架构可视化中,较小的盒子通常用来表示方法,而较大的组合盒子则用来表示类。树地图特别适用于展示包含大量分层数据的树形结构。使用树地图来描述的数据通常具备以下三个特征:能够在众多类别中可视化部分与整体的关系,类别间的精确比较并非重点,且数据具有分层特性。

3）旭日图

旭日图模型最初由 Stasko 和 Zhang 提出。研究结果显示,与树地图相比,旭日图在易学性和用户舒适度方面表现更佳。常见的旭日图形式如图 3-7 所示。

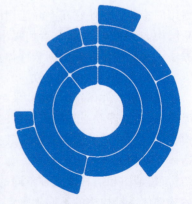

图 3-7 旭日图

在旭日图中，层次结构以放射状方式布置，根节点位于中心位置，而更深层次的节点则逐渐向外展开。旭日图的设计不仅灵活性高，类似于冰块图，而且与树地图形成鲜明对比。旭日图特别适用于展示具有多层级的比例数据关系，对于层级较多的数据集，其表示方式更加直观和明了。旭日图通过圆环形式来呈现数据的每个层级，其中内层的圆环代表层次结构的最高级，而向外扩展的每个圆环则表示更低的层级，并且分类越来越详细。这种图形不仅能展示各部分与整体的比例关系，还能像树地图那样清晰展示层次关系。

3.2.2 基于 UML 建模的描述方法

1. 基于 UML 建模描述方法概述

UML(统一建模语言)是由多种模型组成的建模语言，用于从不同角度和观点描述系统。它通过用例图、类图、对象图、包图、活动图、合作图、顺序图、状态图、组件图和配置图等来表示软件架构。为了扩展这些模型的语义，可以采用对象约束语言(Object Constraint Language，OCL)。UML 语义通过其元模型来严格定义。

软件设计者可以利用 UML 来简化架构建模的复杂性，它允许从多个视角描述软件架构，并利用单个视图来突出框架的特定侧面和特性。通过整合多个视图，可以全面展现软件架构的内容和本质。逻辑视图可以通过 UML 的用例图来实现，其中，包含用例、参与者和系统边界等实体，将系统功能分解为对参与者有用的需求。用例图通过用例描述了参与者对系统概念的理解，每个用例相当于一个功能概念。在开发视图中，可以利用 UML 的类图、对象图和组件图来表示模块，使用包来表示子系统，并使用连接来表达模块或子系统之间的关系。过程视图可以通过 UML 的状态图、顺序图和活动图来实现，其中，活动图是多用途的过程流图，适用于动态过程建模和应用系统建模，有助于设计人员深入分析用例和捕捉多个用例之间的交互关系。物理视图定义了功能单元的分布状态，描述了用于执行用例和存储数据的业务位置，这可以通过 UML 的配置图来实现。此外，UML 的合作图用于描述组件之间的消息传递和空间分布，揭示组件之间的交互关系。

使用 UML 进行软件架构建模的主要优势如下。

- 通用的模型表示法和统一的标准，便于理解和交流。
- 支持多视图结构，能够从不同角度刻画软件架构，可有效用于分析、设计和实现过程。
- 借助模型操作工具(支持 UML 的工具集)，可缩短开发周期，提高开发效率。
- 统一的交叉引用模型信息的方法有利于维护开发元素的可处理性，减少错误产生的可能性。

2. 基于 UML 的通用建模方法

1) 基于 UML 的通用建模描述定义

UML 元模型允许捕获和表示各种视图元素，包括非 UML 标准视图。为保持与 UML 定义的一致性并获得工具支持，通常不直接修改 UML 元模型。相反，通过扩展机制在现有 UML 元素的基础上构建新元素，这样既扩充了元素的语义，又保持了原有元素的结构不变。

在软件架构建模方面，基于 UML 的主要方法包括使用 UML 构造模型来表示新概念并构建新的模型元素，利用 OCL(对象约束语言)描述约束规则，并将这些转换成 UML 视图进行展示。构造型模型允许在预定义的模型元素基础上创建新元素,为模型层添加新元素提供了一种方法。这些定制的模型元素可以被视为原模型元素的子类,它们保留了原模型元素的属性和关系结构,同时增加了新的语义,以更具体地描述其用途。标记值(Tagged Value)是包含标记字符串和值字符串的一对字符串,用于存储有关元素的信息。标记值可以与任何独立元素相关联,包括模型元素和表达元素。标记是建模者记录的特性名称,而值则是该元素的特性值。约束定义了模型元素之间的语义关系,用于限制模型元素的语义。

在具体实现软件架构时,UML 表达如下几个要点。
- 软件架构仅由其组件元素构成。
- 每个组件具有两个标记值(Tagged Value),其中,Kind of Component 表示它是原组件还是组合组件,而 Sub-components 表示其子组件。
- 组件只能通过端口与其他连接件相关联,不能直接与其他组件相关联。
- 组件必须拥有至少一个端口。
- 组件在执行时可以有多个实例。
- 每个连接件至少与两个组件相连,组件和连接件不涉及语义范围以外的任何关联。
- 组合组件的子组件只能是由连接件连接起来的组合组件或原子组件。
- 原子组件不能包含其他组件(原子组件或子组件)。
- 每个端口最多只能与一个连接件相关联。

2) 基于 UML 的通用建模描述的应用场景

尽管 UML(统一建模语言)最初设计的主要目的是进行软件的详细设计,但它也具备强大的架构建模特性。作为工业标准的可视化建模语言,UML 拥有开放的标准、广泛的应用和众多厂商的支持。这使得 UML 成为描述软件架构的有效选择,它支持多角度、多层次和多方面的建模需求,并具有扩展性强、工具支持齐全的特性。许多学者倾向于使用 UML 来描述架构。例如,Booch 在他的演讲 *Software Architecture and the UML* 中提出了将 Kruchten 的"4+1"视图模型(如图 3-8 所示)映射到 UML 图的建议。这种"4+1"视图模型是通用的,不限于任何符号、工具或设计方法,但通过 UML 视图可以更具体地表示。

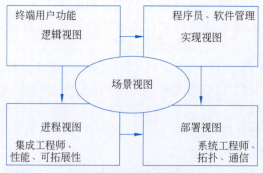

图 3-8 "4+1"视图模型

"4+1"视图模型,作为一种通用的架构描述方法,不局限于任何特定的符号、工具或设计方法。它能够有效地整合到 UML 视图中,提供更具体的架构描述。该模型通过 5 个主要视图来展示系统的不同方面:①逻辑视图,展示系统为最终用户提供的功能,主要通过 UML 的类图和状态图来表示,描述系统的静态结构和状态变化;②流程视图,关注系统的动态方面，解释系统流程及其通信方式，涉及并发、分布、集成器、性能和可扩展性等方面，使用 UML 的序列图、通信图、活动图来表示，展示系统运行时行为和交互流程；③开发视图，从程序员的角度展示系统，涉及软件管理和系统的物理实现，也称为实现视图，使用 UML 的组件图来描述系统组件和软件管理结构；④部署视图，从系统工程师的视角描述系统，关注物理层上的软件组件及其拓扑结构和物理连接，使用 UML 的部署图表示，揭示软件组件如何在物理环境中分布和交互；⑤场景视图（用例视图），使用少量的用例或情景来阐明架构，描述对象间和流程间的交互序列，用于识别架构元素、阐明和验证架构设计，并可作为架构原型测试的起点。

3) **基于 UML 的通用建模描述特点分析**

使用 UML 对软件架构进行建模有着一系列显著的优点。

- 具备通用的模型表达方式和统一的标准，易于理解和交流。
- 支持多视图结构，能够从多个不同角度描述软件架构，有利于分析、设计和实现过程。
- 利用支持 UML 的模型操作工具能够缩短开发周期，提高效率。
- 统一的模型信息交叉引用方式有助于维护开发元素的可处理性，避免错误产生。

尽管 UML 能够较好地描述软件架构，但它主要适用于特定的面向对象架构，对于形式化的架构支持相对欠缺。

- 架构的构造性建模能力较弱，缺乏对架构风格和显式连接件的直接支持。
- UML 虽然使用交互图、状态图和活动图描述系统行为，但在语义的精确性方面存在不足。
- 使用 UML 进行多视图建模可能导致信息的冗余和不一致。
- 对架构的建模仅限于非形式化层次，无法保证软件开发过程的可靠性，不能全面呈现软件架构的实质。

3.2.3 基于形式化规格说明的体系结构描述

1. 基于形式化规格说明的体系结构描述概述

基于形式化规格说明语言的建模方法，其目标是利用已知特性的数学抽象来构建目标软件系统的状态和行为模型。这种方法包括形式化 UML、Z 语言、Petri 网等面向模型的方法。此外，它还提供了一种特殊的机制，用于针对目标软件系统的规格说明。这种机制包括描述抽象概念以及进行进程间连接和推理的方法，例如 CSP、CCS、CLEAR 等代数方法。这些都是在形式化规格说明语言的框架下进行的。

接下来将重点介绍 4 种常见的基于形式化规格说明语言的建模方法：形式化 UML、Z 语言、Petri 网以及基于 CSP 的形式化描述方法。这些方法都是面向模型的，它们利用数学抽象的已知特性来构建目标软件系统的状态和行为模型，从而提供了一种精确、一致且可验证的方式来描述和理解软件系统。

2. 基于 UML 的形式化描述方法

1) **基于 UML 的形式化建模定义**

UML 被用于描述软件架构和建模各种软件系统或离散型系统，结合相应的支持工具可以对架构进行文档化并生成部分目标语言代码，但 UML 并非一种形式化语言，无法准确描述系统的运行语义。因此,非形式化描述方法无法支持在软件架构的抽象模型层面进行相关分析和测试,需要借助形式化建模方法及其支持语言和工具。形式化方法和 UML 存在显著的互补性[8],二者结合对提升软件架构建模质量具有重要意义。形式化方法与 UML 结合的建模过程与 UML 统一建模过程有着明显的差异,其目标是直接构建尽可能正确的系统。

(1) 类图形式化。

UML 类图包含类、泛化和关联。类包括属性和操作,操作则包含一系列有序的参数。泛化反映了子类和超类的关系,而关联通常有两个关联端,每个端具有多个属性。UML 类图的形式化可以转换为对类、关联和泛化的描述,具体如下。

- **类的形式化**:在 UML 中,类是对象的抽象,包括名称、属性和操作。属性包含名称、可见性、类型和多重性;操作包含名称、可见性和参数,每个参数则有名称和类型。定义前先设定集合:Name、Type 和 Expression,以 Z 语言表示为[Name,Type,Expression]。多重性在属性中表示数据取值的可能数目。可见性可以是私有、公共或保护。属性名应唯一,操作需具有不同参数。

- **关联的形式化**:在 UML 中,类间关系用关联表示。通常,类图中两个类的关联是二元的,聚集和组合都是二元关联。因此,本章内容暂时只考虑二元关联。二元关联包括关联名和两个关联端。每个端有角色名、多重性约束、导航性和关系类型属性。多重性约束限定对象数目,并限制了关联。角色名必须唯一。对聚集和组合关联,应只有一个聚集或组合端,另一端为部分或聚集值为 none。

- **泛化的形式化**:在 UML 中,泛化描述了对象间的分类关系,超类涵盖通用信息,子类则包含特定信息。

- **类图的形式化**:UML 类图由类、关联和泛化组成。约束表明类名唯一,涉及的类需在同一类图中。

图 3-9 为一个类图关系的具体示例,类有学生、教师、班级三类,这三者之间互有关系,学生和班级之间的关系通常是聚合或者组合关系。因为学生可以存在于班级中,但学生不是班级的一部分,而是班级的成员。因此,适合使用聚合关系。聚合关系通常用一条带空心菱形的实线连接学生和班级,菱形指向班级,表示班级是学生的整体。教师和班级之间的关系也可以是聚合或者组合关系。因为教师可以管理一个班级,但并不是班级的一部分,而是

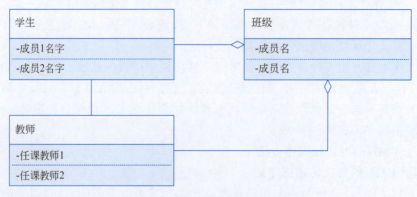

图 3-9 教师-学生-班级的类图示例

班级的组成成员。因此,同样适合使用聚合关系。此外,学生和教师之间可能存在一种关联关系,表示学生和教师之间的交互。这种关联关系通常是双向的,因为学生可能会接受多个教师的教学,而教师也可能教授多个学生。关联关系可以用一条实线连接学生和教师,没有箭头,表示双向关系。

(2) 用例图形式化。

用例图涵盖角色、用例和系统三个部分,因此对其形式化工作可转换为这三种元素的形式化描述。

- **角色的形式化描述**:角色代表与系统进行交互的外部实体(可能是人或事物),描述相对简单。例如,若类 A 和类 B 使用系统功能时具有角色 C,则角色 C 可以表示为 "Actor C == A ∨ B"。用例的形式化描述,利用 Z 语言可以将用例形式化为如图 3-10 所示格式。

其中,Use Case Name 是模式名,Declarations 是声明部分,Predicates 是谓词不变式部分。针对用例模式,其声明部分包含状态变量和输入/输出声明。谓词不变式描述了执行用例功能时需要满足的条件和执行功能后引起的变化。谓词不变式可表达为以下形式

Use Case Name	
1	Declarations
2	Predicates

图 3-10 角色的形式化

```
Predicates = Pre-Pred ∩ Post-Pred
```

这里的"∩"表示"并且",意味着 Predicates 由 Pre-Pred 和 Post-Pred 两部分构成。Pre-Pred 指代执行用例功能前状态变量和输入应满足的条件,即前置条件;Post-Pred 指代执行用例功能后状态变量和输出应满足的条件,即后置条件。

- **用例的形式化描述**:包括独立用例的形式化描述和具有关系的用例的形式化描述,其中,独立用例指的是与其他用例无关的情况。前述的用例模式可用于表达独立用例的形式化。为了更清晰地描述用例模式的前置条件和后置条件,可将其谓词不变式部分分为两个部分表示;而具有关系的用例的形式化描述指的是与其他用例存在扩展或使用关系的用例。相较于独立用例的描述,具有扩展和使用关系的用例(子用例)仅需在声明部分增加所继承的用例声明即可。

- **系统的形式化描述**:系统是用例图的另一个组成部分,它的形式化描述同样可以按照图中用例的形式化描述格式给出,只需用 System Name 代替 Use Case Name。System Name 是系统的名称,Declarations 是系统提供的功能(即用例)的声明,Predicates 则表示对用例的约束,主要用于表达各个用例之间的关系。

- **用例图的形式化描述**:用例图由角色、用例和系统组成,因此,将角色、用例和系统的形式化描述组织起来即可得到用例图的形式化描述。在此过程中,Declarations 部分用于说明角色、用例和系统,而 Predicates 部分则表示角色和用例之间的关系,即指明哪些角色与哪些用例存在关联,也就是使用了哪些用例的功能。图 3-11 为一个学生成绩管理系统的用例图,其中,参与者包含学生与教师,用例包含选课、登记成绩、查看成绩等功能,而学生与选课、查看成绩具有关联关系,教师与登记成绩具有关联关系。

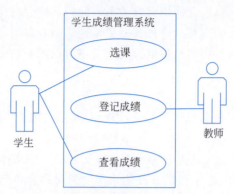

图 3-11　学生成绩管理系统用例图示例

（3）状态图形式化。

UML 状态图由状态和迁移构成，在形式化过程中，定义了迁移模式和状态模式，状态模式的层次化结构机制则通过 Z 语言的模式运算来表示。

- **迁移模式**：迁移模式描述了迁移引发的状态变化，它涉及迁移前后的变量值关联。迁移包括触发事件、迁移条件、动作、源状态和目标状态。在 Z 语言模式定义之前，先定义了一些集合：事件集 EE、迁移条件集 CE、动作集 AE。

```
EE::=(Request_Event, Transform Event, Signal Event, Time Event)
CE::=(Boolean Expression)
AE: :=(Assignment,Call,Create,Destory,Return,Send,Terminate,Uninterpreted)
```

EE 中的事件是指在时间和空间上显著发生的事情。事件具有参数，这些参数可以用于迁移中的动作。事件可分为请求事件（Request Event）、变更事件（Transform Event）、信号事件（Signal Event）和时间事件（Time Event）。CE 中的迁移条件是布尔条件表达式，可能引用该状态相关对象的属性以及触发事件的参数。当触发事件发生时，迁移条件被计算，如果表达式为真，则触发迁移。AE 中的动作在触发迁移时执行，通常是赋值语句或单个计算，还包括调用操作、设置返回值、创建和销毁对象以及其他指定的控制动作。

- **状态模式**：状态模式包含变量声明和对这些变量的使用声明的谓词集。动态属性由迁移模式描述，而静态属性则由状态模式和操作模式描述。
- **层次化结构机制**：为了支持大型软件开发，Z 语言引入了层次化结构机制，允许用成组的框将相关的图元组合在一起。这些框可以进行嵌套，从而支持对目标软件系统功能的逐级分解。

图 3-12 为学生请假系统状态图的一个示例，请注意，状态图与流程图之间具有一定差别，在目的与表示方式方面，流程图主要用于描述系统或过程中的各个步骤、决策和流程的执行顺序。它通常由各种图形符号（如矩形、菱形、圆形等）和箭头组成，表示各个步骤、决策和流程之间的关系和流转。流程图适用于描述系统的执行路径、控制流程以及决策流程等。状态图主要用于描述系统中各个对象的状态及其转换过程。它通常由状态、转移和事件组成，表示对象在不同状态之间的转换和触发状态转换的事件。状态图适用于描述系统的状态变化、事件触发以及状态转换规则等。在描述对象与关注点方面，流程图更关注于系统或过程中的各个步骤、决策和流程之间的执行顺序和流转关系，以及控制流程和决策流程等。

状态图更关注于系统中各个对象的状态及其转换过程,以及状态之间的转换规则、事件触发条件和状态转换路径等。

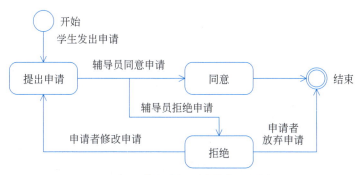

图 3-12　学生请假系统状态图示例

(4) 顺序图形式化。

UML 顺序图用于描述对象间动态的交互关系,重点在于展现消息传递的时间顺序。顺序图以两个轴为基础:水平轴表示不同实例(或称为角色,每个角色代表一个特定对象或对象集合),垂直轴表示时间。实例之间通过带箭头的线条表示消息,箭头形状表明消息的类型,是发送还是返回。消息按发生时间从上至下排列,每个消息旁注明消息名及参数。

- **实例的形式化描述**:顺序图具有一定的抽象句法,也需要满足特定的格式规则。这里采用 Z 语言对其进行严格描述。规范使用以下给定类型:[INSTANCE,TYPE,NAME],其中,INSTANCE、TYPE、NAME 分别为所有实例、类型和名称的集合。在顺序图中,实例的生命线上存在位置点,用于发送或接收消息。每个实例的生命线上有有限个离散位置点。
- **消息的形式化描述**:每个位置点上可以发送或接收一个或多个消息,来自自身或其他实例。每个消息标注消息名及相关参数,其中,消息的参数类型应与系统模型中类图中给出的操作说明一致。为了区分相同发送和接收实例间激活相同操作的两个消息,每个消息带有唯一标识号。顺序图中的返回标记表示从消息处理中返回,而不是新消息。因此,返回标记与原消息具有相同标识号。通常带有返回值,其类型也应与类图中说明一致。

用 S 和 R 表示消息的发送和接收,消息的发送接收标志 MSRFlag 定义为

```
MSRFlag ::= S | R
```

顺序图中的每个消息与实例生命线上的两个位置相关联,即发送消息的位置点和接收消息的位置点,可用模式 Message 描述。

除此之外,用映射 msg 来描述顺序图中位置与消息之间的对应关系,定义函数 source、target 描述信息与发送或接收消息实例之间的对应关系:

```
/msg: ILocation F Message
source, target: Message → F1 INSTANCE
```

顺序图可用模式 WF Sequence Diagram 描述,至少包含一个实例和一个消息,并且任意消息,其发送位置点和接收位置点不相同。

图 3-13 为一个学生选课系统的简易示例。首先学生登录系统,系统验证学生的学生用户权限,然后学生进行选课,向教务系统发送请求,教务系统收到选课请求后验证选课条件,教务系统再将选课结果以此返回,学生收到选课结果后,视为完成一次选课流程。

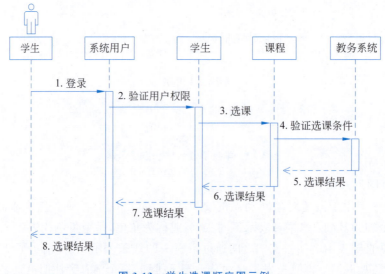

图 3-13 学生选课顺序图示例

2）基于 UML 的形式化建模的应用场景

基于 UML 的形式化建模适用于描述各种面向对象系统的应用场景,用以精确描述待建系统的模型并分析其各种行为和特征,其中一些主要的场景如下。

系统需求分析和规格说明：在软件开发过程中,通过使用 UML 的形式化建模方法可以帮助软件工程师和系统分析师更准确地理解和表达系统的需求和规格。通过使用 UML 建模技术,可以将系统需求转换为可视化的模型,包括用例图、活动图、状态图等,从而使得需求分析更加清晰和具体化。这些模型可以作为与项目相关者沟通的工具,确保对系统需求的共同理解。

系统架构设计和设计验证：在软件系统的架构设计阶段,使用 UML 的形式化建模方法可以帮助软件架构师和设计师更好地定义系统的结构和组件之间的关系。通过建立系统结构模型、组件模型和交互模型等,可以有效地对系统的设计进行验证和评估,发现潜在的设计缺陷和问题,从而提高系统的质量和可靠性。

软件开发过程的管理和控制：在软件开发过程中,使用 UML 的形式化建模方法可以帮助项目经理和开发团队更好地进行项目管理和进度控制。通过建立软件开发过程模型、任务分配模型和资源分配模型等,可以有效地跟踪和管理项目的进度和资源使用情况,及时发现和解决项目中的问题和风险,确保项目按时按质完成。

系统测试和验证：在软件系统的测试和验证阶段,使用 UML 的形式化建模方法可以帮助测试工程师更好地设计测试用例和执行测试任务。通过建立系统的行为模型和状态模型等,可以有效地识别和分析系统的功能和性能问题,帮助测试工程师更快地定位和修复软件缺陷,提高测试效率和测试覆盖率。

总的来说,基于 UML 的形式化建模在软件工程领域中具有广泛的应用场景,可以帮助软件开发团队在需求分析、系统设计、项目管理和测试验证等方面取得更好的效果,提高软件系统的质量和可靠性。

3) 基于 UML 的形式化建模特点分析

UML 与 Z 语言结合的建模过程是在当前软件规模和复杂性不断增大的情况下提出的,它对目前工业界软件架构建模过程做了一些改进,并提出了一些新的思路和构想。不仅是 Z 语言,其他形式化方法也能将非形式化的 UML 图形转换为具有精确语义的形式化规格说明,建立非形式化图形表示与形式化定义之间的映射关系。UML 中的类图、用例图、状态图以及顺序图更适合进行形式化描述,而使用形式化描述方法描述其他图可能使得描述过程更加复杂,容易降低效率。

3. 基于 Z 语言的形式化描述方法

1) 基于 Z 语言形式化描述的定义

Z 语言是被广泛应用的形式化语言之一[9],在软件企业特别是大型软件开发中经常用于需求分析和软件架构建模。设计者包括英国牛津大学程序研究组的 Jean Raymond Abrial 和 Bernard Sufrin 等,它基于一阶谓词逻辑集合论,运用严格的数学理论,将函数、映射、关系等数学方法应用于规格说明。Z 语言具备精确、简洁、无二义性以及可证明等优点。它强大的功能保证了所书写规格说明文档的正确性,并且保持高可读性和易理解性。Z 语言通过模式(schema)表达系统结构,分为水平和垂直两种形式。模式由变量声明和谓词约束组成,用以描述系统的状态和操作,即"模式=声明 + 谓词",声明部分引入变量,谓词部分定义了对变量值的要求。

Z 语言规范一般包括 4 个部分:给定的集合、数据类型和常数;状态定义;初始状态;操作。在实际应用中,Z 语言规范(即语言文档)由形式化的数学描述和非形式化的文字解释或说明构成。形式化的数学描述由段落组成,按顺序提供各种构造类型描述、全局变量定义以及基本类型描述。每个段落可能包含一个或多个构造类型描述,根据段落的含义不同,段落的种类包括基本类型、公理、约束条件、构造类型、缩写、通用构造类型、通用常量和自由类型。

2) 基于 Z 语言形式化描述的应用场景

Z 语言作为一种广泛应用的形式化规格说明语言,在软件架构建模方面也备受关注。利用 Z 语言进行软件架构的形式化建模能够提供精确、严密的架构描述,这对软件开发者来说至关重要。

3) 基于 Z 语言形式化描述的特点分析

Z 语言借助严格的数学理论,运用函数、映射、关系等数学方法进行规格说明,具备精确、简洁、无二义性且可证明的特点。作为功能强大的形式化规格说明语言,它确保了规格说明文档的准确性,同时也保持了很好的可读性和可理解性。

4. 基于 Petri 网的形式化建模方法

1) 基于 Petri 网的形式化建模的定义

Petri 网作为系统的数学和图形建模工具,适用于对具有并发、同步和冲突等特性的系统进行模拟和分析,并在复杂系统的设计与分析中被广泛使用。它是描述分布式系统的众多数学方法之一,采用图形化方式将分布式系统结构表达为带标签的有向双边图。

经典软件架构的 Petri 网描述由一个四元组组成,形式化定义为 $L = (Cm, Ce, Rr,$

Ca),其中,Cm 表示软件架构中的组件,Ce 表示连接件,Rr 表示角色,Ca 表示约束。Petri 网生动地呈现了软件架构的动态语义,通过 Token 的变迁从一个库所到另一个库所的分配,展示了资源或消息的传递,有助于说明整个软件系统的流程。

Petri 网还支持形式化的分析方法,可用于对软件系统的死锁和活性进行动态分析和验证,旨在及早预防和检测问题,避免人为建模时的错误。同时,相应的 Petri 网支持工具可用于对软件架构模型进行模拟。

2)基于 Petri 网的形式化建模的应用场景

基于 Petri 网的软件架构(Petri Software Architecture,PSA)[10]关注系统架构的全局特性,利用 Petri 网描述系统元素之间的输入/输出关系以及系统的静态和动态特性。它利用 Petri 网的可达标识图提出了一种计算组件贡献大小的方法,并提供了针对架构演化中组件删除、增加、修改、合并和分解等变化所引起的波及效应分析。PSA 的可达标识图(RMG)能够明确定义某个组件变化对整个 SA 的影响大小(称为贡献或贡献大小)。相比传统的系统可达矩阵计算方法,这种方法更为直观,且在组件变化后无须每次重新计算,而可达矩阵方法则需要在每次系统更新后重新计算其可达矩阵。

利用基于 PSA 模型的可达标识图来分析软件架构性能,一方面为系统架构师提供了关于系统信息的参考,如组件贡献大小有助于有效改变系统架构。同时,它也可以快速地更改原有系统可达标识图并快速分析新系统的特性。另一方面,这是首次利用 Petri 网技术分析系统架构性能,为软件架构研究开辟了新的方向。未来的工作将涉及利用 Petri 网辅助完成软件架构其他方面的设计,例如,辅助完成系统运行时的故障诊断与自校正设计。

3)基于 Petri 网的形式化建模的特点分析

在软件架构领域,为了有效应对软件动态演化带来的挑战,需要提高建立的软件架构的动态演化性。利用 Petri 网及其扩展来对面向动态演化的软件架构进行建模,可以有效提升软件架构模型的动态演化性能。因此,对于利用 Petri 网进行软件架构建模的研究主要集中在描述软件架构的动态演化方面。

5. 基于 CSP 的形式化描述方法

1)基于 CSP 形式化描述的定义

CSP 是基于进程代数的描述语言,它以描述进程和进程之间关系的方式为基础,用于表述复杂并发系统的动态交互行为特性。CSP 通过事件的有序序列来定义进程,事件描述了进程与其环境的交互。一个进程的所有事件集合构成了该进程的字母表。通常用小写字母表示事件,而用大写字母表示进程。针对字母表中的不同事件,进程将采取不同的动作。例如,对于表达式 $x:A \rightarrow P(x)$,表示当 P 进程的字母表 A 中的事件 x 发生后,进程 P 以 x 事件为初始事件继续进行。进程在某一时刻所处理的事件序列被定义为其轨迹(trace)。为了描述复杂的进程,CSP 允许进程的嵌套,即一个大型进程可以由多个小型进程组成。进程之间通过消息传递进行交互,而进程的组合方式(即进程之间的关系)由一些运算符来定义,如顺序、并发、选择、分支以及其他非确定性的交织方式等。此外,CSP 还定义了两个原始进程——Skip(正常终止)和 Stop(死锁),用于终止一个进程。

CSP 使用的符号子集包括以下元素:进程和事件。进程描述了交互事件中的一个实体,事件可以是原子的,也可以包含数据。最简单的进程是 Stop,它表示没有事件。前缀表示若有 $e \rightarrow P$,则 e 是 P 的前缀。替代(alternative)表示确定性选择,一个进程可以表现为

P 或 Q，由其自身决定，表示为 $P\Pi Q$；而决定（decision）表示非确定性选择，一个进程可以表现为 P 或 Q，由其所处的环境决定，表示为 $P[\ ]Q$。命名进程（named process）允许将进程名称与进程表达式相关联。

2）基于 CSP 形式化描述的应用场景

在 CSP 理论的基础上[11]，对软件架构的形式语义和代数语义进行了分析。通过对软件架构的元模型进行描述，将元模型的每一层都视为一个进程，并利用 CSP 严谨的语义特性以及演算推理分析能力，对整个模型进行了良好的语义描述、分析和检测。

3）基于 CSP 形式化描述的特点分析

CSP 以事件为核心，通过事件集合来描述进程及其关系，并运用失效/拒绝模型来判别进程行为。失效/拒绝模型由迹和拒绝集定义，其中，拒绝集表示在指定迹上进程可以拒绝的事件。偏差则描述了无法预测的环境因素。CSP 的主要优势在于其规范的可执行性，这使得内在的一致性可以被验证。此外，CSP 支持从规范验证到设计和实现的一致性，确保了如果规范和转换都是正确的，那么设计和实现也会是正确的。CSP 不仅适用于建立系统行为的模型，还可用于构建推理的形式演算模型，研究者们发现 CSP 能够有效描述软件架构模型的各种语义属性。

3.2.4 基于架构描述语言的体系结构描述

1. 基于架构描述语言的体系结构描述概述

架构描述语言（ADL）是一种用于描述软件系统架构的形式化语言。它提供了一种结构化的方法，用于描述系统的组成部分、它们之间的关系以及系统的行为。ADL 的设计目标是提供一种清晰、精确、可扩展的语言，以便软件架构师能够有效地描述和分析复杂的软件系统。ISO/IEC/IEEE 42010 标准规定了 ADL 的最低要求：一个 ADL 必须支持核心设计元素，包括组件、连接器、架构配置和约束条件。

1）组件

组件在架构中扮演着计算单元或数据存储的角色，是计算和状态存在的载体。它可以极小，仅包含一个过程；也可以极大，涵盖整个应用程序。这个单元可以拥有独立的数据和执行空间，也可与其他组件共享这些资源。组件本身具有多种属性，如接口、类型、语义、约束、演化性以及非功能属性等。

接口作为组件与外部世界的交互点集合，类似于面向对象方法中的类说明，ADL 中的组件接口描述了组件所提供的服务，如消息、操作和变量。因此，接口定义了组件所能接受的计算委托及其使用上的限制。作为封装实体，组件只能通过其接口与外部环境互动。组件的接口由一系列端口组成，每个端口代表组件与外部环境的交互点。通过不同类型的端口，一个组件可以提供多重接口。端口可以简单到表示一个过程调用，也可以更复杂，如需要按特定顺序调用的一系列过程调用。

组件类型是实现组件重用的手段。它确保了组件在架构描述中的多次实例化，并且每个实例可以对应不同的组件实现。抽象组件类型还可以参数化，进一步促进重用。现有的 ADL 通常将组件类型与实例区分开。

组件的演化能力是系统演化的基础。ADL 通过细化组件的子类型及其特性来支持演化过程。目前只有少数 ADL 在某种程度上支持演化，对演化的支持通常取决于所选择的程序设计语言。

2）连接件

连接件是用于建立组件间交互关系并管理这些交互规则的架构模块。不同于组件，连接件不一定与实现系统中的编译单元对应。它们可能以不同消息路由设备的兼容形式实现（如C2），也可能以共享变量、表入口、缓冲区、动态数据结构、内嵌在代码中的过程调用序列、初始化参数、客户服务协议、管道、数据库或应用程序间的SQL语句等形式呈现。

作为建模软件架构的主要实体，连接件同样具有接口。连接件的接口由一组角色组成，每个角色定义了该连接件所代表的交互参与者。二元连接件具有两个角色，例如，消息传递连接件的角色包括发送者和接收者。某些连接件具有多于两个角色，比如事件广播有一个事件发布者角色和任意多个事件接收者角色。连接件的接口定义了它与所连接组件之间的交互点。为确保架构中组件连接的正确性及其间通信的正确性，连接件应该作为其接口导出所期望的服务。架构配置需要组件端口和连接件角色的明确连接。架构级通信需要用复杂协议表示。为了抽象这些协议并实现重用，ADL应将连接件构建为类型。

为了对组件接口进行有用分析，确保跨架构抽象层的一致性，强调互联和通信约束，ADL应该提供连接件协议和变换语法。为确保执行计划良好的交互协议，建立内部连接件依赖关系并强制用途边界，必须对连接件约束进行说明。ADL可以通过强制风格不变性来实现这些约束。

3）架构配置

架构配置指的是描述架构中组件和连接件之间连接关系的图形表示。它提供了信息来确保组件正确连接、接口匹配、连接件通信正确，并说明这些组合形成的实现要求的行为语义。利用配置来支持系统的变化，可以让不同的技术人员都能够理解并熟悉系统。在架构配置的说明中，除了文本形式外，一些ADL还提供了图形化的描述方式。这种文本描述和图形描述之间可以相互转换。在最新的研究中，多视图多场景的架构描述方法得到了明显的加强。

4）约束条件

约束条件是指对系统的架构元素如何组织和交互的规则和限制。它们是设计过程中用来确保系统满足特定需求和标准的重要工具。约束条件可以包括以下几种。

结构约束：结构约束不仅定义了组件和连接器如何组织和相互连接，还确保了系统的整体一致性和模块化。结构约束可以指定组件之间的层次关系，确保高层组件能够依赖于低层组件，而不是相反，这有助于维护系统的可管理性和可扩展性。其次，组件之间的连接通常需要通过定义良好的接口来实现。结构约束确保这些接口在语义和数据格式上兼容，从而使组件能够无缝交互。

行为约束：行为约束在架构设计中起着至关重要的作用，它们确保系统的行为符合预期和需求。行为约束可以规定组件必须如何管理自己的状态，包括状态的保存、恢复和转换。这确保了系统在不同情况下能够保持一致的行为。行为约束明确组件执行操作的同步或异步性质。例如，某些操作可能需要同步完成以保证数据的一致性，而其他操作则可以异步执行以提高效率。对于需要保证操作原子性的系统，行为约束可以规定组件必须支持事务处理，确保操作要么完全成功，要么完全回滚。通过这些完善的行为约束，ADL能够确保系统组件按照既定的规则和标准执行操作，从而提高系统的可靠性和预测性。

性能约束：性能约束是确保系统达到既定性能目标的关键。例如，约束系统或组件必须在特定时间内响应请求、定义系统在单位时间内能处理的最大请求量、设定 CPU 等资源的最大和最小使用阈值。通过这些详细的性能约束，ADL 能够帮助设计者量化和规划系统性能，确保系统在实际运行中能够满足用户的期望和业务需求。

安全性和可靠性约束：安全性和可靠性约束对于确保系统在面对各种威胁和故障时仍能保持正常运行至关重要。ADL 在诸多方面可进行安全性约束，例如，数据保护、用户认证和授权、故障转移和冗余、可靠性测试等。通过这些详细的安全性和可靠性约束，ADL 能够帮助设计者构建出既安全又可靠的系统。这些约束确保了系统在设计和实施过程中能够考虑到各种潜在的安全风险和故障情况，从而提高系统的整体安全性和可靠性。这对于保护用户数据、维护业务连续性和遵守相关法规至关重要。

2. 基于 ADL 的通用建模方法

1）基于 ADL 的通用建模描述定义

通用建模是指使用 ADL 来描述那些被广泛应用于不同软件体系结构的模式。这些模式可以是特定领域的，如嵌入式系统、分布式系统等，也可以是跨领域的，如客户/服务器模式、发布-订阅模式等。这些模式提供了一种标准化的方法来描述软件体系结构，使其能够被更容易地理解、重用和扩展。

以下是一些常见的 ADL 及其特点。

ACME：一种灵活的 ADL，它提供了一组丰富的体系结构构造，如组件、连接器、系统和属性。ACME 的一个显著特点是它的可扩展性，允许用户定义新的体系结构元素类型。此外，ACME 支持多种体系结构风格，并且可以与其他 ADL 工具集成，如 Armani（用于体系结构约束的规范语言）。

AADL：架构分析与设计语言，专注于嵌入式实时系统的开发。它允许开发者描述系统的硬件和软件组件，并评估性能、可靠性和安全性等关键质量属性。AADL 支持模型驱动开发，可以自动生成代码，特别适用于需要高度可靠性和安全性的系统。

C2：一种面向组件的 ADL，特别适用于开发松耦合的分布式系统。C2 的体系结构风格强调组件之间通过异步消息传递进行交互，这有助于提高系统的可伸缩性和可维护性。C2 还支持动态的体系结构重组，允许系统在运行时适应变化。

Darwin：一种用于分布式系统的 ADL，专注于组件实例化和绑定。Darwin 的特点是它的简洁性和表达能力，能够描述复杂的拓扑结构和动态行为。它使用形式化的方法来定义组件如何连接和交互，支持系统的自动配置和部署。

2）基于 ADL 的通用建模描述的应用场景

基于 ADL 的通用建模描述的应用场景包括软件体系结构的重用、教育和培训，以及作为设计蓝图的沟通工具。通过使用通用模式，设计者可以快速地构建出符合特定需求的体系结构。这些模式作为一种共享的语言，促进了设计者之间的沟通和协作。

3）基于 ADL 的通用建模描述特点分析

基于 ADL 的通用建模描述具有几个显著特点，这些特点使得它成为软件体系结构设计和分析的强大工具。

高度的抽象性：通用建模描述通过 ADL 实现了高度的抽象，这意味着它能够捕捉软件体系结构的本质特征，而不会被具体实现的细节所干扰。这种抽象性允许设计者专注于体系结构的结构和行为模式,而不是编程语言或技术栈的具体选择。例如,ADL 可以描述一个发布-订阅模式,而不需要指定是通过消息队列还是事件总线来实现。

重用性:ADL 的通用建模描述强调了模式的重用性。设计者可以利用已经定义好的模式,如管道-过滤器或客户/服务器模式,来快速构建新的体系结构。这种重用性不仅加快了开发过程,还提高了软件质量,因为这些模式通常已经过充分的测试和验证。

可扩展性:通用建模描述还具有很强的可扩展性。设计者可以在现有模式的基础上进行定制和扩展,以满足特定项目的需求。例如,可以在客户/服务器模式的基础上添加负载均衡和缓存机制,以提高系统的性能和可靠性。

适应性:通用建模描述适应于各种类型和规模的软件项目。无论是小型的移动应用还是大型的分布式系统,ADL 都能提供合适的模式来描述和指导体系结构的设计。

3. 基于 ADL 的形式化建模方法

1)基于 ADL 的形式化建模定义

基于 ADL 的形式化建模允许架构师以精确和无歧义的方式描述软件体系结构。这种方法的核心在于使用数学和逻辑工具来表达和验证体系结构的属性,如性能、可靠性和安全性。

形式化建模通过 ADL 提供了一种机制,可以精确地描述软件系统的组件、连接器以及它们之间的交互方式和约束条件。这种描述不仅包括静态结构,还包括动态行为和时间特性,使得整个系统的行为可以在不同的抽象层次上进行分析和理解。ADL 也被用来定义一系列的规则和约束,这些规则和约束以数学的形式表达,以确保体系结构的描述是准确和一致的。例如,ADL 可以用来指定组件之间的同步和异步通信模式,或者定义系统的故障恢复策略。

此外,形式化建模的一个重要方面是它支持自动化分析和验证。通过将体系结构描述转换为数学模型,工程师可以使用各种工具来检查设计的正确性,如模型检查器和定理证明器。这些工具可以自动发现潜在的设计错误,如死锁、竞态条件或安全漏洞。

基于 ADL 的形式化建模提供了一种强大的方法,可以在软件开发的早期阶段发现和解决问题。这种方法不仅提高了设计的质量和可靠性,还加快了开发过程,降低了成本。随着软件系统变得越来越复杂,形式化建模在确保软件质量和安全性方面发挥着越来越重要的作用。

2)基于 ADL 的形式化建模的应用场景

形式化建模的应用场景非常广泛,尤其适用于那些对系统的正确性和安全性有严格要求的领域。例如,在航空航天领域,形式化建模可以用来验证飞行控制系统的安全性和可靠性。在医疗设备领域,形式化建模可以确保设备的软件满足严格的安全标准。此外,形式化建模还广泛应用于汽车工业、核能控制系统、金融服务等领域,这些领域都需要高度可靠和安全的软件系统。

3)基于 ADL 的形式化建模特点分析

基于 ADL 的形式化建模通过其严格性、精确性和可验证性,不仅提高了软件设计的质量,还加速了开发过程并有效降低风险,具有以下特点。

严格性:基于 ADL 的形式化建模的严格性体现在其对软件体系结构描述的严密和一致性。通过数学和逻辑的严谨表达,形式化建模确保所有的体系结构决策都基于精确的规则和定义，从而避免了模糊性和歧义。这种严格性是通过形式化语言的语法和语义规则来实现的，它要求每一个体系结构元素和关系都必须明确定义，包括组件的功能、连接器的行为以及它们之间的交互协议。

精确性：精确性是基于 ADL 的形式化建模的另一个核心特点。它不仅要求描述必须清晰无误，还要求能够精确地捕捉和表达系统的动态行为和性能特性。例如，形式化建模可以用来定义系统的响应时间、吞吐量或可靠性指标，并确保这些指标在整个设计和开发过程中得到维持。精确性的另一个方面是对系统约束的明确表达，如资源限制、安全要求和故障处理机制。

可验证性：基于 ADL 的形式化建模的可验证性意味着体系结构的设计可以通过数学证明或自动化工具来验证其正确性和一致性。这种可验证性使得设计者可以在软件开发的早期阶段就发现潜在的设计错误，从而降低了后期修改的成本和风险。自动化工具，如模型检查器和定理证明器，可以用来验证体系结构的属性，如死锁的缺失、性能的满足以及安全性的保障。这些工具通过自动化的分析和验证过程，提高了验证的效率和可靠性，使得形式化建模成为构建高质量软件系统的关键技术。

3.2.5 模型驱动建模开发方法

1. 模型驱动架构概述

模型驱动架构（Model-Driven Architecture，MDA）是 2001 年由 OMG 正式提出的框架规范。与 OMG 颁布的另一个框架规范 OMA 不同，MDA 并非一个实现分布式系统的软件架构，而是一种利用模型技术进行软件开发的方法，是一种基于诸如统一建模语言（UML）、可扩展标记语言（XML）和公共对象请求代理体系结构（CORBA）等一系列业界开放标准的框架。相较于传统的软件开发方法，MDA 致力于将软件开发从以代码为中心转变为以模型为中心，使模型不仅被用作设计文档和规格说明，更成为自动转换为最终可运行系统的重要软件制品。

在 MDA 架构中，模型不再仅描绘系统或辅助沟通，而成为软件开发的核心和主干。其核心思想是提炼与实现技术无关、完整描述业务功能的平台独立模型。其应用过程针对不同实现技术，制定多个映射规则，并通过这些映射规则及辅助工具将 PIM 转换成与具体实现技术相关的 PSM，最终转换为代码。MDA 方法认为应该产生以下三种类型的抽象系统模型。

（1）计算独立模型（CIM）。

此模型为系统中实用的重要的领域抽象建模。CIM 有时也被称为领域模型，可以建立几个不同的 CIM 来反映系统的不同方面。例如，安全 CIM，其中定义了如资产、角色等一些重要的安全抽象概念。

（2）平台独立模型（PIM）。

PIM 是系统的形式化规格说明，与具体的实现技术无关。此模型在没有它的实现作为参考下为系统的运行建模。通常使用 UML 模型来描述 PIM，UML 模型表示静态系统结构和系统对内外部事件的响应。

（3）平台特定模型（PSM）。

PSM 基于特定目标平台的形式化规格说明（指使用特定技术的平台），由平台独立模型转换得到，其中每一个应用平台都有一个独立的 PSM。原则上，PSM 应有好几层，每一层都增加了一些特定的平台细节。所以，第一层 PSM 可能是中间件，专用于某一平台但独立于数据库。

PIM 和 PSM 这两种模型描述了 MDA 架构中一个系统的不同视角，它们之间呈现抽象和精化的关系。由于与具体实现技术无关，PIM 可在多种实现技术中重复使用，当技术平台发生变更时，无须修改 PIM。PIM 能更精确地反映系统的本质特征，便于对跨平台互操作问题建模，因为使用与平台无关的通用术语，语义表达更清晰。PIM 和 PSM 这两个模型通过模型映射机制相互映射，保证了模型的可追溯性，体现了 MDA 软件开发是自顶向下、逐步精化的过程。MDA 的目标之一是简化分析模型的重用，由于平台相关性，同一分析模型可在多种不同平台环境下使用。

MDA 建模和映射技术主要涵盖元对象机制（Meta Object Facility，MOF）、统一建模语言（UML）、公共仓库元模型（Common Warehouse Meta Model，CWM）三方面。

2. 基于模型驱动的通用建模方法

1）模型驱动体系结构定义

元对象机制：MOF 是 OMG 提出的元模型描述规范的公共抽象定义语言。它本身是一种元-元模型，也就是元模型的元模型。MDA 中的 UML 和 CWM 元模型都以 MOF 为基础。MOF 标准的确立保证了不同元模型之间的交互能力。作为描述建模语言的标准语言，MOF 避免了未来由于建模语言的差异而导致的建模语言间相互理解和转换的障碍。

统一建模语言：模型驱动软件架构不仅能够使用标准符号表示开发模型，还能定义模型之间的转换以获得最终的软件产品。如果模型符合 MOF 规范和 MOF 2.0 的查询/视图/转换（QVT）语言，就可以形式化地定义这些转换过程。模型驱动架构的主要优势在于开发整个系统所需时间和精力较少，从而提高了生产效率。此外，模型驱动架构还能支持系统的演化、集成、互操作性、轻便性、适应性和重用性。

公共仓库元模型：CWM 定义了数据仓库和业务分析领域中最常见的业务与技术相关元数据的表示元模型。它实际上提供了一种基于模型的方法，用于异构软件系统之间的元数据交换。这样一来，依据 CWM 建立的数据模型，尽管存储于不同的软件系统中，却能轻松整合和集成，确保数据挖掘等应用可以跨越企业数据库的边界。

目标系统的需求由公共信息模型（CIM）定义，根据 CIM 生成与平台无关的模型（PIM），接着，根据不同的平台和技术，将 PIM 自动转换成与特定平台相关的模型（PSM），最终，根据 PSM 生成代码，得到最终的软件架构。

2）模型驱动体系结构的应用场景

结合上述基本概念，可以通过 MDA 开发一个跨平台的移动应用程序作为实际的应用场景。在这个场景中，MDA 会首先通过公共信息模型（CIM）定义应用程序的核心业务概念，如用户、产品和订单等；接下来，开发人员需要基于 CIM 生成与平台无关的模型（PIM），在此过程中使用统一建模语言（UML）表示应用程序的功能和行为；随后，开发人员需要根据目标平台的要求将 PIM 转换为与特定平台相关的模型（PSM），一般情况下，需要转换为基于 Android 或 iOS 的模型；最终，在使用代码生成工具将 PSM 转换为特定平台的源代码

（如生成 Java 代码或 Objective-C/Swift 代码）之后，开发人员便可以根据生成的代码构建移动应用程序的软件架构，实现业务逻辑、用户界面和数据交互等不同模块的功能。

通过 MDA 的应用，开发人员可以高效地开发跨平台的移动应用程序，并且通过统一的建模语言和 MOF 的支持，实现模型之间的无缝转换和集成，确保应用程序的一致性和互操作性。同时，MDA 还提供了演化、集成、重用和适应性的优势，加快开发过程并提高生产效率。

MDA 除了以上基本应用之外，学术界还提出了将架构作为中心，同时采用模型驱动的范式的方法。如此一来，不仅可以方便地进行架构自动化改造的过程，还可以实现 MDA 方法的重用。ArchMDE 的方法便采用这一架构思路，其目标是实现软件架构在任何平台上的独立性[12]。针对这个目标，独立于平台的架构问题必须在 PIM 层面得到解决。

为了解决这个问题，一些文献将 PIM 分为两个层次：架构独立模型（AIM）和架构具体模型（ASM）。AIM 和 ASM 都是系统模型，但不包含具体的实现技术。AIM 作为分析模型，展现了一定的架构独立性，适用于各种不同的架构设计；而 ASM 则结合了 AIM 中的规范，可以指定系统如何使用特定架构风格的细节。通过将 PIM 分为 AIM 和 ASM 两层，开发人员可以集中处理架构设计决策，从而提高架构特性的清晰度。一方面，AIM 的灵活性也增强了其可重用性；另一方面，在从 PIM 到 PSM 的转换过程中，ASM 确保这种转换独立于执行平台。

3）模型驱动体系结构方法的特点分析

模型驱动架构（Model-Driven Architecture，MDA）强调使用模型作为主要的开发工件，将模型转换为可执行的代码，因此具有以下一系列显著的优势。

抽象和可视化：模型驱动架构使用的模型提供了一种抽象和可视化的方式来描述和表示系统的不同方面，如功能、结构、行为等。这使得开发人员能够更好地理解和沟通系统设计，减少了对于低级实现细节的关注，提高了开发效率。

可重用性：通过模型驱动架构，开发人员可以将系统的不同方面建模为可重用的模型元素。这些模型元素可以在不同的项目和系统中重复使用，从而提高了代码的可重用性和开发效率。例如，使用统一建模语言（UML）定义的类、组件和接口可以在不同的系统中重用。

自动化代码生成：模型驱动架构支持自动化代码生成，即从模型转换为可执行的代码。通过这种方式，开发人员可以减少手动编写代码的工作量，减少错误和重复工作，并提高代码的质量和一致性。

可维护性和可演化性：使用模型驱动架构可以帮助开发人员更好地管理和维护系统。由于模型是高级抽象的表示，当需求变化时，可以通过更新模型来反映这些变化，并通过自动化代码生成来更新实际的代码。这样可以减少对于底层代码的修改和维护工作，提高了系统的可维护性和可演化性。

标准化和交互性：模型驱动架构使用的元模型和模型语言是广泛接受的标准，在软件开发社区中得到广泛应用和支持。这使得不同开发人员和团队能够使用相同的模型表示和交换信息，促进了合作和交互。

小结

本章深入探讨了软件体系结构的描述方法，这些内容对于理解和实施有效的软件体系结构实践至关重要。通过详细讨论软件架构描述的定位及常见的描述方法，为读者提供了一套全面的体系结构描述实践方法，可以应对在软件开发过程中面对的各种挑战。通过本章的学习，读者应该对软件体系结构描述有全面的了解。这为后面章节中的架构设计案例分析奠定了基础。在接下来的章节中，读者将有机会将本章学到的描述方法实际应用到具体的案例中。通过分析真实世界的案例，读者将能够更好地理解如何将本章的概念和方法应用于实际的软件开发项目。

习题

1. 请简要描述 Kruchten 提出的"4+1"视图模型。
2. 本章讲解了多种软件体系结构的描述方法，请结合这些方法谈谈你对软件体系结构描述的理解。

第 4 章

基于风格的软件体系结构设计

在软件开发中,经常听到的管道-过滤器架构、层次架构、微服务架构等这些专业术语,它们实际上都是一种软件体系结构风格。这些风格为构建软件系统提供了一种通用的、可复用的解决方案。

不同的软件体系结构风格在应用领域和问题域上有着各自的优势和适用性。每种风格都有其独特的特点。例如,层次结构强调分层的组织方式以实现模块化和可维护性,微服务架构则强调将系统划分为小而自治的服务以提高灵活性和可伸缩性。

本章将深入探讨不同的软件体系结构风格,分析它们的特点以及适用的需求场景。这些风格既包括如批处理、面向对象、黑板、事件系统等经典的体系结构风格,也包括微服务等具备动态性的体系结构风格,以及云原生、大数据等典型领域应用系统所具有的共性体系结构风格。希望通过本章的学习,并结合自身的项目经验,读者能够逐步具备综合应用多种的软件体系结构风格完成软件架构设计的能力。

4.1 软件体系结构风格概述

前面阐述过 software architecture 中的 architecture 来源于建筑,同时建筑架构的设计又与软件架构的设计存在着许多相似之处。那么,software architecture style(软件体系结构风格)和 architecture style(建筑风格)是否也有许多相似之处?关于软件体系结构风格的知识内容不妨也从建筑风格入手来逐步深入理解。

4.1.1 软件体系结构风格定义

哥特式风格、巴洛克式风格、现代主义风格等这些都是著名的建筑风格。建筑风格是对建筑形式和设计理念的分类和表达,是建筑物外观、结构、装饰等设计元素的共同特征的体现。建筑风格为建筑设计提供了通用的设计方案,使建筑师能够根据用途、环境和审美需求选择适合的设计模板,更好地完成建筑设计。

和建筑设计领域一样,在软件设计领域,软件架构师也同样迫切需要可供参考的设计经验和模板。这时,软件体系结构风格便应运而生。类似于建筑风格为建筑设计提供了通用的设计原则,软件体系结构风格为软件架构设计提供了可遵循的模式和方案。如建筑师在设计新建筑时能够根据需求选择适当的建筑风格一样,软件架构师在设计软件系统时也可以根据具体需求选择适用的软件体系结构风格。

因此,软件体系结构风格是在软件系统设计中所采用的一种基本结构模式或组织原则,用于定义系统中各个构件之间的关系、交互方式以及整体的组织结构。它反映了领域中众多系统所共有的结构和语义特性,可以指导如何将各种粒度的构件,如模块、子系统、组件等有效地组织成一个完整的系统。

也有学者用形式化的方式将软件体系结构风格定义表示为 software architecture style＝{component/connector vocabulary, topology, semantic constraint}(软件体系结构风格＝{构件/连接件词汇表,拓扑结构,语义约束})。即定义一个软件体系结构风格时,需要明确定义出该风格由哪些构件、连接件组成,构件交互连接时形成何种拓扑结构,应该遵循哪些特定的语义约束。

4.1.2　软件体系结构风格作用

软件体系结构风格在软件设计和开发中扮演着至关重要的角色,其作用体现在多个方面,对于构建高质量、可维护、可扩展的软件系统具有深远的影响。

首先,软件体系结构风格有助于组织和抽象系统的复杂性。通过定义一种结构化的组织模式,它使得系统的各个构件、组件和模块能够以一种有序的方式相互关联,从而减少了系统的整体复杂性。这种组织结构有助于开发团队更好地理解系统,提高系统的可读性和可理解性。

其次,软件体系结构风格为软件工程实践提供了一种标准化的方法,有助于不同团队之间的沟通和协作。通过采用体系结构风格,开发者可以更容易地共享经验和最佳实践方式,减少了在项目中产生不一致性或冲突的可能性。

此外,软件体系结构风格可以使系统组成更易于被其他人理解。例如,即使不给出细节,如果说一个系统是采用物联网体系结构风格的,或者采用三层 B/S 体系结构风格的,相关技术人员就能够立即想象出系统大致的组成和结构图。

再者,软件体系结构风格提供了一套设计原则和模式,有助于实现系统的模块化和可维护性。通过采用适当的体系结构风格,开发者可以将系统划分为独立的组件或服务,使得每个组件都专注于特定的功能或责任。这种模块化设计使得修改、扩展或替换系统中的某个部分变得更加容易,同时降低了出现错误和不良影响的风险。

最后,软件体系结构风格对于系统的性能和可扩展性也具有重要影响。某些体系结构风格,例如微服务架构,鼓励系统的分布式设计,从而提高了系统的可伸缩性和适应性。其他体系结构风格则专注于优化特定类型的任务或问题,有助于实现更好的性能。

总体而言,软件体系结构风格通过提供一种有组织的框架和设计原则,有助于解决软件系统开发过程中的复杂性和挑战,为构建高效、可维护和可扩展的软件系统奠定了坚实的基础。选择适当的软件体系结构风格对于确保软件系统的成功实现至关重要。因此,在软件设计过程中,工程师需要根据项目需求和目标选择最合适的体系结构风格,并在设计过程中遵循相应的原则和模式。

4.1.3　软件体系结构风格的发展与演化

软件体系结构风格的形成是多年研究和工程实践的经验积累的产物,一个设计良好且通用的软件体系结构风格通常反映了工程技术领域的成熟。在软件体系结构的研究中,Mary Shaw 和 David Garlan 的经典著作 *Software Architecture*：*Perspectives on an Emerging Discipline* 对软件体系结构进行了深入的系统研究和分类[13]。这一分类被后续研究广泛认为是"经典软件体系结构风格的分类体系"。

在这一分类中,软件体系结构风格被归类为数据流体系结构风格,包括批处理风格、管道-过滤器风格;以数据为中心体系结构风格,包括仓库系统风格、黑板风格;调用/返回体系结构风格,包括主程序-子过程风格、面向对象风格、层次系统风格;独立构件体系结构风格,包括进程通信风格、事件系统风格;虚拟机体系结构风格,包括解释器风格、规则系统风格。

近年来,随着智能体(agent)、网格计算、普适计算、移动计算等新兴软件技术的迅猛发展以及软件需求的不断变化,对软件系统体系结构提出了更为复杂和多样化的要求。这些新要求包括体系结构的适应性、可靠性、安全性、扩展性、复用性和可用性等。在这个背景下,著名软件架构领域学者 Perry 明确指出,软件体系结构应当具备动态性和适应性,即在面对软件生存环境变化时,体系结构及其行为能够灵活调整以满足新的环境需求。为了应对这一需求,一系列具有动态性和适应性的软件体系结构风格应运而生。其中包括基于多智能体的软件体系结构、开放网格服务体系结构以及面向服务的体系结构等。这些风格旨在使软件系统更具弹性,使其能够在不断变化的环境中保持有效运行并适应新的挑战。

同时,随着特定领域需求的不断涌现,也促使了特定领域体系结构风格的发展。例如,针对大数据处理系统的架构、云原生系统的架构以及物联网系统的架构等,这些体系结构风格更加专注于满足特定领域应用的需求,推动了软件体系结构领域的进一步创新和发展。

本章的后续章节将分别对经典的软件体系结构风格、具备动态性的软件体系结构风格和典型的特定领域系统体系结构风格分别进行阐述。

4.2 数据流体系结构风格

首先来关注 Mary Shaw 和 David Garlan 给出的经典的软件体系结构风格。

数据流体系结构风格是一种无数据不工作的软件架构设计思想,在该风格下,架构师基于系统对数据的处理或计算需求,设计相应的构件,构件间通过数据的流动实现交互连接。基于构件和构件交互方式的不同,数据流体系结构风格被细分为两种不同的子风格——批处理风格和管道-过滤器体系结构风格。下面具体分析批处理风格和管道-过滤器风格。

4.2.1 批处理体系结构风格

1. 批处理体系结构风格定义

批处理体系结构可能是最古老的软件架构之一,它的来源可以追溯到 Hollerith 的制表机系统。在该系统中,每个组件都要处理大量数据,一个组件完成数据处理后将结果输出,传递给下一个组件。每个组件通过具有相当带宽的 Sneakernet 连接。Sneakernet 的连接方式可以理解为是携带了一堆打孔卡或类似东西的人形成的一种人工传递的方式。现在,谷歌提出的 MapReduce 架构,实际上就是从传统的批处理体系结构演化而来的。

在经典的体系结构风格分类中,批处理体系结构风格属于数据流体系结构风格的一种子风格,用于以数据处理为需求的软件系统设计。如图 4-1 所示,在批处理风格体系结构中,每个处理步骤是一个独立的程序,每一步必须在前一步结束后才能开始,并且在数据处理的过程中,所有数据必须是完整的、以整体的方式进行传递。因此,批处理体系结构风格的基本构件是独立的应用程序,连接件是某种类型的媒介。连接件定义了相应的数据流图,表达了拓扑结构。下面进行具体分析。

构件：在批处理体系结构风格中，构件是独立的应用程序。每个构件都有输入、输出端口，构件在输入处读取数据流，并在输出处生成数据流。在构件内部对输入的数据流进行数据处理，处理后的结果数据在输出端流出。任何一个时刻只能有一个构件在进行数据处理工作，多个构件不可以并行执行计算，在全部的数据完成计算处理后，才会将数据输出到对应的连接件。

连接件：在批处理体系结构风格中，连接件是位于两个独立的应用程序之间的某种类型的媒介，起到数据传输的作用。在该风格中，数据必须以完整的方式进行传输。

拓扑约束：在批处理体系结构风格中，独立的应用程序构件必须是独立的实体，它们无须了解数据流从哪个应用程序流出，无须关注数据将流入哪个应用程序或其他构件。

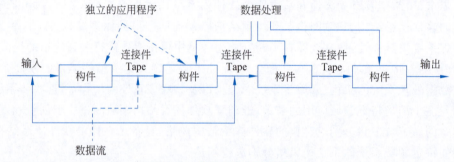

图 4-1　批处理体系结构风格

2. 批处理体系结构风格特点分析

在批处理体系结构风格中，设计人员可将整个系统的输入、输出行为理解为单个独立的应用程序行为的叠加与组合，这样可以支持设计人员将问题分解、化繁为简。同时，每个应用程序都有自己独立的输入、输出接口，任何两个独立的应用程序之间，只要传送的数据遵守共同的规约就可以相连接。因此，批处理体系结构风格的优点如下。

首先，在批处理体系结构风格中，将整个系统的输入、输出行为看成独立的应用程序行为的简单合成，每个构件的行为不受其他构件的影响，因此整个系统的行为易于理解，软件构件具有良好的隐蔽性和高内聚、低耦合的特点。

其次，批处理体系结构风格可支持功能模块的复用。只要提供适合在两个独立的应用程序之间传送的数据，就可以连接任何两个独立的应用程序。独立的应用程序之间只需要很少的信息交换就可以完成连接。

再次，批处理体系结构风格具有较强的可维护性和可扩展性。随着技术改进或需求变更，系统的维护和增强较容易实现。新的应用程序可以添加到现有系统中，旧的应用程序可以被改进的应用程序替换掉，而无须更改系统内的其他构件。

最后，批处理体系结构风格设计实现的软件系统是一种可以很好地支持系统性能、吞度量、死锁等属性分析的系统。

与此同时，批处理体系结构风格也存在着以下几个不足之处。

首先，批处理体系结构风格无法支持并行执行。由于数据需要完整传输，所以任何一个时刻，系统中仅有一个构件，即独立的应用程序在执行，系统的整体效率需要被特别关注。

其次，批处理体系结构风格交互式处理能力弱。批处理体系结构风格适于数据的处理和变换，但不适合数据交互过于复杂的系统。如果构件与连接件形成的数据流图过于复杂，将极有可能导致死锁等问题。

最后，批处理体系结构风格的数据传输缺乏通用标准。因为在数据传输上没有通用的标准，每个构件都可能需要增加解析和合成数据的工作，这样就导致了系统性能下降，并增加了系统构件编写的复杂性。

3. 批处理体系结构风格的应用实例

由于批处理体系结构风格无法支持并发，所以相对于后面要学习的另一种数据流体系结构风格的子风格管道-过滤器体系结构风格来说，批处理体系结构风格在数据处理系统中的应用没有管道-过滤器体系结构风格广泛。但是，当每个数据处理的步骤需要处理的数据格式都不一致时，批处理体系结构风格便有可能是更好的选择。相似代码检测系统就是这一类系统。下面进行具体分析。

需求描述：项目组拟开发一个相似代码检测系统，该系统的输入数据为两个代码。经过代码分析、程序转换、相似代码检测、相似度度量分析等数据处理过程，完成两个代码的相似度检测，并显示出相似的代码。

架构设计：为了实现相似代码检测系统的需求，系统需要依次完成代码分析、程序转换、相似代码检测、相似度度量分析、相似代码检测的数据处理步骤，每个步骤产生的输出数据格式均不相同。

首先，相似代码检测系统的输入数据为两个源代码文件，经过代码分析的数据处理步骤，生成对应的抽象语法树。再以抽象语法树作为输入数据进入程序转换的数据处理步骤，产生相应的 P-String 文件。然后，以 P-String 文件为输入进行相似代码检测步骤，产生相似结果文件数据。最后，根据计算数据度量的相关指标，显示出相似代码。

作为架构师，可以分析出该系统可以分成几个顺序的处理步骤，而每一个步骤都可以成为一个独立的处理单元，每个单元之间就会产生不同的数据传输，而且每一个处理单元需要处理的数据格式都是不一样的，所以每一个处理单元接收数据文件之后，都要进行数据格式转换。

具体来说，将代码分析、程序转换、相似代码检测、相似度度量分析、相似代码检测、相似代码显示分别采用一个独立的应用程序构件来设计实现，各个构件之间进行连接，完成数据传输。架构示意如图 4-2 所示，代码分析构件的输入数据为源代码文件，输出数据为抽象语

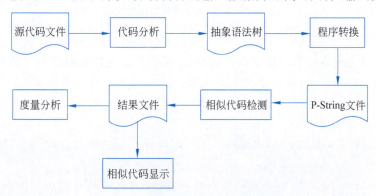

图 4-2 相似代码检测系统软件架构设计

法树。程序转换构件的输入数据为抽象语法树,输出数据为 P-String 文件。相似代码检测构件的输入数据为 P-String 文件,输出数据为结果文件,该结果文件将作为度量分析和相似代码显示两个构件的输入数据。

最后,一起思考一个问题:作为数据流风格,如果采用管道-过滤器体系结构风格来设计代码相似性检测系统是否可行呢?和批处理相比,哪个更适合呢?这个问题可以在阅读完管道-过滤器体系结构风格章节之后,再回头看。如果采用管道-过滤器风格进行处理,数据会以增量的方式传输,则每一个处理单元在运行时,都要不断地、多次地进行数据格式的转换。而采用批处理体系结构来进行数据之间的传输,数据在独立构件间的整体传输减少了频繁进行的数据格式转换,在一定程度上降低了数据格式转换对系统性能的消耗。相比下来,批处理体系结构风格更适合进行这项工作。

4.2.2 管道-过滤器体系结构风格

1. 管道-过滤器体系结构风格定义

在经典的体系结构风格分类中,管道-过滤器体系结构风格属于数据流体系结构风格的一种子风格。当数据源源不断地产生,系统就需要对这些数据进行若干处理,如分析、计算、转换等。现有的解决方案是把系统分解为几个序贯的处理步骤,这些步骤之间通过数据流连接,一个步骤的输出是另一个步骤的输入。每个处理步骤由一个过滤器(filter)实现,处理步骤之间的数据传输由管道(pipe)负责。每个处理步骤(过滤器)都有一组输入和输出,过滤器从管道中读取输入的数据流,经过内部处理,然后产生输出数据流并写入管道中。因此,如图 4-3 所示,管道-过滤器体系结构风格的基本构件是过滤器,连接件是数据流传输管道,将一个过滤器的输出传到另一过滤器的输入。具体描述如下。

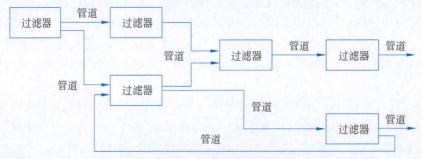

图 4-3　管道-过滤器体系结构风格

构件:在管道-过滤器体系结构风格中,构件被称为过滤器(filter)。每个过滤器都有输入、输出端口,过滤器在输入处读取数据流,并在输出处生成数据流。在过滤器构件内部对输入的数据流进行处理、转换等相关计算,计算后的结果数据在输出端流出。多个过滤器可以并行执行计算,并且,这种计算常常是递进的。因此,可能在全部的输入数据接收完之前就开始输出数据。

连接件:在管道-过滤器体系结构风格中,连接件位于过滤器之间,起到数据流的导管的作用,被称为管道(pipe)。在该风格中,数据是可以增量传输的。

拓扑约束:在管道-过滤器体系结构风格中,过滤器必须是独立的实体,它们无须了解数据流从哪个过滤器流出,也无须关注数据将流入哪个过滤器,或者在与之连接的管道之后将连接到什么构件。多个过滤器之间也不存在状态共享。

2. 管道-过滤器体系结构风格特点分析

在管道-过滤器体系结构风格中,设计人员可将整个系统的输入/输出行为理解为单个过滤器行为的叠加与组合。同时,每个过滤器都有自己独立的输入/输出接口,如果过滤器间传输的数据遵守其规约,管道就可以将任何两个过滤器连接,并使它们可以正常工作。因此,管道和过滤器风格的软件体系结构具有许多优点。

首先,由于每个构件的行为不受其他构件的影响,因此整个系统的行为比较易于理解。设计者可以将整个系统的输入/输出行为看成多个过滤器的行为的简单合成。软件构件具有良好的隐蔽性和高内聚、低耦合的特点。

其次,管道和过滤器风格可以较好地支持功能模块的复用。在该风格中,只要提供适合在两个过滤器之间传送的数据,就可以连接任何两个过滤器。过滤器之间只需要很少的信息交换就可以完成连接。

再次,管道和过滤器风格具有较强的可维护性和可扩展性。在基于该风格实现的软件系统中,随着新的技术发展或算法的改进,新的过滤器可以添加到现有系统中来,旧的可以被改进的过滤器替换掉,而无须更改其他过滤器。

此外,管道和过滤器风格可以支持如吞吐量、死锁等属性的分析。利用管道-过滤器架构图,可以很容易地得到系统的资源使用和请求状态,分析系统的吞吐量。并且,基于相关死锁检测的方法可以很快分析出系统目前是否存在死锁的可能,以及应采用何种方案消除死锁。

最后,管道和过滤器风格是可以支持并行执行的。在该风格中,过滤器的执行是独立的,不依赖于其他过滤器的。每个过滤器所执行的任务是作为一个单独的任务单元的,可与其他任务并行执行,从而提高系统的整体效率。

但是,与此同时,管道-过滤器体系结构风格也存在着以下几方面的不利因素需要考虑。

首先,管道-过滤器体系结构风格有可能导致进程成为批处理的结构。这是因为,虽然在管道-过滤器体系结构风格中,过滤器可增量式地处理数据,但是过滤器是独立的,设计者必须将每个过滤器看成一个完整的从输入到输出的转换,从而导致进程成为批处理的结构。

其次,管道-过滤器体系结构风格的交互式处理能力弱。作为数据流体系结构风格的一种子风格,管道-过滤器模型适于数据流的处理和变换,并不适合与用户交互频繁的系统。假设用管道-过滤器体系结构风格设计这种与用户交互频繁的系统,那么,在这种系统中,每个过滤器都有自己的数据,这些数据或者是从磁盘存储器中读取来的,或者是由另一个过滤器的输出导入进来的,整个系统没有一个共享的数据区。当用户要操作某一项数据时,有可能要涉及多个过滤器对相应数据的操作,其实现较为复杂。尤其是当需要增量地显示改变时,这个问题尤为严重。

最后,管道-过滤器体系结构风格的数据传输缺乏通用标准。因为在数据传输上没有通用的标准,每个过滤器都有可能需要增加解析和合成数据的工作,这就必然导致系统性能的下降,并且增加了编写过滤器的复杂性。

3. 管道-过滤器体系结构风格的应用实例

管道-过滤器体系结构风格在软件系统架构设计中具有广泛的应用场景。一个典型的

管道-过滤器体系结构的例子就是以 UNIX Shell 编写的程序。UNIX 既提供一种符号,以连接各组成部分(UNIX 的进程),又提供某种进程运行时的机制以实现管道。比如在命令 cat file | grep xyz | sort | uniq > out 中,系统将先在文件中查找含有 xyz 的行,然后进行排序,排序后去掉相同的行,最后将结果放到 out 中。各个 UNIX 进程作为构件,并在文件系统中创建管道。

另一个著名的例子是传统的编译器。一个传统的编译系统包括词法分析器、语法分析器、语义分析与中间代码生成器、优化器、目标代码生成器等一系列对源程序进行处理的过程。因此,架构设计师可以将编译系统看成一系列过滤器的连接体,按照管道-过滤器体系结构风格对编译器进行设计。

此外,管道-过滤器体系结构风格在其他系统设计中也有着广泛的应用。下面将用一个汽车牌照识别系统来分析基于管道-过滤器体系结构风格完成系统架构设计的过程。

需求描述:项目组拟开发一个汽车牌照识别系统,该系统需要捕获汽车牌照图像,然后对捕获的车牌图像进行预处理,从而对车牌图像进行定位分割,最后对图像中的字符进行识别。图像预处理的作用是突出图像中的有用信息,分割则是利用车牌的各种特征将车牌区域分割出来。

被捕获的汽车牌照图像为 24 位真彩色图。随后,需要对图像进行预处理,将彩色图进行灰度化形成 8 位的灰度图。得到的图像一般有一些缺陷,例如,成像时光线不足导致整幅图偏暗,或者成像时光照过强导致整幅图偏亮等,当这些缺陷导致图像的对比度偏低,就需要进行灰度拉伸,并在此基础上进行边缘提取,补充产生的边缘幅度图像,以支持后续对图像的定位分割和对图像中字符的识别。

架构设计:基于对上述需求的详细分析可以发现,车牌的识别系统包括捕获牌照图像、图像预处理、定位分割图像、图像字符识别一系列对图像数据进行处理的过程。由于系统任务可以分成几个顺序的处理步骤,这些步骤之间可以通过数据流连接,而且前一步骤的输出是下一步骤的输入,因而,整个系统的开发可应用管道-过滤器体系结构风格来进行设计与实现。具体来说,如图 4-4 所示,将捕获牌照图像、图像预处理、定位分割图像、图像字符识别分别采用一个过滤器模块来设计实现,各个过滤器模块间进行连接,完成数据传输。

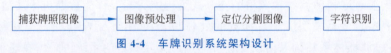

图 4-4　车牌识别系统架构设计

与此同时,不仅整个系统如此,每个步骤也有相应的特征。因此,在各个过滤器模块内部,也可以采用管道-过滤器体系结构风格进行设计与实现。以图像预处理模块为例,图像预处理过滤器的输入数据是被捕获的 24 位真彩色车牌图像,输出的数据流为预处理完成的图像数据。根据需求,在图像预处理过滤器中,需要完成灰度化、灰度拉伸、边缘提取一系列对图像数据的处理过程。因此,如图 4-5 所示,图像预处理过滤器内部依然可以采用管道-过滤器体系结构风格进行设计实现,灰度化、灰度拉伸、边缘提取分别采用一个独立的过滤器实现,三个过滤器间进行连接,传输每一个步骤处理完成的图像数据。

图 4-5　图像预处理过滤器内部架构设计

4.3　以数据为中心的体系结构风格

在以数据为中心的体系结构中,数据是集中的,并且经常由修改数据的其他构件访问。这种风格的主要目的是实现数据的完整性。以数据为中心的体系结构由用于数据共享的存储区域和通过共享数据的存储区域进行通信的不同构件组成。构件访问共享的数据存储区域,并且相对独立,它们仅通过数据存储区域进行交互。

因此,在以数据为中心的体系结构风格中,存在两大类构件。一个是负责提供永久数据存储的中央数据结构,或称为数据存储区域或数据仓库,它用于表示当前数据的状态;另一个是数据访问器,它是独立构件的集合,可以对中央数据存储区域进行操作、执行计算,并有可能返回结果。数据访问器(或可对数据进行操作的独立构件)之间的交互或通信只能通过数据存储区进行,数据是这些构件之间唯一的通信手段。同时,基于系统对数据的操作控制方法的不同,以数据为中心的体系结构风格被分为仓库体系结构风格和黑板体系结构风格。下面将分别进行阐述。

4.3.1　仓库体系结构风格

1. 仓库体系结构风格定义

仓库是什么?在现实生活中,仓库即一个空间,是一个用来存储物品的场所。那么,在软件架构中的仓库是什么含义呢?可以从两个简单的例子来分析一下。首先,回忆一下"注册表",早期的计算机硬件和软件系统的配置信息均被各自保存在配置文件.ini 中。这些文件散落在系统的各个角落,人们很难对其进行维护。因此,就有学者引入了注册表的思想,将所有的.ini 文件集中起来,放到一个统一的位置存储,为系统运行起到了集中资源配置管理和控制调度的作用。注册表中的数据信息影响或控制系统和应用软件的行为,在应用软件安装、运行、卸载时对其进行添加、修改或删除数据信息,以达到改变系统功能和控制软件运行的目的。

如果将.ini 文件数据看作物品,那么注册表实际上就是一个用于数据存储、共享的仓库。因此,如图 4-6 所示,在仓库体系结构风格中,仓库(repository)就是一个存储和维护数据的中心场所。仓库体系结构风格的核心构件便是存储数据的仓库和可以对仓库中的数据进行操作的其他构件。下面进行具体分析。

构件:在仓库体系结构风格中有两个重要的构件,一个是中央数据结构(数据仓库),用于说明当前数据的状态;另一个是一组可以对中央数据进行操作的独立构件。

连接件:在仓库体系结构风格中,连接件即为仓库与独立构件之间的交互。这种交互是由独立构件选择进行何种处理,并把执行结果作为当前状态存储到中央数据结构即仓库中。从软件架构的角度来分析,传统的数据库系统就是仓库体系结构风格的典型应用场景,仓库与构件之间的交互方式是通过输入的事务流触发要执行的操作。

图 4-6　仓库体系结构风格

拓扑约束：在仓库体系结构风格中，用于数据存储的构件是被动的，用于对数据存储区域进行操作的构件是主动的，由它们控制系统的处理逻辑。与此同时，对数据存储区域进行操作的构件是独立的，其计算过程也是独立的。

2. 仓库体系结构风格特点分析

在经典体系结构风格的分类中，仓库体系结构风格属于以数据为中心的体系结构风格。那么，同样作为面向数据处理应用的软件架构风格，仓库体系结构风格的优点主要体现在如下几方面。

首先，仓库体系结构风格适合管理大量数据的应用场合。其典型的应用实例包括数据库系统、企业中使用的管理信息系统、ERP 软件系统等。

其次，仓库体系结构风格适用于复杂的逻辑系统。和数据流体系结构风格无法支持数据交互过于频繁的系统应用场景不同，仓库体系结构风格是可以适用于具有复杂数据交互逻辑的应用场景的。

再次，仓库体系结构通过集中管理数据存储和访问，提高了数据的一致性和可靠性。这种集中化的管理使得更容易实现数据的备份、恢复和安全性控制，确保系统在面临各种挑战时仍能保持高度的数据完整性。

最后，仓库体系结构风格提供了高度模块化的设计，允许系统分成独立的构件。对数据共享区域进行操作的构件相互独立，彼此间没有直接的通信。因此，这些构件可以独立开发、测试和维护，构件具有较好的可维护性和可扩展性，系统更加灵活，容易适应变化和扩展。

但是，与此同时，仓库体系结构风格也存在以下缺点需要设计者给予足够关注。

首先，在仓库体系结构风格中，数据存储的数据结构与对其操作的独立构件之间具有高度的依赖性。因此，数据结构的变化对系统中的用于实现对数据操作的独立构件影响很大，数据结构、类型等未来关于数据的变化会非常困难而且昂贵。

然后，基于仓库体系结构风格设计的系统具有单点故障问题。如果用于存储数据的中央数据中心构件出现故障，系统将可能完全不可用。因此，通常需要对中央数据中心构件设计冗余构件，以保证系统的可用性。

3. 仓库体系结构风格应用实例

仓库体系结构风格的应用场景非常广泛，如数据库系统、企业的客户关系管理系统、一些基于 Web 的数据服务系统、带符号表和语法树的编译系统等都是仓库体系结构的应用实例。下面将用一个集成开发环境系统，来分析基于仓库体系结构风格完成系统架构设计的过程。

需求描述：作为软件工程相关专业的学生或者从业人员，应该对集成开发环境（Integrated Development Environment，IDE）都不陌生。IDE 实际上就是一种帮助程序员高效开发软件代码的软件应用系统。它通过将软件编辑、构建、测试和打包等功能结合到一个易于使用的应用系统中，提高了开发人员的工作效率。就像作家使用文本编辑器、会计师使用电子表格一样，软件开发人员使用 IDE 让他们的工作变得更轻松。微软的 Visual Studio 系列、Borland 的 C++Builder、Delphi 系列等都是较为常见的 IDE 软件系统。

现在，项目组也承担了一个 IDE 系统开发的项目。该 IDE 系统需集成 Java 和 Python 代码的编辑功能、UML 图形的编辑功能、代码的编译功能、架构分析功能、项目报告生成功能。

架构设计：基于该 IDE 系统的需求分析，可以发现代码编辑、编译、UML 图形编辑等功能的实现需要共享项目的相关数据。并且，在对应模块中对项目的数据进行修改后，其他模块也可以获得最新的数据。作为架构设计师，结合仓库体系结构风格的特点，选择仓库体系结构风格进行架构设计。如图 4-7 所示，在该 IDE 系统中，设计一个数据仓库用于存储项目数据，实现数据共享。同时，设计包括 Java 代码编辑器、Python 代码编辑器、UML 图形的编辑器、代码的编译器、架构分析工具、项目报告生成工具多个独立构件，这些构件可对数据仓库中的项目数据进行读取、操作和更新。最终，实现该 IDE 系统的功能需求。

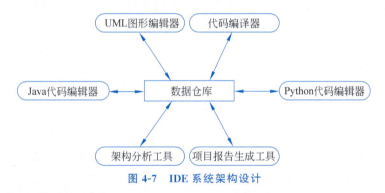

图 4-7 IDE 系统架构设计

4.3.2 黑板体系结构风格

1. 黑板体系结构风格定义

在仓库体系结构风格中，中央数据结构和其他独立构件间的交互是由独立构件选择进行何种处理，并把执行结果作为当前状态存储到中央数据结构即仓库中。那与之相反的另一种交互方式是什么呢？另一种方式就是由中央数据结构的当前状态决定进行何种处理。这时，仓库体系结构就演化成了黑板体系结构风格（blackboard style），因此，在某种程度上，也可以认为黑板体系结构风格是仓库体系结构风格的特殊化。

如图 4-8 所示，在黑板体系结构风格中，黑板（blackboard）就是中央数据中心，用于存储当前数据的状态。而其他可对数据进行操作、计算的独立构件在黑板体系结构风格中同样存在，它们被命名为知识源（knowledge source，KS）。下面来详细地阐述黑板体系结构风格。

从软件的需求出发，在软件开发中，有时候会遇到这样的情况，那就是需要解决的问题找不到一个整体的求解方式。这时，有一种解决的思路便是把整个问题分解成子问题，分析每个子问题的解决所需要的领域知识,设计不同子问题的问题表达方式和求解模型。并且,当系统不确定应该先解决哪个子问题,再解决哪个子问题,找不到确定的求解策略时,还需要根据整个问题的当前解的状态来动态决定如何继续求解。作为架构师,当面临的软件需求属于这类需求时,就有可能需要选择黑板体系结构风格来设计软件架构。

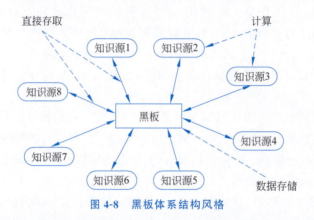

图 4-8　黑板体系结构风格

黑板体系结构风格的基本出发点是设计一个对公共数据结构进行协同操作的独立程序的集合。每个独立程序专门解决一个子问题,多个独立程序协同工作,共同完成整个问题的求解。这些程序是相互独立的,它们之间不存在互相调用,也不存在可事先确定的操作顺序,其操作次序是由整个问题当前的求解状态来决定的。此外,为了能够根据当前数据的状态来决策下一步应该选择哪一个子问题的求解程序进行执行,黑板体系结构风格还需要包含一个可以根据数据状态做出决策的模块。

下面具体分析黑板体系结构风格的构件、连接件和约束。

构件:如图 4-9 所示,黑板体系结构风格有三类构件,分别为黑板数据结构、知识源和控制器。黑板数据结构构件用于存储反映应用程序求解状态的数据。它保存着系统的输入、问题求解各个阶段的中间结果和反映整体问题求解进程的状态数据。通常情况下,它是按照层次结构组织的,这种层次结构的设计依赖于特定应用程序的需求。常见的黑板层次的设计是最底层表达的就是系统的原始输入,最终的问题解在抽象的最高层次。

知识源构件是可求解子问题的独立应用程序。因为每一个独立的应用程序用于求解一个特定的问题,通常需要各自专有的领域知识,所以,该构件被命名为知识源。可以将每个知识源理解成一个领域专家,现在有很多专家在一起工作,为了解决一个很复杂的问题,他们工作的地方有一个黑板用于展示他们目前需要解决的问题的数据状态。每一个专家都各自有自己擅长的领域,每个专家的知识储备和专有能力都能够处理到一个任务的某一方面,并在需要他们的时候就开始工作,工作的结果会更新在黑板中,以共享给其他专家继续展开工作,帮助问题更进一步地解决。

控制器构件是一个用来监控黑板的数据状态,并且可以根据当前黑板数据状态来决策哪个知识源在当前是可用来解决问题的构件。因此,在通常情况下,控制器构件内部的设计包含监控模块和决策控制模块。监控模块可以通过某种方式监控黑板的数据状态,决策控制模块掌握系统中每个知识源的能力,并可以根据黑板中的数据状态决策出需要被激活工作的知识源。控制器还承担着限制知识源对黑板的访问的工作,以防止两个知识源同时写入数据到黑板。

连接件：在黑板体系结构风格中，连接件即为黑板与知识源之间的交互。和仓库体系结构风格不同，在黑板体系结构风格中，这种交互是由中央数据结构即黑板中的当前数据状态决定进行何种处理，即黑板中的数据状态来决定哪个知识源可以开始执行工作。为了完成这种交互，在黑板体系结构中，由控制器构件读取黑板中的数据，决策出合适的知识源，然后通知对应知识源，对应知识源收到消息后读取黑板中的当前数据，进行计算，再将更新之后的数据写入黑板。

拓扑约束：在黑板体系结构风格中，用于数据存储的构件即黑板是主动的，用于对数据存储区域进行操作的构件即知识源是被动的。每个知识源是独立的，其计算过程也是独立的。知识源间不存在任何交互和通信。

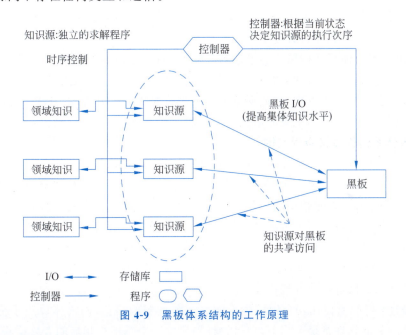

图 4-9　黑板体系结构的工作原理

2. 黑板体系结构风格特点分析

黑板体系结构风格和传统体系结构风格有显著区别。它追求的是可能随时间变化的目标，各个知识源构件需要不同资源，关注不同的问题，但用一种相互协作的方式使用和维护黑板里共享的数据。具体来说，黑板的体系结构风格的优点主要有以下几方面。

首先，黑板体系结构风格适用于处理复杂的问题，特别是涉及多个专业领域的大规模系统。各个模块可以独立开发，专注于特定任务，然后通过黑板共享结果，实现协同合作。

其次，黑板体系结构风格具有较好的可维护性、可扩展性和可修改性。黑板体系结构风格允许系统构件以松散耦合的方式协同工作，各个知识源之间通过共享的黑板进行信息交流。知识源互相独立，每个知识源都可以单独地开发、测试和更新，系统可以通过知识源的更新和扩充实现系统的修改和扩展。这种设计有助于提高系统的可维护性，使得系统更容易扩展和修改。

再次，基于黑板体系结构风格设计的系统天然地支持分布式计算，各构件可以部署在多个计算节点上。这使得系统能够充分利用分布式环境的性能，提高处理速度和处理能力。

通过将任务分配给不同的节点,系统可以更有效地处理大规模数据和复杂的计算任务。

最后,在黑板体系结构风格中,知识源具有可重用性。这是因为独立的知识源用于解决某一特定的问题,知识源是可以在不同系统间实现重用的。

但是,与此同时,黑板体系结构风格也存在一些缺点。

首先,在黑板体系结构风格中,由于黑板与知识源之间存在着密切的依赖关系,因此,黑板的结构变化可能会对其所有知识源产生重大影响。

其次,基于黑板体系结构风格设计的系统可能存在无解的情况。这是因为,该系统有可能出现,在某一时刻,黑板中的数据状态不是问题的最终解。同时,系统中也没有知识源可以解决当前状态下的问题了。这时,系统就有可能存在找不到解的情况。并且,这种情况很有可能在测试阶段是无法发现的。

再次,在黑板体系结构风格中,当待解决的问题只期望找到近似最优解时,需要确定系统计算终止的条件,而如何设置这个条件通常是较难确定的。

最后,由于黑板体系结构风格的松散耦合特性,模块之间的通信通常是异步的,这可能导致一些潜在的同步和一致性问题。在某些应用场景下,特别是需要实时响应的系统中,这种异步性可能会引入一些困难,如数据竞争或不一致的状态。因此,有可能需要额外设计一定的同步或锁机制解决多知识源的数据同步问题。

3. 黑板体系结构风格应用实例

黑板体系结构风格在人工智能领域的软件系统设计中具有广泛的应用。例如,语音识别、模式识别、三维分子结构建模等软件系统都采用了黑板体系结构风格进行软件架构设计。并且,著名的人工智能领域的应用程序——Hearsay Ⅱ语音识别系统也是应用黑板体系结构风格。该系统以自然语音的语音信号为输入,经过音节、词汇、句法和语义等多个方面的分析,最终解析出用户的语音输入。感兴趣的读者可以阅读关于 Hearsay Ⅱ 的研究论文[14]。下面,同样选取人工智能领域中的一个应用实例人体检测系统[15],详细阐述如何基于黑板体系结构风格进行软件架构设计。

需求描述:智能监控在安全领域中扮演着至关重要的角色,而人体检测系统是实现智能监控需求的关键软件系统。当前,项目组计划研发一个基于视频流的人体检测系统,旨在从运动目标的视频流中准确识别人体。

架构设计:该系统的需求分析表明智能人体检测是一个较为复杂的问题。为了解决该问题,可以将该问题拆分为图像采集、运动检测、目标分割、背景目标排除、图像突变排除、阴影排除等多个子问题来进行逐步求解。因此,作为架构师,结合黑板体系结构风格的应用场景和相关优势,选择黑板体系结构风格来设计该系统的架构。

具体来说,如图 4-10 所示,该系统包含黑板、知识源和控制部件三个组成部分。黑板负责存储各个处理模块的运算结果以及控制数据。系统中应设计实现多个知识源,包含图像采集知识源、运动检测知识源、目标分割知识源、背景目标排除知识源、图像突变排除知识源、阴影排除知识源、动物排除知识源和人体判定知识源。控制部件负责监视黑板中数据的变化情况,依据控制策略安排相应知识源执行计算。

这里,对黑板中的数据结构要如何设计进行一个单独的说明,以辅助读者对黑板这一个构件的设计有一个更深入的认识。在该智能人体检测系统中,黑板负责存储的数据包括运动目标数据、中间结果图像、原始图像和控制数据。因此,首先可以基于黑板中数据分层设

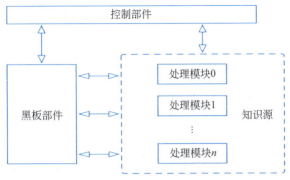

图 4-10　智能人体检测系统架构设计

计的原则,将这些数据进行分层。同时,考虑到系统的计算开销,每一层数据设计为一维链表数组。如图 4-11 所示,数组的大小为存储公共数据类型的最大数目,每个数组元素存储一个链表表头,每个链表对应一种数据类型,即处在不同层次的数据。

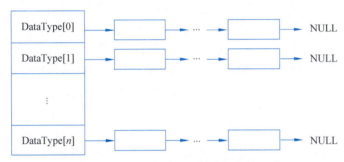

图 4-11　智能人体检测系统黑板构件设计

按如下步骤建立链表。对于运动目标数据,在建立链表时按照运动目标的面积,由大到小插入链表节点;对于中间结果图像,将经常访问的图像数据放在表头,新加入的图像数据放在表尾;原始图像数据包含当前帧和背景帧,由于每次循环时当前帧被更新,当前帧放在表头;控制数据包括知识源优先级、知识源访问标志以及系统开始、停止标志。

当然,采用链表数组设计黑板只是构建黑板结构的其中一种方式。对于其他系统应用需求,可以根据系统自身数据的特点来定制黑板的内部结构和实现方式。

4.4　调用/返回体系结构风格

在经典的软件体系结构分类中,把构件间基于调用和返回方式实现交互的架构设计风格归类成为调用/返回体系结构风格(call/return style)。因此,常听到的主程序-子过程体系结构风格、面向对象体系结构风格、层次系统体系结构风格,以及层次系统体系结构风格的特例客户/服务器体系结构风格、B/S 架构风格、物联网系统架构风格等,都是可以划分到调用/返回体系结构风格的分类中的。下面重点阐述主程序-子过程体系结构风格、面向对象体系结构风格、层次系统体系结构风格这三种调用/返回体系结构风格的子风格。

4.4.1 主程序-子过程体系结构风格

1. 主程序-子过程体系结构风格定义

主程序-子过程体系结构风格是一种经典的面向过程软件架构,通常采用单线程控制,将问题划分为多个步骤进行处理。这种架构风格强调模块化和分层设计思想,主程序负责调用子过程,而子过程则负责执行特定任务并将结果返回给主程序。

在这一体系结构风格中,主程序充当整个系统的控制中心,负责系统的启动、初始化和整体流程的协调,而独立的子过程则负责具体的功能实现。同时,子过程也可以合成模块,增加调用过程的层次性。主程序最终结果的正确性,取决于其下属的模块和子过程的执行结果。这一风格基本上涵盖了所有面向过程的开发模式,作为程序开发的最经典的模式被普遍使用。并且,这种清晰的模块划分和层次结构有助于提高代码的可维护性和可理解性,使得系统更易开发、维护、扩展和重用。

如图 4-12 所示,主程序-子过程的顶部是主程序,它可以调用其他子过程,子过程也可以进行嵌套调用其他子过程,但是,系统的结果最终是主程序返回的。下面对主程序-子过程体系结构风格的构件、连接件以及约束分别进行阐述。

构件:主程序-子过程体系结构风格包含两类构件,即主程序和子过程。其中,主程序是系统的核心构件,负责整体控制和协调。它通常包含系统启动和初始化,处理用户输入,调度子过程等功能。而子过程构件通常是独立的模块或子系统,每个子过程负责执行特定的任务或提供特定的功能。它们具有清晰定义的接口,可与其他构件协同工作。

连接件:在主程序-子过程体系结构风格中,主程序构件和子过程构件是基于调用和返回实现连接的。每个构件从其对应的主程序构件获取控制和数据,同时每个构件可以将其控制和数据按需求传递给与其相连的子过程。因此,通常需要定义构件之间的通信规范和数据传递方式,确保主程序和子过程构件间可以有效地交互,并实现数据传递。

拓扑约束:主程序-子过程体系结构风格是从功能的观点进行设计,通过逐步分解和细化,将其中的每个子功能分解成为一个个子过程,主程序主要负责接收子过程的返回,最终形成整个系统的体系结构。因此,该风格遵循逐层分解的拓扑结构约束,将大系统分解成为若干模块,主程序调用这些模块实现完整的系统功能。

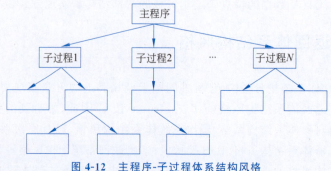

图 4-12 主程序-子过程体系结构风格

2. 主程序-子过程体系结构风格特点分析

在主程序-子过程体系结构风格中,系统是由主程序返回结果,子过程只负责完成部分功能。主程序-子过程体系结构风格是一种在软件设计中常用的架构风格，它具有许多优点。

首先，主程序-子过程体系结构风格支持模块化设计。在该风格中，系统划分为主程序和独立的子过程，使得系统具备高度的模块化。每个子过程都负责特定的任务或功能，从而简化了系统的复杂性，也提高了代码的可读性和可维护性。

其次，基于主程序-子过程体系结构风格设计的系统，具有较好的可维护性、可修改性和可扩展性。在基于该风格设计实现的软件系统中，模块化设计和清晰的接口定义使得系统更易于维护。同时，系统的修改或扩展有可能在无须修改主程序的核心逻辑的情况下，通过引入新的子过程或者修改某一子过程的内部来实现。因此，主程序-子过程体系结构风格设计实现的系统具有较好的可修改性和可扩展性。

此外，主程序-子过程体系结构风格有助于实现系统的重用。在该风格中，子过程构件具有各自的功能，每个子过程都可以独立开发和测试，这使得它们可以被重用于其他项目或系统的不同部分，提高了构件的可重用性，减少了开发工作量，提高了软件的生产效率。

最后，主程序-子过程体系结构风格有利于团队的协同开发。不同的团队成员可以专注于开发和测试各自负责的子过程，从而提高开发效率。这种分工也使得系统更容易进行并行开发，加速项目的进展。

尽管主程序-子过程体系结构风格在软件设计中具有一些优点，但也存在一些潜在的缺点。这个缺点主要体现在，随着软件系统规模的增加，仅基于功能划分子任务完成系统所有需求的难度会逐渐增加，如果仅通过对系统逐层分解，设计主程序构件和子过程构件完成系统需求，则可能导致两个结果。其一，为了保证各个主程序构件和子过程构件间的交互关系较为清晰，子过程构件的粒度可能很大，系统设计实际上是复杂软件系统划分为子系统或者子模块的过程，子系统或子模块内容仍需要进行架构层面的设计，否则系统并行开发的效率较低。其二，基于功能不断对系统进行子任务分解，迭代设计的多个主程序构件和对应子过程构件，则系统构件间的交互关系会变得较为复杂，从这个角度来分析，软件系统测试和后期维护的难度都会增加。

3. 主程序-子过程体系结构风格案例分析

主程序-子过程体系结构风格在许多软件系统中都有广泛的应用场景，特别是在大型、复杂的系统中，例如，大型企业应用系统、工业化自动化系统、科学仿真系统等。下面以大家熟悉的在线购物系统为例，看看如何基于主程序-子过程体系结构风格完成该系统的架构设计。

需求描述：项目组拟开发一个全功能的在线购物系统，该系统需实现用户管理、商品管理、订单管理和支付管理功能。其中，用户管理需要实现用户注册、登录、查看历史订单的功能；商品管理需要实现添加商品、更新商品信息以及删除商品的功能；订单管理需要实现生成订单、处理订单、订单状态追踪的功能；支付管理需要支持多种支付方式的支付，包括信用卡、支付宝、微信支付等。

架构设计：基于该系统的需求，作为架构师，发现该系统可以基于功能逐层分解。因此，从这个角度出发，可以采用主程序-子过程体系结构风格进行设计与实现。为了满足如上所述的需求分析，需要首先分析需要的构件，也就是主程序和子过程，并且分析主程序和子过程所负责的功能包含哪些。

该系统的架构设计示意图如图 4-13 所示。其中，主程序构件负责整体流程控制，处理用户的注册、登录、购物车管理以及整体的订单流程。子过程构件包括用户管理子系统、商品管理子系统、订单管理子系统和支付子系统。其中，用户管理子系统负责处理用户注册、登录、查看订单历史等功能；商品管理子系统负责处理商品的添加、更新、删除等功能；订单管理子系统负责处理订单的生成、处理、状态追踪等功能；支付子系统负责处理支付请求，支持多种支付方式。

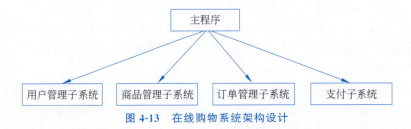

图 4-13 在线购物系统架构设计

在明确架构构件之后，需要保证构件之间的数据流通，以及数据更新流的方向。其中，对于用户请求数据流，应该是用户通过主程序发起请求，主程序将请求传递给相应的子过程进行处理。数据更新流为子过程通过接口将更新的数据传递回主程序，确保数据的一致性。

最后，对于整个系统的约束要满足接口约束以及执行约束。其中，接口约束定义了用户管理、商品管理、订单管理和支付子系统与主程序之间的数据格式和通信协议。执行约束确保主程序按照预定的顺序调用各个子过程，保证系统的正确执行流程。

4.4.2 面向对象体系结构风格

1. 面向对象体系结构风格定义

面向对象体系结构风格（object-oriented style）是一种以对象为基础的系统设计思想。如图 4-14 所示，这种风格通过把系统分解成相对独立、可相互协作的对象集合，提高了系统的模块化程度，从而有利于系统的维护和升级。如图 4-14 所示，在这种风格中，对象是系统的基本构件，它可以是抽象数据类型的实例，也可以是具体的实体。对象之间通过函数或过程调用进行交互，从而实现了系统中的信息传递和数据处理。下面进行具体阐述。

构件：在面向对象体系结构风格中，类和对象是典型的构件。类用于描述对象的属性和行为。它定义了对象的状态（属性）和方法（行为）。对象是类的实例，是构件的实体。对象具有特定的状态，通过调用方法来执行特定的行为。

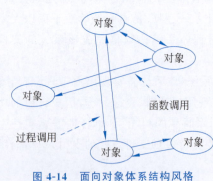

图 4-14 面向对象体系结构风格

连接件：连接件用于描述构件之间的通信和协作方式。在面向对象体系结构风格中，对象间的交互可以通过方法调用、消息传递、数据持久化等方式实现。其中，方法调用是对象之间通过调用方法进行通信，是最基本的连接方式，用于实现构件之间的协作。消息传递是对象通过发送和接收消息进行通信，这种方式强调了对象之间的松耦合，提高了系统的可维护性。除此之外，对象之间通过数据库交互也是一种常见的模式，尤其是在应用程序需要持久化数据时。这通常涉及将对象的状态存储到数据库中,或者从数据库中检索对象的状态。

拓扑约束:在面向对象体系结构风格中,构件和构件间的交互需遵循以下拓扑约束。首先,满足封装的特性,封装要求将对象的内部状态和实现细节隐藏,只通过对象的公共接口进行访问。其次,类构件的设计和类构件间的继承关系需遵循单一职责原则、依赖倒置原则等。

2. 面向对象体系结构风格特点分析

面向对象体系结构风格具有许多显著的优点,这些优点使得它成为广泛应用的软件设计范式之一。

首先,面向对象体系结构风格设计的软件系统具有较好的可维护性。面向对象体系结构风格鼓励模块化和封装,通过将数据和相关的行为组织成对象,实现了良好的模块化,使得代码更易理解和维护。

其次,面向对象体系结构风格设计的软件系统可修改性和可扩展性强。继承和多态性允许系统在不破坏已有代码的情况下进行扩展。新的功能可以通过创建新的类或扩展已有的类来实现。多态性和继承的特征使得系统更加灵活,能够适应变化的需求,提升系统的可修改性和可扩展性。

再次,面向对象体系结构风格有助于模拟现实世界的问题。通过使用对象、类和关系,设计者可以更自然地映射和解决现实世界中的问题,使得软件系统更直观地反映真实世界的复杂性。

最后,面向对象体系结构风格还促进了团队协作和分工。不同的团队成员可以独立地开发和测试各个对象,而这些对象可以在整个系统中协同工作,从而提高了开发效率和项目的可维护性。

但是,与此同时,面向对象体系结构风格也存在着一些潜在的缺点。

首先,面向对象体系结构风格可能导致过度设计和过度工程化。由于强调封装、继承和多态等概念,设计者可能会过度抽象和层次化,导致系统的复杂性增加,而不是简化。

其次,面向对象体系结构风格可能导致性能开销。对象之间的交互和消息传递可能引入额外的运行时开销,特别是在需要频繁通信的大型系统中。这可能对系统的响应时间和效率产生负面影响,尤其是在资源有限的环境中。

再次,在面向对象体系结构风格中,由于继承的使用,可能导致类的层次结构变得复杂和难以维护。过度的继承层次结构可能使代码变得脆弱,难以适应变化,而且可能引入不必要的耦合。

最后,面向对象体系结构风格的学习曲线相对较陡峭,其设计对于初学者来说可能需要花费较多的时间来理解和掌握概念。

3. 面向对象体系结构风格案例分析

面向对象体系结构风格在各种复杂、模块化需求的软件开发场景中都具有很强的适应性。其灵活性和可扩展性使得它成为许多项目选择的设计风格。下面以在线商城系统为例,看看如何基于面向对象体系结构风格完成该系统的架构设计。

需求描述:项目组计划开发一个在线商城系统,该系统可以支持用户浏览商品、商品购买、订单支付等功能。系统还需要具备用户管理、库存管理、订单管理等后台管理功能。

架构设计：基于对该在线商城系统的需求分析，考虑后续业务扩充时，可能需要对系统功能的扩展。作为架构师，选择基于面向对象体系结构风格来设计该系统的架构。基于该风格将系统划分为多个独立的对象，每个对象负责处理特定的功能，如图 4-15 所示，在线商城系统包含：用户对象，负责处理与用户相关的功能，包括用户注册、登录认证、个人信息管理等；商品对象，负责处理商品相关的功能，包括商品分类、商品展示、商品搜索等；订单对象，负责处理订单相关的功能，包括创建订单、修改订单状态、支付订单等；库存对象，负责处理库存管理功能，包括商品库存管理、库存更新等；支付对象，负责处理支付功能，包括接收支付请求、处理支付流程等；后台管理对象，负责处理后台管理功能，包括用户管理、商品管理、订单管理等。对象之间通过数据库交互，对象的状态存储到数据库中，并从数据库中检索对象的状态。

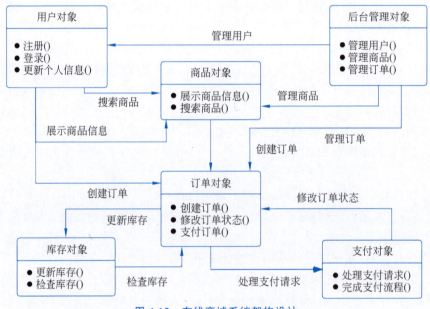

图 4-15 在线商城系统架构设计

4.4.3 层次系统体系结构风格

1. 层次系统体系结构风格定义

层次系统体系结构风格（layered system style）是一种经典的软件架构风格，它通过将系统划分为不同的层次，每个层次负责特定的功能，从而实现了模块化和分层的设计。在这种风格中，每一层都有特定的职责，并且相邻的层次之间通过明确定义的接口进行通信。

每个基于层次系统体系结构风格设计的软件系统都有其层次的划分方式。图 4-16 展示的是常见的一种层次划分，它将系统划分为三个主要层次：表示层、业务逻辑层和数据存储层。表示层负责用户界面的呈现和用户输入的处理，业务逻辑层包含应用程序的核心业务规则和处理逻辑，而数据存储层则管理数据的持久化和存储。典型的 B/S 系统、三层 C/S 系统都是这么来划分层次的。

下面具体解析层次系统体系结构风格的构件、连接件和拓扑约束。

构件：在层次系统体系结构风格中，层次系统的每个层次都由一个构件表示，负责执行

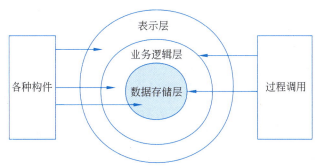

图 4-16 层次系统体系风格

特定的功能或服务,提供服务给上层次并调用下层次的服务。每个构件专注于特定的系统方面。同时,每个层次内部,可以进一步进行设计,即层次内部可以基于不同的构件实现。例如,如图 4-16 所示的层次系统架构设计中包含的表示层构件、业务逻辑层构件、数据存储层构件。

连接件:在层次系统体系结构风格中,连接件用于支持不同层的通信和交互,通常这种交互是单向的,即高层次的构件可以调用低层次的构件,但反过来则不行。常见的交互方式包括接口调用、消息传递等。

拓扑约束:在层次系统体系结构风格中,各个层内部相互独立,高层次不需要了解底层的实现细节,只需使用底层提供的服务。并且,从严格意义上说,每一层只与它的上一层或下一层的相邻层通信,不进行跨层通信。

2. 层次系统体系结构风格特点分析

层次系统体系结构风格通过清晰的层次结构、模块化设计、分工合作和系统演化的支持,为软件开发提供了一种强大的架构模式。因此,层次系统体系结构风格具有多个显著的优点。

首先,清晰的层次结构使得系统更易于理解和维护。每个层次专注于特定的功能,从而降低了系统的复杂性,使得团队能够更容易地定位和解决问题,提高了代码的可读性和可维护性。

其次,层次系统体系结构风格具有较好的可重用性、可修改性和可维护性。层次系统体系结构促进了模块化的设计和开发。每个层次可以被看作一个独立的模块,具有清晰定义的接口,使得开发人员可以独立地实现和测试各个层次,提高了系统的可重用性。同时,各层次之间的松耦合关系,可以相对容易地进行部分更改和更新,而不会对整个系统产生过大的影响。这有助于系统在时间推移中适应新的需求和技术变化,使得系统具有较好的可修改性和可扩展性。

最后,层次系统体系结构风格有助于实现分工合作。不同的团队成员可以专注于不同层次的开发,从而提高了开发效率。例如,界面设计师可以专注于表示层,业务逻辑开发人员可以专注于业务逻辑层,数据库管理员可以专注于数据存储层。这种分工合作使得团队成员更专注于各自的领域,有利于整个开发流程的协调和管理。

但是,层次系统体系结构风格在用层次划分解决一些问题的同时,也带来了一些潜在的缺点,需要在实际应用中进行权衡和取舍。

首先,严格的层次划分可能导致系统的某些功能在不同层次之间的重复,从而引入了不必要的冗余。这可能在一定程度上增加了开发工作量,尤其是当需要对多个层次进行同样的修改时。

其次,过度依赖层次结构降低了系统的灵活性和适应性。在某些情况下,需求的变化可能需要跨越多个层次进行调整,过度依赖层次结构就可能会导致系统设计的僵化,降低了系统的灵活性和适应性。一些复杂的应用场景可能要求非常灵活的架构,而层次系统体系结构风格的预定义层次结构可能无法满足这种灵活性的需求。

再次,层次系统体系结构风格设计的软件系统可能面临性能问题。由于各层之间的接口和通信,特别是在大型系统中,可能会引入一定的运行时开销。这对一些对性能要求较高的应用,如实时系统或大规模并发系统,可能是一个潜在的挑战。

从次,如何进行层次划分是层次系统体系结构风格设计中的难题。在设计阶段,确定合适的层次划分可能是一个挑战,过分细化的层次划分可能导致系统变得复杂,增加理解和维护的难度。过少的层次划分又降低了层次系统本身的优势。因此,架构设计者需要在模块化和复杂性之间取得平衡。

最后,基于层次系统体系结构风格设计的软件系统其设计和实现的复杂性较高。首先,在某些情况下,需要进行跨层次的操作,这可能受到层次系统体系结构的限制。某些需求可能需要跨越多个层次,导致设计上的复杂性。其次,不同层次之间的通信需要进行有效的管理,包括定义接口、数据传输和错误处理等。这增加了设计和实现的复杂性。

3. 层次系统体系结构风格应用实例

层次系统体系结构风格在实际应用中有许多成功的案例,特别是在构建大型、复杂的软件系统时,这种风格的应用实例非常广泛,Web应用程序、企业信息系统、物流网系统、操作系统等都是层次系统体系结构风格的应用实例。下面以物流网系统的层次型架构设计为例,来进一步学习层次系统体系结构风格在实际系统设计中的应用。

需求描述:随着物联网的发展,智能健康检测系统在人们的生活中发挥着极大的作用。该系统需支持Web、移动应用和智能设备的多平台的运行,并且满足以下核心的功能需求,包括健康数据的实时监测,提供对生理参数的实时监测,如心率、体温、血压、血氧等;远程医疗服务,支持远程医疗咨询和远程医生监测等;健康趋势分析,提供个体和群体级别的健康趋势分析,以及基于历史数据预测可能的健康风险。

架构设计:基于智能健康检测系统需求描述,可以分析出智能健康检测系统需整合各种传感器、设备和云服务,以实现对个体健康数据的实时监测、收集和分析。该系统是一个典型的物联网系统,作为架构师,采用层次系统体系结构风格来完成智能健康检测系统的架构设计。图4-17详细展示了系统的分层设计,下面从底层开始,逐层进行说明。

感知层:感知层是系统的最底层,它包含各种生物传感器、医疗设备和可穿戴技术。这一层负责采集个体的生理参数,如心率、体温、血压、血氧等,并将数据传输至边缘设备或网关。

边缘计算层:边缘计算层用于对感知层采集到的数据进行初步处理和分析,以减轻对云服务器的压力。在这一层可以进行简单的实时数据处理、过滤和本地存储,并执行一些轻量级的算法。

通信层:通信层负责设备之间的通信,将感知层和边缘计算层的数据传输至云服务器。可以采用各种通信协议,如MQTT(消息队列遥测传输)等,确保高效的数据传输。

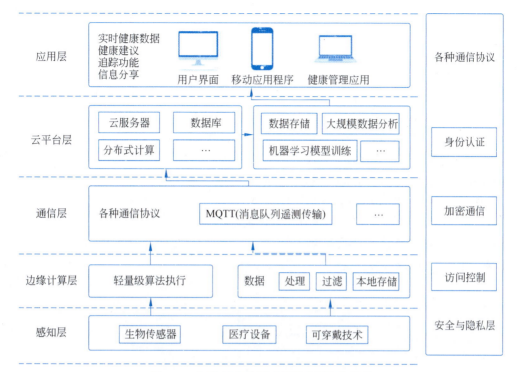

图 4-17　智能健康检测系统层次型架构设计

云平台层：云平台层是整个系统的核心，包括云服务器、数据库、分布式计算等。在云平台上进行数据存储、大规模数据分析、机器学习模型训练等，以获取全局性的健康趋势和预测。

应用层：应用层包括用户界面、移动应用程序和各类健康管理应用。这一层向用户提供实时的健康数据、健康建议、追踪功能等，同时也允许用户与医疗专业人员或亲友分享相关信息。

安全与隐私层：安全与隐私层负责确保系统的数据传输和存储是安全可靠的，符合隐私法规。包括身份认证、加密通信、访问控制等安全机制，以保护用户的健康数据。

4.5　虚拟机体系结构风格

在经典的软件体系结构分类中，虚拟机体系结构风格（virtual machine style）包括解释器体系结构风格和规则系统体系结构风格。其设计的思想均为某种符号、脚本语言或源程序语言提供一个仿真的运行环境。同时，规则系统体系结构风格实际上是解释器体系结构风格的一种变种，规则便是该系统中需要被解释执行的符号、脚本语言。

4.5.1　解释器体系结构风格

1. 解释器体系结构风格定义

在定义解释器体系结构风格前，先来区别两个概念：解释器和解释器体系结构风格。首先，经常听到的 PHP 解释器、.NET 解释器等这些解释器实际上并不是一种软件架构风格,而是一个具有解释功能的软件系统。这种软件系统可以实现动态解释和执行特定的语言或规则,例如,浏览器中的网页编写语言有 HTML、CSS 等,所以对于网页内容的解析过程中包含 HTML 解释器、CSS 解释器等。

然而,这里所阐述的解释器体系结构风格是一种软件系统设计的范式,它适用于设计和实现解释性编程语言的执行环境,如解释某种符号、脚本的应用系统。这种应用系统实际上为目标机器执行环境(或虚拟执行环境)和符号、脚本语言(或源程序)间建立了一座桥梁,使得这些符号、脚本语言(或源程序)能够在相应的环境中执行。在这种风格中,多个构件协同工作,以便逐行解释不能直接运行的符号、脚本或源代码,并执行相应的操作。如图 4-18 所示,解释器体系结构风格的构件和连接件如下。

构件:在解释器体系结构风格中,构件包含一个作为执行引擎的状态机和三个存储器,即执行引擎、正在被解释的程序、被解释的程序的状态和执行引擎的当前状态。

连接件:在解释器体系结构风格中,构件之间通过过程调用和直接存储器访问实现交互。

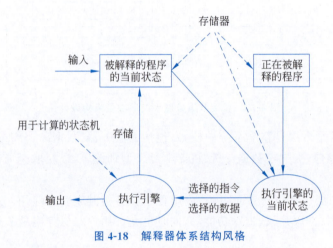

图 4-18 解释器体系结构风格

2. 解释器体系结构风格特点分析

解释器体系结构风格具有较为明确的应用场景。因此,该风格的特点也是在相应应用场景下进行分析的。具体来说,解释器体系结构风格的优点包括如下几方面。

首先,从功能性上分析,解释器体系结构风格允许将系统的核心逻辑抽象成解释器,这个解释器可以解释特定领域的语言或规则。因此,解释器体系结构风格设计的系统能够仿真平台系统所不具备的功能和环境,帮助符号、脚本语言或源程序语言执行和运行;同时,当现实环境和平台系统不适用测试某些源程序时,例如,需要测试一个病毒程序对系统可能造成的伤害,就可以利用解释器风格模拟一个仿真的系统环境。

其次,解释器体系结构风格支持动态性和可扩展性。由于解释器可以在运行时解释和执行特定的规则,系统具有较强的动态性。同时,通过简单地扩展或替换解释规则,可以实现系统的功能扩展,而无须修改底层结构。这使得解释器风格适用于那些需要频繁变更或灵活适应不同规则的应用。

最后,由于解释器本身可以在不同平台上运行,解释器体系结构通常具有较好的跨平台性。相同的解释器可以在不同操作系统上执行相同的源代码。

这些优点使得解释器体系结构在一些特定的应用场景中非常有用。然而，也需要注意的是，解释器体系结构并不是适用于所有情况的通用解决方案，它在应用中也存在明显的需要被关注的缺点。

首先，解释器体系结构风格的设计可能牺牲了一些性能上的优势。首先，和直接将符号、脚本语言或者源程序运行在硬件系统上相比，额外增加的解释器无疑降低了符号、脚本语言或者源程序的运行效率。同时，即使和编译器系统相比，解释器系统在性能上也不占据优势。因此，在某些要求高性能的场景，解释器体系结构风格的应用需要充分考虑其性能上的劣势问题。

其次，解释器体系结构风格的设计实际上增加了额外的测试代价。当需要验证运行在解释器上的符号、脚本语言或者源程序是否正确时，实际上需要验证两个层面的正确性。一是符号、脚本语言或者源程序本身是否编写正确，二是符号、脚本语言或者源程序运行的解释器是否编写正确。这就无疑增加了额外的测试难度和代价。

3. 解释器体系结构风格应用

解释器软件系统就是解释器体系结构风格的最典型的应用场景。为了提供一个更具体的例子，可以考虑一个简化的解释器体系结构案例，通过设计一个基于栈的简单算术表达式解释器，来进一步学习解释器体系结构风格在实际系统设计中的应用。

需求分析：项目组拟开发一个基于栈的简单算术表达式解释器，该解释器支持基本的算术运算，如加法、减法、乘法和除法；能够处理带括号的复杂表达式；提供变量支持，能够进行赋值和使用变量；同时，该解释器系统应具备错误处理机制，能够报告语法错误和运行时错误。

架构设计：基于该系统的需求分析，可以很容易地决策出，该系统可以使用解释器体系结构风格进行架构设计。首先，需要进行解释器引擎的设计，其中包括词法分析器、语法分析器、语义分析器等。词法分析器可以使用有限状态机实现，识别数字、运算符、变量名等，完成将源代码分解成词法单元；语法分析器完成词法单元组织成语法结构，生成抽象语法树；语义分析器执行类型检查、符号解析等，建立符号表。

随后需要设计内存结构来保存全局变量或者一些运行时栈的情况，从而方便各个解释器之间的数据通信，最终完成整个基于栈的简单算术表达式解释器的设计。

4.5.2 规则系统体系结构风格

1. 规则系统体系结构风格定义

从软件架构设计层面分析，规则系统体系结构风格（rule-based system style）实际上是一种解释器体系结构风格的特例。在这个特例中，规则便是那个需要被解释执行的符号、脚本语言。而从实际应用的角度出发，规则系统体系结构风格则可以应用于解决另一类软件系统的需求场景。

在规则系统体系结构风格中，规则可以用于描述系统中的行为、约束和条件。通过规则的设计，将系统中频繁变化的业务逻辑从主要的源代码中分离出来，以此提升软件系统应对业务逻辑变化的能力。因此，规则系统体系结构适用于那些需要根据特定规则进行决策和操作的应用程序，例如，专家系统、推理系统、业务流程管理系统等。

具体来说，规则系统体系结构风格的构件、连接件和拓扑约束如图 4-19 所示。下面进

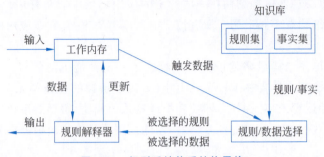

图 4-19 规则系统体系结构风格

行具体说明。

构件：在规则系统体系结构中，存在以下几个重要的构件，工作内存、规则/数据选择、知识库和规则解释器。

工作内存用于不断接收相关数据。

规则/数据选择也被称为规则引擎。它是规则系统的核心组件，负责解析、评估和执行规则。它提供了规则的管理、维护和执行的功能。规则引擎能够根据输入数据、规则和事实集合进行推理和匹配，然后触发相应的操作或决策。

知识库通常被分成两部分：规则集和事实集。规则集是存储和管理规则的地方，它可以是一个数据库、文件系统或其他形式的存储机制。规则集中包含系统所需的全部规则，包括规则的条件和操作；事实集用于存储系统中的事实数据。事实是规则引擎在执行过程中所需要的输入数据。规则引擎从事实集中获取事实数据，并将其与规则库中的规则进行匹配和推理。

规则解释器也被称为规则解释执行引擎，它接收来自外部系统的输入，执行规则引擎生成的操作，并将结果返回给外部系统。

连接件：作为解释器体系结构风格的一种特例，规则系统体系结构风格中构件间的交互连接也是通过过程调用和直接存储器访问来实现的。

2. 规则系统体系结构风格特点分析

规则系统体系结构风格设计思想的本质即是一个使用模式匹配搜索来寻找规则并在正确的时候应用正确的逻辑知识的虚拟机。因此，规则系统体系结构风格的优点包括如下几方面。

首先，在规则系统体系结构风格中，规则具有可重用性。规则可以被多个系统或模块重复使用，提高了开发效率和系统的可重用性。

其次，规则系统体系结构风格的设计使得系统业务规则的管理和维护更为方便。由于规则被独立地表示和存储，系统管理员或业务分析师可以轻松地添加、修改或删除规则，而无须深入了解系统的其他部分。这种分离的设计有助于降低系统的复杂性，提高了可维护性。

最后，基于规则系统体系结构风格设计的软件系统具有较好的可修改性。在该系统中，把频繁变化的业务逻辑抽取出来，形成独立的规则库。这些规则可独立于软件系统而存在，可被随时地更新。因此，规则系统能够根据需求灵活地进行配置和修改，适应不同的业务逻辑和规则变化。

但是，与此同时，规则系统体系结构风格也存在相应的缺点需要被关注。

首先，基于规则系统体系结构风格设计的软件系统，其复杂性需要被考虑。基于规则系统体系结构风格设计的软件系统将规则和业务逻辑分离，这种设计可能会使系统变得非常复杂，尤其是当涉及大量的规则和条件时，系统的整体结构可能变得混乱，增加了维护和调试的难度。

其次，使用规则系统体系结构风格可能导致性能问题。由于规则的解析和执行可能会引入额外的计算开销，特别是当规则庞大而复杂时。这可能对系统的响应时间和效率产生不利影响，尤其是在对性能要求较高的应用中。

最后，规则系统体系结构可能面临一致性和版本控制的挑战。在复杂的规则系统中，不同规则之间的关系可能导致冲突和难以预测的结果。同时，管理规则库的版本控制可能需要一套严格的策略，以确保系统的稳定性和一致性。

3. 规则系统体系结构的应用案例

规则系统体系结构风格在许多领域中都有广泛的应用实例，其中一些典型的应用包括金融业务规则引擎、医疗保险决策支持系统、电子商务促销策略等。下面以著名的 Drools 为例来进一步学习如何基于规则系统体系结构风格来完成系统的架构设计。

需求分析：Drools 是用 Java 语言编写的开源规则引擎，是 KIE（Knowledge Is Everything，知识就是一切）项目的一部分。Drools 需要支持使用自然语言表达业务逻辑，以及使用 Java、Groovy、Python 和 XML 语法编写规则，并采用 ReteOO 算法执行规则。

架构设计：为了实现 Drools 的需求，基于规则系统体系结构风格的思想，Drools 项目团队为 Drools 系统设计了如图 4-20 所示的系统架构。在该架构中，规则即业务规则，所有规则必须至少包含触发该规则的条件以及对应的操作；事实即输入到规则引擎的数据，用于规则的条件的匹配。生产内存是规则引擎中规则存储的地方；工作内存是规则引擎中 Fact 对象存储的地方；议程是用于存储被激活的规则的分类和排序的地方。

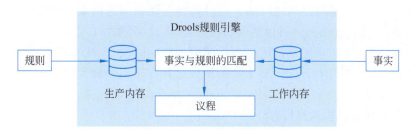

图 4-20　Drools 规则引擎架构设计

当用户或系统在 Drools 中添加或更新规则相关的信息时，该信息会以一个或多个事实的形式插入 Drools 规则引擎的工作内存中。Drools 规则引擎匹配事实和存储在生产内存中规则，筛选符合执行条件的规则。对于满足条件的规则，规则引擎会在议程中激活和注册对应的规则，在议程中 Drools 会进行优先级的排序和冲突的解决，准备规则的执行。

4.6　独立构件体系结构风格

独立构件体系结构风格是一种注重系统模块化和自治性的设计方法。在经典的体系结构风格分类中,独立构件体系结构风格包括两个主要的子风格:进程通信体系结构风格和事件系统体系结构风格。

在进程通信体系结构风格中,系统被分解为独立的进程,每个进程都是自治的,并通过明确定义的通信协议进行交互。这种风格适用于分布式系统或需要强调独立性和并发性的应用。每个进程负责自己的状态和数据管理,通过消息传递进行通信,实现了系统的松耦合和分布式特性。

事件系统体系结构风格强调系统中事件的产生、传递和响应。系统被划分为相对独立的构件,每个构件都能产生和响应事件,并通过定义良好的接口进行通信。事件系统体系结构风格通过强调事件的重要性,降低了组件之间的耦合度,提高了系统的可维护性和扩展性。

这两个子风格共同强调了构件的独立性、自治性以及通过明确定义的接口进行通信。它们都有助于提高系统的模块化程度,降低系统的复杂性,使得系统更容易理解、维护和适应变化的需求。选择合适的子风格取决于具体应用场景和系统需求。

4.6.1 进程通信体系结构风格

1. 进程通信体系结构风格定义

进程通信体系结构风格是指在软件系统中,各个组件或模块之间通过进程间通信进行交互的一种架构设计模式。在这种架构中,系统的不同功能模块被设计为独立的进程,它们可以在同一台计算机或多台计算机上并行执行,并通过进程间通信机制来进行数据交换和协作。

构件:进程通信体系结构风格的构件是独立的进程(计算应用程序),在进程通信体系结构中,不同的功能模块或组件可以被设计为独立的进程,它们可以并发地执行。进程向明确的接收者发送消息,从明确的发送者接收消息。

连接件:进程通信体系结构风格的连接件即是与明确的通信双方进行的消息传递,但不是数据共享,消息传递的方式可以是点到点、异步方式、同步方式。

拓扑约束:进程通信体系结构风格允许多个进程同时执行,从而提高系统的响应能力和性能。进程通信体系结构风格允许系统的不同组件在不同的计算节点上部署,从而实现系统的分布式部署。

2. 进程通信体系结构风格特点分析

进程通信体系结构风格具有许多显著的优点,这些优点使得它在具有分布式需求的软件系统中具有广泛的应用。

首先,基于进程通信体系结构风格设计的软件系统具有分布性和可伸缩性。进程通信体系结构允许各个组件在不同的计算节点上执行,从而实现系统的分布式部署。这种分布性使得系统能够更好地实现并行处理和负载均衡,具有良好的可伸缩性。

其次,基于进程通信体系结构风格设计的软件系统具备并发性。进程通信允许多个进程同时执行,并且它们之间可以并发地进行通信和交互。这种并发性使得系统能够更快地响应用户请求,提高了系统的整体性能。

再者,进程通信体系结构风格采用松耦合的设计。各个进程之间通过消息传递进行通信,而不是直接调用对方的函数或方法。这种解耦性使得系统更易于扩展和维护,各个组件之间的依赖关系较弱,具有良好的模块化特性。

最后,基于进程通信体系结构风格设计的软件系统具有较好的灵活性和可扩展性。进程通信体系结构允许系统在不同的计算节点上部署不同的进程,从而实现系统的灵活性和可扩展性。可以根据实际需要动态地添加或删除进程,以适应系统的变化和扩展。

但是,与此同时,进程通信体系结构风格也存在着一些潜在的缺点。

首先,进程通信体系结构风格涉及多个并发执行的进程,因此系统的复杂性较高,同时也增加了系统的调试难度。并发执行可能导致一些难以预测的问题,如竞争条件、死锁和活锁等。

其次,进程通信体系结构风格需要在不同的进程之间传递消息,这涉及一定的性能开销。特别是在跨越不同计算节点的通信过程中,可能会引入网络延迟和带宽限制等问题,进而影响系统的性能表现。

再者,进程通信体系结构风格涉及不同进程之间的数据传输,因此,数据安全性和数据一致性是一个重要的考虑因素。系统需要采取一些安全机制和数据同步机制,以确保通信过程中的数据安全和一致性。

3. 进程通信体系结构风格案例分析

进程通信体系结构风格可以应用于多种类型的软件系统,包括分布式系统、并行计算系统、实时系统等。它提供了一种灵活的设计模式,能够有效地支持复杂系统的开发和部署。下面以多机器人无人仓储物流系统为例,一起学习如何基于进程通信体系结构风格完成该系统的架构设计。

需求描述:基于多机器人的无人仓储物流系统是由最小库存保有单位(stock keeping unit,SKU)、移动机器人(以下简称机器人),以及出入库站点组成的"货到人"作业模式的仓储系统。在该系统内部,仓储控制中心收到货物入库、出库的任务需求,调用若干机器人,并规划相应路径,使其在库位和出入库站点间自主移动,代替人工入库拣选、搬运,以此完成货物入库、出库的仓储主要作业流程。因此,该系统的核心功能需求即是多机器人的任务调度和多机器人的路径规划。具体来说,任务调度需求即是当控制中心收到货物入库/出库的任务,系统需智能调度合适的机器人执行任务。路径规划需求即是为调用的机器人规划一条无冲突的最优路径,使其在库位和出入库站点间自主移动,完成货物入库、出库的作业流程。除此之外,考虑到多机器人无人仓储物流系统中,仓储物理环境的可变性、机器人数量可变性,以及单载机器人、多载机器人等机器人选型的可变性,该系统还需具备较好的可重用性和可扩展性,以适应上述变更。

架构设计:基于上述智能无人仓库物流系统的需求,考虑到进程通信体系结构风格的特点,拟采用进程通信体系结构风格的变种,多 Agent 架构来设计该系统。这时,每一个 Agent 都是一个具有独立进程的构件。如图 4-21 所示,作为架构师,可以设计环境 Agent、调度 Agent、路径 Agent 和机器人 Agent 这 4 类 Agent,各 Agent 拥有自己的能力(智能算法),例如,路径 Agent 具有路径规划、静态避障、动态避障的能力。多 Agent 间相互交互完成多机器人调度与路径规划的系统需求,如路径规划 Agent 发送"可执行路径"给机器人 Agent。与此同时,基于 Agent 自身和多 Agent 组织架构的可重用性和可扩展性,实现多机器人调度与路径规划系统的可重用性和可扩展性。例如,可以通过动态增加或减少机器人 Agent 的数量,实现多 Agent 组织架构的演化,适应可变机器人数量的异构仓储物流系统。

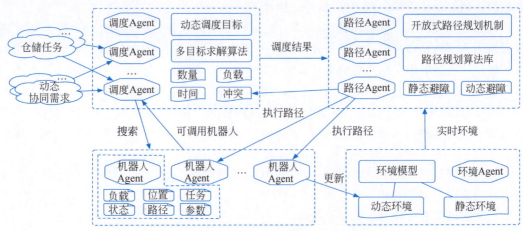

图 4-21　多机器人无人仓储物流系统架构设计

4.6.2　事件系统体系结构风格

1. 事件系统体系结构风格定义

事件系统体系结构风格(event system style)是一种基于事件驱动的软件设计范式,其核心思想是系统内的各个组件通过事件(event)的产生、传递和响应来实现松耦合的交互。在这种体系结构中,系统的行为和状态主要由事件的发生和处理来驱动,而不是通过直接的调用或紧耦合的通信。因此,事件系统风格是基于事件的隐式调用的思想的。事件系统体系结构风格的构件、连接件和拓扑约束如图 4-22 所示。下面进行具体说明。

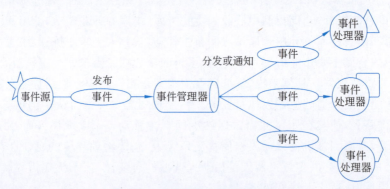

图 4-22　事件系统体系结构风格

构件：从软件架构风格层面,事件系统体系结构风格的构件是一些模块,这些模块既可以是一些过程,又可以是一些事件的集合。过程可以用通用的方式调用,也可以在系统事件中注册一些过程,当发生这些事件时,过程被调用。与此同时,从事件产生和处理的角度来分析,这些过程既可以是事件的产生者,称为事件源,也可以是事件的处理者,称为事件处理器。

连接件：在事件系统体系结构风格中,构件间的交互是通过基于事件的隐式调用。其隐式调用的过程如图 4-22 所示,当充当事件源的构件发布事件时,事件首先会到达事件管理器,随后事件管理器按照特定的机制将收到的事件分发或者通知给充当事件处理器的构件。

拓扑约束：在事件系统体系结构风格中，构件相互独立。构件不直接调用一个过程，而是触发或广播一个或多个事件。系统中的其他构件中的过程在一个或多个事件中注册，当一个事件被触发，系统自动调用在这个事件中注册的所有过程，这样，一个事件的触发就导致了另一模块中的过程的调用。因此，在基于事件的隐式调用中，事件的产生者并不知道哪些构件会被这些事件影响。这使得不能假定构件的处理顺序，甚至不知道哪些过程会被调用。

2. 事件派遣机制设计

在了解了事件系统体系结构风格的基本定义后，将专注于解释事件是如何被分发和通知给事件处理模块的，即事件派遣机制的设计。该机制的设计直接关系到系统最终能否有效地满足对应的需求。举例而言，在外卖系统中，若设计了不合适的事件派遣机制，可能导致一些令人头疼的问题，如两个骑手同时抢到了同一个配送订单，都前往相应的商家取货。因此，事件派遣机制的设计是事件系统架构中的重中之重，也是一个颇具挑战性的方面。下面来详细地阐述。

总体来说，在事件系统体系风格中，事件派遣机制的设计策略可以按照事件管理器中是否设计独立的事件派遣模块分为无独立事件派遣模块的事件派遣和有独立事件派遣模块的事件派遣。

1）无独立事件派遣模块的事件派遣机制

无独立调度模块的事件派遣机制按照观察者/被观察者模式工作，每一个模块都允许其他模块向自己所能发送的某些消息表明兴趣。当某一模块产生某一事件时，它自动将这些事件发布给那些曾经向自己注册过此事件的模块。独立调度模块的事件派遣可以在广告系统、邮件订阅系统等案例中应用。

2）有独立事件派遣模块的事件派遣机制

有独立事件派遣模块的事件派遣机制是在事件管理器中设计专门的事件派遣模块。事件派遣模块是负责接收到来的事件并派遣他们到其他模块的，按照其接收到事件之后对事件的派遣方式可分为全广播模式和选择式广播模式。

全广播模式：全广播模式即无目的广播模式，事件派遣模块会将收到的所有事件全部分发给系统中的过程构件，接收者自行决定是否加以处理或者简单抛弃。全广播模式可以在类似今日头条新闻系统等案例中应用。

选择式广播模式：选择式广播即事件不再全部分发给系统中的过程构件，而是事件只会发送给特定模块，这种模式包含两种不同的设计方式，即点对点模式和发布/订阅模式，适用于不同的需求场景。

在基于消息队列的点对点模式中，可以把事件看作消息，充当事件源的构件即消息生产者，充当事件处理器的构件即消息消费者。在这种事件派遣机制中，消息生产者产生消息（即事件），发送到消息队列中。消息被消费者从消息队列中取出消息并且消费。消息被消费以后，随即从消息队列中删除。基于点对点的消息队列模式可以支持多个消息消费者存在，但一个消息只能被一个消费者消费一次。也就是说，在该机制中，事件只能被一个事件处理器处理。因此，点对点模式可以在网约车软件、外卖平台等案例中应用。

在基于 Topic 的发布/订阅模式中，继续把事件看作消息，充当事件源的构件即消息发布者,充当事件处理器的构件即消息订阅者。消息发布者将消息发布到 Topic 中,同时有多个消息订阅者消费该消息。和点对点方式不同,发布到 Topic 的消息可以被所有订阅者消费,直到消息失效。因此,发布/订阅模式可以在今日头条新闻系统等案例中应用。

3. 事件系统体系结构风格特点分析

事件系统体系结构风格具有多个引人注目的优点,使其成为众多软件设计中的理想选择。首先,其松耦合的设计使得组件之间的交互更加灵活,通过事件的产生、传递和响应,实现了解耦和模块化。这有助于提高系统的可维护性和可扩展性,因为各个组件能够独立进行开发、测试和维护。

其次,事件系统体系结构风格支持异步处理,使得系统能够高效地处理并发操作。事件的独立分发和处理允许系统在响应用户请求、处理大量数据或执行耗时操作时具有更好的性能表现,提高了系统的响应速度。

另外,事件系统体系结构风格天然适应分布式系统的需求。通过事件的传递和处理,各个分布式节点能够协同工作,实现系统内部和跨系统的有效通信,保持数据一致性,提高了系统的弹性和可扩展性。

此外,事件系统体系结构风格的设计为系统引入了灵活性和适应性。通过引入新的事件类型或修改事件处理器,系统能够快速响应业务需求的变化,而不需要对整个系统进行重大改动。这种灵活性有助于系统在不同阶段适应变化的业务环境。

总体而言,事件系统体系结构风格通过其松耦合、异步处理、分布式支持和灵活性等特点,为软件设计提供了一种强大的架构模式。在需求动态变化、系统规模扩大或分布式协同工作的场景中,事件系统体系结构展现出独特的优越性。

尽管事件系统体系结构风格具有多个优点,但也存在一些潜在的缺点,需要在设计时进行权衡。首先,事件系统体系结构风格的设计引入了额外的复杂性。管理事件的产生、传递和处理需要一定的机制和逻辑,可能增加系统的复杂性,特别是在设计不当的情况下,可能导致难以理解和维护的代码。

其次,事件系统体系结构风格中的异步处理机制可能引入一些难以调试的问题。由于事件的分发和处理是异步进行的,调试和追踪事件流可能变得复杂,尤其是在复杂的系统中。这可能增加了定位和解决问题的难度,特别是对于一些与时间相关的 bug 或状态问题。

另外,事件系统体系结构风格引入的异步特性可能导致系统的时序性变得不确定。在某些场景下,如果不加以妥善处理,可能会导致事件的处理顺序与预期不符,造成潜在的问题。这对于某些对时序敏感的业务逻辑可能是一个挑战。

此外,在事件系统体系结构风格的设计中,可能出现系统的事件泛滥的情况。如果设计不合理,可能会产生大量的事件,增加系统的负担,影响性能。精心设计事件的产生条件和频率,以及事件的处理逻辑,对于维持系统的健壮性至关重要。

综上所述,事件系统体系结构风格虽然有很多优点,但在设计和实施时需要谨慎考虑其潜在的复杂性、调试难度、时序性和事件泛滥等方面的问题。适当地权衡和设计原则将有助于最大程度地发挥事件系统体系结构风格的优势。

4. 事件系统体系结构风格应用实例

事件系统体系结构风格在软件系统架构设计中具有广泛的应用,例如,在集成开发平台中断点功能的实现,编辑器和变量监视器可以登记相应 debugger 的断点事件。当 debugger 在断点处停下时,它声明该事件,由系统自动调用处理程序,如编辑器可以返回到断点,变量监视器刷新变量数值。而 debugger 本身只声明事件,并不关心哪些过程会启动,也不关心这些过程做什么处理。

除此之外,上面提到的新闻推送系统、广告推送系统、网约车系统、外卖系统等均有应用到事件系统体系结构风格。下面以外卖系统为例,详细阐述一下如何基于事件系统体系结构风格进行软件架构设计。

需求描述:外卖系统是人们很熟悉的软件系统,为了更好地关注到架构设计,仅考虑外卖平台软件的核心业务需求,即用户下单、商家接单和骑手接单。用户下单,即支持用户在外面平台包含的商家中选择某一商家点餐,产生外卖订单;商家接单,即支持商家根据用户下单内容,选择承接用户所点订单或不承接用户所选订单;骑手接单,即支持按照距离和空闲程度选择合适的骑手完成用户订单从商家位置到用户位置的配送。

架构设计:基于对外卖平台的需求分析,可以分析出基于"事件系统体系结构风格"的外卖平台系统架构设计示意图如图 4-23 所示,其中,事件源(用户)产生了事件(外卖订单),事件处理器(骑手、商家)在平台中对某些事件(外卖订单)注册,当被注册的事件产生时,事件管理器(外卖平台)会将相应事件分发给注册过对该事件感兴趣的事件处理器(骑手、商家),事件处理器收到事件后触发各自动作,最终完成商家接单、骑手接单的外卖平台业务需求。

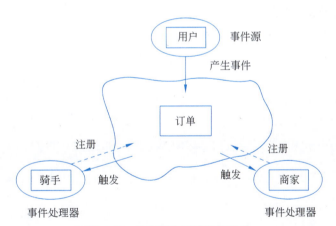

图 4-23 外卖平台系统架构设计

下面关注该系统中的事件派遣机制设计。

1)商家接单的事件派遣机制设计

针对现有外卖平台软件需求,作为架构师,可以给出两种实现商家接单功能的事件派遣机制的设计方案,下面分别进行描述。

第一种方案是基于"无独立派遣模块"的商家接单设计。如图 4-24 所示,用户在麦当劳一号店下单,产生了麦当劳一号店订单事件。由于麦当劳一号店之前在外卖平台上注册过对该订单事件感兴趣,基于"无独立派遣模块"的事件调度机制,当麦当劳一号店订单事件产生时,所有对该事件注册过感兴趣的事件处理器均会收到该事件,并可以各自执行动作,即麦当劳一号店收到该订单事件之后,可执行进行相应配餐,商家接单需求完成。

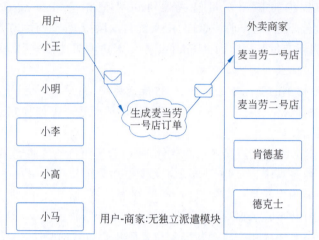

图 4-24 "无独立派遣模块"的商家接单设计

第二种方案是基于"点对点模式"的商家接单设计。如图 4-25 所示,用户在麦当劳一号店下单,产生了麦当劳一号店订单事件。该订单事件会到达事件管理器的消息队列,由于麦当劳一号店之前向外卖平台的事件管理器上注册过对该订单事件感兴趣,基于"点对点模式"的事件调度机制,当麦当劳一号店订单事件产生时,事件处理器会向所有对该事件注册过感兴趣的事件处理器发送该事件,此时,事件处理器(麦当劳一号店)可从消息队列中取出该订单,执行配餐动作,完成商家接单功能。

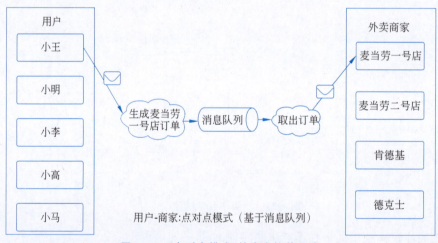

图 4-25 "点对点模式"的商家接单设计

2)骑手接单的事件派遣机制设计

针对现有外卖平台软件需求,作为架构师,可以采用基于"点对点模式"事件派遣机制进行设计。如图 4-26 所示,商家接单之后完成配餐,随即产生了订单配送事件。该订单配送事件会到达事件管理器的消息队列,该商家位置附近范围内的均向外卖平台的事件管理器上注册过对当前订单配送事件感兴趣。基于"点对点模式"的事件调度机制,当麦当劳一号店订单配送事件产生时,事件处理器会向所有对该事件注册过感兴趣的事件处理器(骑手)发送该事件,此时,任一骑手(即任一事件处理器)都可从消息队列中取出该订单,执行配送服务。并且,基于"点对点模式"的"只能消费一次原则",事件可以被多个事件处理器收到,但是只能被一个事件处理器处理,一旦一个事件被从消息队列中提取并处理,该事件会立刻从消息队列中删除,其他事件处理器不能再对该事件进行处理。因此,"点对点模式"的事件调度机制设计保证了只能有一个骑手会为执行当前的订单配送服务,完成骑手接单功能。

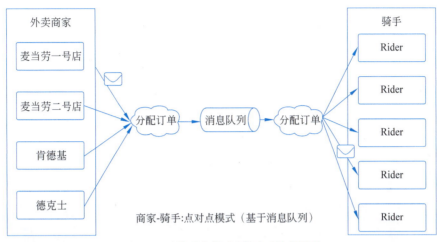

图 4-26 "点对点模式"的骑手接单设计

3)外卖平台软件架构的可修改性

可修改性是不同事件派遣机制的设计对外卖平台软件需求变化的支持能力。如果考虑这样一种可能的需求变更,原有外卖平台的软件需求为当前用户在"麦当劳一号店"下单,由"麦当劳一号店"接单,提供餐品。如果随着业务的发展,后续软件需求变更为支持连锁商家配送,用户只需下单到麦当劳,3km 内的麦当劳均可以提供外卖服务,以根据位置和订单量优选某一麦当劳分店完成配餐。基于上述需求变化,分析在原有架构设计方案中,基于"点对点模式"的商家接单和基于"无独立派遣模块"的商家接单两种事件派遣机制设计对该需求变更的支持情况。

如图 4-27 所示,采用"无独立派遣模块"的事件派遣机制设计时,由于事件处理器(麦当劳一号店和麦当劳二号店)都对麦当劳订单事件注册过感兴趣,所以都会接到麦当劳订单事件。而事件系统中事件处理器相互独立,不知道其他处理器的行为,因此可能产生两个事件处理器同时对该事件进行处理,即麦当劳一号店和麦当劳二号店同时提供配餐服务。因此,"无独立派遣模块"的事件派遣机制无法支持需求变更之后的商家接单功能。

如图 4-28 所示,采用"点对点模式"的事件派遣机制设计时,用户产生的麦当劳订单事件会进入消息队列。由于事件处理器(麦当劳一号店和麦当劳二号店)都对麦当劳订单事件注册过感兴趣,所以都可以从消息队列中提取到麦当劳订单事件。基于"点对点模式"的"只能消费一次原则",事件可以被多个事件处理器收到,但是只能被一个事件处理器处理,一旦一个事件被从消息队列中提取并处理,该事件会立刻从消息队列中删除,其他事件处理器不能再对该事件进行处理。因此,"点对点模式"的事件调度机制设计保证了只能有一个麦当劳餐厅会为当前用户的订单配餐,可支持需求变更之后的商家接单功能。

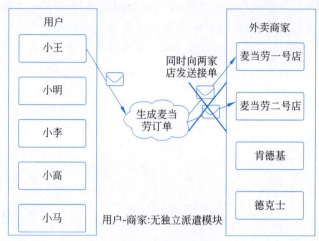

图 4-27 "无独立派遣模块"应对商家接单的需求变更

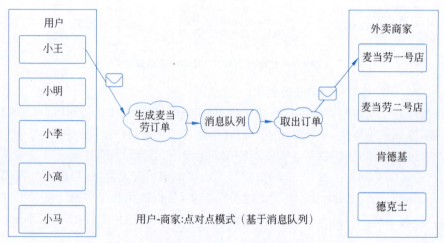

图 4-28 "点对点模式"应对商家接单的需求变更

4.7 微服务体系结构风格

  微服务系统是一类基于微服务体系结构风格的分布式系统,它将传统的单体应用程序拆分为一系列小型、松耦合的服务,每个服务都运行在独立的进程中,并采用轻量级通信协议进行通信。这些服务可以由不同的团队开发、不同的编程语言编写,并且可以按需部署。微服务系统提供了高内聚、低耦合的特性,使得每个服务都可以独立地进行维护和升级,提高了系统的可伸缩性和可靠性。同时,微服务系统还支持使用不同的数据库和存储系统,使得系统可以更灵活地适应不同的业务需求。

  在微服务体系结构下,服务可以根据需要独立地扩展,提高了系统的可伸缩性;不同团队可以并行开发不同的服务,提升了敏捷性和开发速度;单个服务的失败不会影响整个系统的稳定性,增加了系统的容错性。然而,微服务体系结构也带来了一些挑战,如服务间通信的复杂性、数据一致性问题,以及分布式系统固有的复杂性。因此,实施微服务体系结构需要仔细考虑服务的拆分策略、服务发现机制、持续集成/持续部署流程,以及监控和日志管理等方面。

综上所述,微服务系统为处理现代复杂应用程序提供了一种灵活且强大的方法,但同时也要求开发和运维团队具备高水平的技术能力和综合管理能力。

4.7.1 微服务体系结构风格定义

微服务体系结构风格代表一种新兴的软件体系结构设计思路,已经在很多公司和组织中得到广泛应用。该风格通过将一个大型系统分解成小型、自治、独立的服务来降低系统的复杂度,提高开发效率和部署效率。微服务的优势在于它们能够扩展和维护,保持可靠性和高可用性,并且可以快速适应不断变化的业务需求。

从技术角度看,微服务体系结构包括服务通信、服务注册、服务监控、服务安全、服务路由、服务容错、服务配置和服务网关等 8 个关键组件,其典型的体系结构如图 4-29 所示。

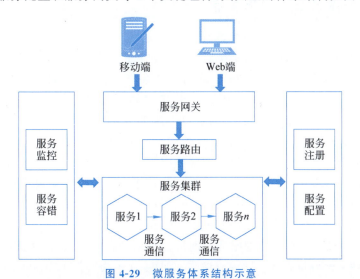

图 4-29 微服务体系结构示意

服务通信组件主要考虑网络连接模式、IO 模型和服务调用方式三方面。其中,网络连接模式包括长连接和短连接两种模式;IO 模型包括阻塞式 IO、非阻塞式 IO 和异步 IO 三种模式;服务调用方式主要包括远程过程调用(RPC)和 HTTP 两种模式。

服务注册组件主要实现服务的注册与发现机制,同时协助服务调用,保证整个链路的健壮性,以及在安全性和性能等方面的考虑。

服务监控组件需要持续追踪和分析微服务体系结构中各服务运行状态的过程,关注点包括服务性能、资源使用、错误率和交互依赖。它通过收集和评估数据来确保服务健康,及时发现和解决问题,从而提高系统稳定性和可靠性。

微服务安全组件是专门用于保护微服务体系结构中的服务和数据安全的工具和方法集合。它们通过实施身份验证、授权、加密、API 安全和网络安全策略,确保服务间的安全通信和数据保护。这些组件对抵御外部攻击、防止数据泄露和维护服务完整性至关重要。

服务路由组件负责指导数据流向和服务请求。它通过动态路由机制,根据请求的性质和目标服务的状态,智能地分配请求到适当的微服务实例,从而优化负载均衡、提高系统响应速度,并支持服务的故障转移和灵活伸缩。

服务容错组件是一套机制和工具,用于确保微服务体系结构在面临局部故障时仍能正常运行。它们包括断路器、服务降级、重试策略和超时控制,旨在处理服务间的通信问题和潜在故障。这些组件通过预防系统级故障的蔓延,增强了系统的稳定性和可靠性。

服务配置组件是微服务体系结构中用于管理和维护服务配置的工具和策略。它允许集中式或分布式地存储、更新和检索配置信息,确保各个微服务能够在运行时动态地获取和应用最新配置。这样的机制支持灵活的配置管理,有助于适应环境变化和简化服务更新,从而提高系统的整体灵活性和效率。

微服务网关组件可以看作服务和外部通信的中介。它负责处理进出请求,如 API 调用,实现请求路由、负载均衡、身份验证、授权及限流等功能。网关简化了客户端与微服务之间的交互,提高了系统的安全性、可扩展性和维护性。

4.7.2 微服务体系结构风格特点

基于微服务体系结构的系统通常具有如下特征。

服务自治性:微服务系统中的每个服务都是自治的,即每个服务都有自己独立的代码库、数据库和团队。这种自治性使得每个服务能够独立开发、部署和运行,而不受其他服务的影响。例如,在一个电子商务的微服务系统,其中包括订单服务、支付服务和库存服务。每个服务都是独立开发和部署的,订单服务可以独立处理订单相关的逻辑,支付服务可以独立处理支付相关的逻辑,库存服务可以独立处理库存相关的逻辑。

服务单一职责:微服务系统中的每个服务应该专注于解决一个特定的业务问题,具有明确的职责范围。这种单一职责的原则有助于保持服务的内聚性和可维护性。例如,在一个社交媒体的微服务系统中,可以有用户服务、消息服务和推送服务。用户服务负责用户注册、登录和个人资料管理,消息服务负责发送和接收消息,推送服务负责发送推送通知。

服务松耦合:微服务系统中的服务之间应该是松耦合的,即彼此之间的依赖关系尽量减少。这种松耦合性使得服务能够独立演化和变更,而不会对整个系统造成波及。例如,在一个电子商务的微服务系统中,订单服务和库存服务之间可以通过异步消息进行通信,订单服务不需要直接依赖于库存服务的实现细节,从而实现松耦合。

分布式部署:微服务系统中的服务可以独立部署在不同的服务器或容器中,甚至可以跨多个数据中心进行部署。这种分布式部署使得系统能够更好地应对高并发和大规模的需求。例如,在一个在线游戏的微服务系统中,可以将用户认证服务部署在一个数据中心,游戏匹配服务部署在另一个数据中心,以提供更好的性能和容错性。

技术异构性:微服务系统中的每个服务可以使用不同的技术栈和工具,选择适合自身需求的最佳技术。这种技术异构性使得团队可以灵活选择和使用最适合的技术,以满足各个服务的特定需求和技术要求。例如,在一个电商的微服务系统中,可以使用 Java 编写用户服务,使用 Python 编写推荐服务,使用 Go 编写支付服务。每个服务可以选择最适合自己的编程语言和框架,以满足其性能、开发效率或特定领域的需求。

弹性和可伸缩性:微服务系统具有弹性和可伸缩性,可以根据负载的变化自动调整和扩展服务的实例。这种弹性和可伸缩性使得系统能够应对高峰时段和大规模流量的需求。例如,在一个电影订票的微服务系统中,可以根据实时的票务需求自动增加或减少座位服务的实例数量,以满足用户的订票请求。

独立演化和部署:微服务系统中的每个服务都可以独立演化和部署,无须影响其他服务。这种独立演化和部署的能力使得系统能够更快速地推出新功能、修复错误和进行更新。例如,在一个新闻发布的微服务系统中,可以独立更新新闻推荐服务的算法,而无须停止其他服务的运行。

这些特征共同定义了微服务系统的本质和核心思想,它们使得微服务系统具备高度的灵活性、可扩展性、可维护性和可靠性,适应了快速变化和复杂的业务需求。然而,也需要注意在设计和实施微服务系统时,充分考虑每个特征的权衡和挑战,以确保系统能够最大程度地发挥优势并避免潜在的问题。

4.7.3 微服务体系结构风格应用

1. 应用背景

某制造业公司将国际化、多元化、一体化、数字化定义为企业发展的核心任务,力争不断提高公司的运营能力。智能协同办公平台作为大型企业内部沟通协调的核心载体,承担着提高企业协同办公效率,提升各部门和生产单位办公模式创新能力,提高内外部用户使用体验等重要任务。

传统的办公自动化(OA)是将办公业务流程和信息化技术结合起来的一种办公方式,在企业办公过程中通过办公自动化,有利于实现对企业的管理组织结构和传统的管理体制进行优化调整,而随着诸如工业互联网、大数据、微服务体系结构等新一代信息技术的发展,传统办公模式下存在着大量问题,如工业互联网建设与办公平台相割裂,系统之间存在数据交互壁垒等情况;单体化的开发方法涉及流程变化时,往往牵一发而动全身,在流程设计的灵活度方面存在不足;业务人员缺乏数字化及办公协同化创新意识、OA 系统共享率低、系统功能人性化程度偏低、仍需大量手工辅助等问题亟待解决。办公场景多元化,一线业务人员对办公的便携性提出了更高的要求,要对移动办公场景进行进一步的创新优化,这些问题促使该公司在协同办公领域方面要有所创新和突破。

2. 基于微服务体系的解决方案

该公司在运营机制方面存在着业务流程复杂、业务价值链相互交叉等情况,于是采用微服务的体系结构,通过把现有的资源和应用转换为服务从而共享出去,实现敏捷快速地开发,更好地响应用户的需求,该平台系统从功能上分为"敏捷前台""共享中台""稳定后台",图 4-30 为平台体系结构图。"敏捷前台"为公司一体化集成应用平台、面向供应商的供应商协同应用平台、面向客户的智造服务平台,为公司、客户、供应商提供门户展示和移动应用。

"共享中台"是协同的核心,业务中台实现支撑公司、供应商协同、客户业务服务化创新应用;数据中台完成公司技术、成本、制造质量、资源、人力、制造、服务、管理等业务域的数据共享及服务化;技术中台为上述两大中台提供基础平台,保证服务安全稳定。

"稳定后台"为系统集成以及边缘层的数据交互,包括 ERP、MOM、PLM、SRM、CRM 等。

建立中台化结构,赋予组织轻量化的快捷迭代能力,可以将业务服务化,从而支撑业务快速变化和创新。作为全单位人员使用,协同平台天然具有成为运营中心的基因,能够更好地实现连接和系统的全面融合,以及对业务组织和人员的赋能。

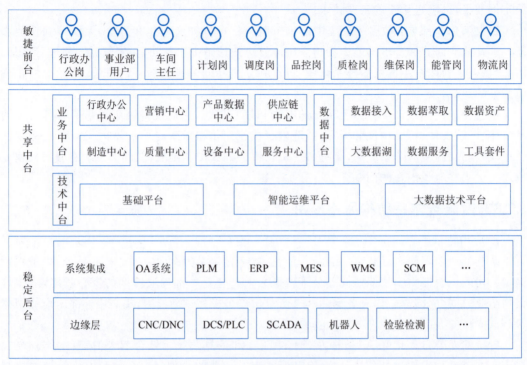

图 4-30 平台体系结构图

该平台不仅是该公司各部门、组织、干部职工的协同办公平台,也是各业务系统的统一登录和业务互动平台。下面将从数据交互及系统集成、流程协同和移动办公三方面进行分析。

数据交互及系统集成:基于微服务的系统体系结构模式创造性地更新了传统理念中关于协同办公的概念,将自动化协同办公、即时通信、公文流转等多套系统能够实现的功能进行了集成,将每一个功能形成一种服务,通过基于消息的通信机制进行交互,采用数据库集成、实体集成和接口集成的方式组合剪裁这些服务,从而构成一个个具体的应用程序,在此基础上创建应用系统,实现了包括办公管理、新闻公告、会议预订、个人工作台等全单位的业务协同及信息共享,包括相关业务系统的界面集成、数据集成、系统集成,为应用系统的重构提供了极大的便利性,多个开发团队能够同时实施,且只专注于自己的业务逻辑,从而保证开发的系统能够准确地提高业务处理效率,方便领导处理相关系统业务和查询企业管理重要数据。

流程协同:协同办公平台作为企业信息化建设的基础工程,侧重于审批工作流的实现。而轨道交通制造企业各个部门有着大量的文件、报表、表单流程需要部门内垂直审批和跨部门交叉审批。企业协同办公平台以工作流引擎和规则引擎为核心,创建工作流调度管理模块,实现流程的自动化处理。以流程引擎为核心,系统化地实现了一般使用者的流程发起、相关负责人审批功能,针对表单设计、流程设计功能可实现对所有流程的跟踪维护,在对角色权限统一管理基础上支持表单审理流程实现对业务处理、数据持久化等各个方面与平台各业务子系统的灵活集成。

移动办公:近年来,随着协同办公技术的深入研究和移动互联技术的快速发展,协同办公与移动互联之间呈现出相互融合的趋势。移动终端作为工业物联网的基础，具有轻量化、便携性等特点，作为制造业工业互联网平台的一部分，移动办公平台基于一个 DMZ 的移动门户服务器，用户间接地访问企业内网服务器。通过 K8S 容器的 Web 控制台、管理服务、监控预警服务、镜像仓库等功能，开发面向用户的 Android、iOS、鸿蒙等手机系统的移动办公平台，与 PC 端互为补充，相互融通。满足企业一线业务人员对办公场景多元化的需求。

3. 体系结构应用效果

统一公司的办公门户：该制造业公司信息化系统较多，在执行业务过程中一个业务人员往往需要先后操作多个业务系统，为了改善用户的体验，提升一线业务人员的操作友好性，该公司将主要业务系统通过业务重构、界面集成等形式，在业务中台进行系统层面的深度集成，将用户日常涉及的主要业务系统统一在业务中台进行登录以及操作，保证了用户在业务开展的过程中能够快速进行多系统之间的切换，面向业务岗位进行数字化赋能，使整个业务流程更加连贯，大大提高了一线业务人员的工作效率。

协同办公创新性应用：该公司搭建了面向广大用户的统一个人工作台，实现了面向用户系统的高度集成。在此基础上，在业务中台中开发督办系统，通过信息化的手段对公司级会议、拜访客户、现场调研等过程中主要领导布置的重点工作进行管理，实现对行政重点工作的可视化盯控，确保阶段性行政重点工作切实落地。开发参观接待系统，参观申请、审批及参观后的照片、资料归档等工作可实现信息化管控，为资料查询、归档、流程审批等工作提供了极大的便利性。完成公务用车管理系统及中台公务用车申请系统的数据打通，实现跨平台的数据传输，能够减少车辆管理人员的工作量，确保信息传递的及时性。开发会议预订系统，通过可视化的手段对各部门所属会议室进行管理和预订，实现了会议沟通的透明化管理，提高了会议室的利用率，部门内部沟通协作更加高效，节约了企业会议沟通的运行成本。为了更好地服务员工上下班的通勤，开发班车预约系统，每个员工通过手机端设备进行每天的班车预订，员工的上班方式更加灵活，同时派车人员可以直接看到各站点的员工情况，减少了派车的工作量，实现了班车服务的扁平化管理。诸如此类的功能不断地丰富着企业办公网络。

主要办公业务流程高度集成：该公司的平台受益于采用基于微服务体系结构的工业互联网体系结构模式，公司的会议管理、班车预约、参观接待等功能，通过微服务体系结构的方式固化为企业的能力，各种能力相辅相成，共同打造了企业协同办公的成熟解决方案，每种能力都是独立运行且解耦的服务，并通过通信协议以及相互调用的形式进行关联，在业务个人工作台中实现了办公信息的点对点推送，个人日程待办与会议预订系统深度集成，常用功能自动推送等实用功能，基于日常业务场景打造了企业办公的新模式，提高了业务人员操作系统的使用体验，使办公人员能够聚焦于日常业务的展开，维持企业良性运转。

办公流程与移动设备相结合：该公司采用微服务的工业互联网体系结构，在移动端的构建方面具有天然的优势，每个功能可以构建自己的移动端界面，使业务执行更加方便快捷，建立移动端、计算机终端一体化的消息流转机制，所有业务人员可随时处理待办工作、查看公告、会议预订，还可以进行班车预约、出差报销单填报等工作，满足了业务人员对业务办理的需求，同时手机端 App 与通信功能相结合，能够快捷地查找、联系公司相关业务人员，极大地提高了企业的沟通效率，甚至变革了企业的运行模式。例如，针对公司出差人员报销流程复杂冗余，且大部分操作依靠计算机终端，出差人员操作不便等情况，开发了差旅报销系统,集成了出差申请、报销填报等功能,方便了出差人员的日常工作。

4.8 云原生体系结构风格

云原生(Cloud Native)的概念由 Pivotal 公司的 Matt Stine 于 2013 年首次提出,至今仍然广泛应用。它是基于 Stine 多年架构和咨询经验总结的思想,经过社区持续完善而成。内容涵盖了 DevOps、持续交付、微服务、敏捷基础设施和 12 要素等主题,不仅包括对企业文化和组织结构的重新构建,还包括方法论、原则和具体操作工具。

根据云原生计算基金会(Cloud Native Computing Foundation,CNCF)的定义,云原生的代表技术包括容器、服务网格、微服务、不可变基础设施和声明式 API 等,这些技术有利于各组织在公有云、私有云和混合云等新型动态环境中,构建和运行可弹性扩展的云原生应用。采用云原生技术,能够构建容错性好、易于管理和便于观察的松耦合系统。结合可靠的自动化手段,云原生技术使工程师能够轻松地对系统做出频繁和可预测的重大变更。

可以看出,云原生是一种综合了基础设施、软件开发、系统部署和运维等方面的综合技术与实践范式。本节主要从软件体系结构风格的角度探讨基于云原生技术的软件系统所具有的共性体系结构特点。

云原生体系结构关注软件系统在云环境中的灵活性、可扩展性和可靠性。这种体系结构采用轻量级、松耦合的服务,每个服务独立运行,易于扩展和维护。云原生应用利用云的弹性和分布式特性,通过容器化、微服务、动态管理和声明式 API 优化资源利用率和应用性能。

云原生体系结构通过自动化和持续集成/持续部署(CI/CD)实现快速迭代和部署。这种体系结构充分利用了云平台提供的动态资源调度能力,通过自动扩展、负载均衡、容错和自我修复功能提高应用的可靠性和可用性。它使得开发团队可以快速响应市场变化,促进敏捷开发和有效地运维协作。

云原生体系结构注重安全和合规。它通过分布式和细粒度的安全控制,例如,服务网格和 API 网关,加强服务间通信的安全。此外,云原生体系结构支持跨云和多云部署,提供更强的灾难恢复能力和数据隐私保护,同时遵循行业标准和法规要求,确保业务的连续性和合规性。

4.8.1 云原生体系结构风格定义

云原生体系结构是基于云原生技术的一组体系结构原则和设计模式的集合,旨在将云应用中的非业务代码进行最大化的剥离,从而让云设施接管应用中原有的大量非功能特性,使业务不再有非功能性业务中断困扰的同时,具备轻量、敏捷、高度自动化的特点。其体系结构风格如图 4-31 所示。

从图 4-31 可以看出,云原生体系结构的构成组件包括多个关键组件。

微服务:微服务是将复杂应用拆分成一系列小型服务的方法,每个服务运行在自己的进程中,并通过轻量级通信机制进行交互。这些服务围绕业务功能构建,可以独立开发、部署和扩展。

容器:容器是轻量级的、可移植的软件包,它封装了应用及其依赖,确保应用在不同环

图 4-31 云原生体系结构风格

境中一致运行。容器化是微服务的理想载体,因为它提供了隔离、快速启动和资源高效的特性。

容器编排:容器编排负责管理容器的生命周期,包括部署、扩展、负载均衡和健康监控。Kubernetes 是目前主流的容器编排工具,它提供了一个平台来自动化容器的部署和管理。

服务网格:服务网格是用于处理服务间通信的基础设施层。它提供了负载均衡、服务发现、流量管理、故障恢复和安全性等功能。Istio 和 Linkerd 是两个主要的服务网格解决方案。

持续集成和持续部署:CI/CD 是自动化软件交付过程的实践,它结合了持续集成(开发人员的代码更改频繁合并到主干)和持续部署(自动将软件更改部署到生产环境)。

基础设施即代码:IaC 是一种使用代码和自动化技术来管理和配置计算机基础设施的方法。这种做法支持云原生应用快速、一致地部署和扩展。

API 网关:API 网关是一个管理微服务入口点的工具,它处理外部请求并将其路由到相应的服务。它还可以处理跨服务的安全性、监控和用户认证等问题。

监控和日志:监控和日志记录是观察和理解云原生应用行为的关键组件。它们收集关于应用和基础设施的性能数据和日志,帮助开发和运维团队监控系统状态,快速定位问题。

4.8.2 云原生体系结构风格特点

云原生体系结构是一种面向云环境设计的软件体系结构,其核心特点包括高度分布式结构、轻量级容器化技术、微服务的独立性和动态性,以及自动化运维流程。该体系结构充分利用云计算的弹性和可扩展性,通过容器和微服务实现应用的快速部署、无缝扩展和有效隔离。云原生通过自动化的持续集成和持续部署(CI/CD)流程来支持敏捷开发和高频更新。同时,通过服务网格和 API 网关等技术实现精细的服务治理和安全保障。

服务化特点:云原生体系结构的服务化特点体现在其能够将系统中的功能分解为一系列小型、独立的服务,每个服务专注于单一功能,彼此之间通过轻量级通信协议进行交互。这种方法提高了应用的灵活性和可扩展性,使得各服务可以独立部署、扩展和更新,从而加快了开发速度并降低了系统复杂度。

资源弹性伸缩特点： 云原生体系结构的资源弹性伸缩特点在于其能够根据应用负载的实时变化自动调整资源分配。利用云计算的动态资源管理能力，云原生体系结构通过自动扩展或缩减服务实例的数量来应对需求波动，从而确保高效的资源利用和优化的性能。这种弹性伸缩机制不仅提高了系统的响应速度和可用性，还有助于降低运维成本。

可观测特点： 云原生体系结构的可观测性特点指的是其能够提供全面的系统监控和日志记录功能，使开发和运维团队能够实时监控应用性能、追踪问题、分析用户行为和系统效率。这种可观测性通过集成的日志管理、性能监控和事件追踪系统来实现，帮助团队及时发现并解决问题，优化应用性能和用户体验。

韧性特点： 云原生体系结构的韧性特点体现在其对故障和变化的强大适应能力。通过微服务、容器化和自动化策略，它能够在服务出现故障时快速恢复，保持业务连续性。韧性体现在多方面，包括服务间的故障隔离、自动故障检测与恢复、负载均衡和故障转移策略。这些机制增强了系统在面对不确定性和潜在故障时的稳定性和可用性。

自动化特点： 云原生体系结构的自动化特点主要体现在其对应用部署、管理和扩展过程的自动化控制。它利用容器化、微服务和 DevOps 实践，实现自动化的代码部署、测试、监控和维护。这种自动化极大地提高了运维效率，减少了人为错误，使得系统能够快速响应市场变化和用户需求，同时优化资源利用和提高系统稳定性。

零信任特点： 云原生体系结构的零信任特点强调在任何内部或外部网络环境中都不默认信任任何实体。这种体系结构通过严格的身份验证、最小权限原则、持续的安全监控和细粒度的访问控制策略来实现安全防护。零信任策略确保即使在复杂多变的云环境中，每次访问都经过严格验证，大幅降低了安全漏洞和攻击风险。

持续演进特点： 云原生体系结构的持续演进特点体现在它的设计和实践中自然融入了持续改进和更新的能力。这种体系结构采用模块化、服务化设计，使得每个组件都可以独立更新和替换，而不影响整体系统。云原生体系结构支持快速迭代、灵活适应新技术和市场需求的变化，从而使整个系统能够持续进化，保持技术领先和竞争力。

4.8.3　云原生体系结构风格应用

1. 应用背景

随着多年来的发展，某物流企业目前日订单处理量已达千万量级，物流轨迹处理量可达亿级别，每天产生数据已达到 TB 级别，需要 1300 多个计算节点来实时处理业务。过往该物流企业的核心业务应用运行在 IDC 机房，原有 IDC 系统帮助该物流企业安稳度过早期业务快速发展期。但伴随着业务体量指数级增长，业务形式愈发多元化，原有系统暴露出不少问题。传统 IOE 体系结构、各系统体系结构的不规范、稳定性、研发效率都限制了业务高速发展的可能。软件交付周期过长、大促保障对资源的特殊要求难实现、系统稳定性难以保障等业务问题逐渐暴露。

为了解决上述问题，经过需求沟通与技术验证后，该物流企业采用云原生技术和体系结构实现核心业务搬迁上云。2019 年开始将业务逐步从 IDC 迁移至云。目前，核心业务系统已经在云上完成流量承接，为该物流企业提供稳定而高效的计算能力。

2. 基于云原生体系结构的解决方案

该物流企业的核心业务系统原体系结构基于 VMware 虚拟化软件和 Oracle 数据库进

行搭建。随着搬迁上云,体系结构全面转型为基于 Kubernetes 的云原生体系结构体系。其中,引入云原生数据库并完成应用基于容器的微服务改造是整个应用服务体系结构重构的关键点。

通过引入 OLTP 与 OLAP 型数据库,将在线数据与离线分析逻辑拆分到两种数据库中,改变此前完全依赖 Oracle 数据库的现状。满足在处理历史数据查询场景下 Oracle 数据库所无法支持的实际业务需求。

伴随着容器化技术的引进,通过应用容器化有效解决了环境不一致的问题,确保应用在开发、测试、生产环境的一致性。与虚拟机相比,容器化提供了效率与速度的双重提升,让应用更适合微服务场景,有效提升产研效率。

此外,由于过往很多业务是基于 Oracle 的存储过程及触发器完成的,系统间的服务依赖也需要 Oracle 数据库 OGG 同步完成。这会导致系统维护难度高且稳定性差。通过引入 Kubernetes 的服务发现,组建微服务解决方案,将业务按业务域进行拆分,让整个系统更易于维护。

综合考虑该物流企业实际业务需求与技术特征,最终选择了云原生体系结构,实现核心应用迁移上云,如图 4-32 所示。

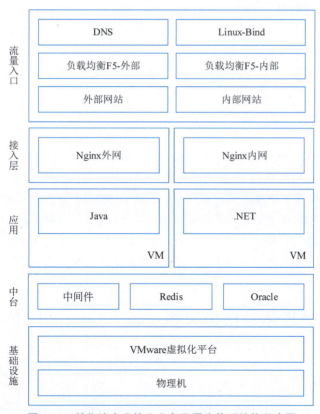

图 4-32 某物流企业核心业务云原生体系结构示意图

基于云的服务器能够获得更优性能及更合理的资源利用率。云上资源按需取量,对于拥有大促活动等短期大流量业务场景的物流公司而言极为重要。相较于线下自建机房、常备机器,云上资源随取随用。在大促活动结束后,云上资源使用完毕后即可释放,管理与采购成本更低。

提供两套流量接入,一套是面向公网请求,另外一套是服务内部调用。域名解析采用云DNS。借助 Kubernetes 的 Ingress 能力实现统一的域名转发,提高运维管理效率。

此外,基于 Kubernetes 打造的云原生 PaaS 平台具有多方面的优势。能够打通 DevOps 闭环,统一测试、集成、预发、生产环境;天生资源隔离,机器资源利用率高;流量接入可实现精细化管理;集成了日志、链路诊断、Metrics 平台;统一 ApiServer 接口和扩展,支持多云跟混合云部署。

在应用服务层,每个应用均在 Kubernetes 上创建一个单独的 Namespace,实现了应用与应用之间的资源隔离。通过定义各个应用的配置 Yaml 模板,当应用在部署时直接编辑其中的镜像版本即可快速完成版本升级,当需要回滚时直接在本地启动历史版本的镜像快速回滚。

线上 Kubernetes 集群采用云托管版容器服务,免去了运维 Master 节点的工作,只需要制定 Worker 节点上线及下线流程即可。同时,业务系统均通过 PaaS 平台完成业务日志搜索,按照业务需求投交扩容任务,系统自动完成扩容操作,降低了直接操作 Kubernetes 集群带来的业务风险。

3. 体系结构应用效果

成本降低:通过使用公有云作为计算平台,企业不必因为业务突发增长需求而一次性投入大量资金成本用于采购服务器及扩充机柜。在公共云上可以做到随用随付,对于一些创新业务想做技术调研十分便捷。用完即释放,按量付费。此外,云产品都免运维自行托管在云端,有效节省了人工运维成本,让企业更专注于核心业务。

稳定性提高:首先,云上产品提供至少 5 个 9 的 SLA 服务确保系统稳定,而自建系统稳定性相去甚远。其次,部分开源软件可能存在功能缺陷,造成故障隐患。最后,在数据安全方面云上数据可以轻松实现异地备份,云数据存储体系下的归档存储产品具备高可靠、低成本、安全性、存储无限等特点,让企业数据更安全。

效率提升:借助于云体系结构深度集成,研发人员可以完成一站式研发、运维工作。从业务需求立项到拉取分支开发,再到测试环境功能回归验证,最终部署到预发验证及上线,整个持续集成流程耗时可缩短至分钟级。排查问题方面,研发人员直接选择所负责的应用,并通过集成的日志控制台快速检索程序的异常日志进行问题定位,免去了登录机器查日志的麻烦。

4.9 大数据处理体系结构风格

大数据处理体系结构风格是专门用于处理和分析巨量复杂数据集的软件系统所具有的共性体系结构特征。它通常包括数据收集、存储、处理、分析和可视化等多个层面,旨在从海量、多样化的数据中提取有价值的信息。

在数据收集和存储层,大数据处理体系结构采用高效的方式来捕获、存储和预处理来自各种源的数据。这些数据源可能包括社交媒体、传感器、日志文件和事务记录等。为了高效处理这些数据,通常使用分布式文件系统(如 Hadoop 的 HDFS)和 NoSQL 数据库。这些技术能够处理大规模数据集,提供高吞吐量和可扩展的存储解决方案。

处理和分析层是大数据处理体系结构的核心，包括数据清洗、转换、聚合和分析等步骤。这一层通常使用分布式计算框架（如 Apache Hadoop 和 Apache Spark）来实现。这些框架能够在多个计算节点上并行处理数据，显著提高了处理速度。此外，高级的数据分析、机器学习算法和复杂事件处理技术也在这一层应用，以提取数据深层次的价值和洞见。

最后，可视化和报告层提供了工具和应用程序，使用户能够直观地理解和解释数据分析结果。这些工具包括数据仪表板、报表生成器和图形化分析工具，它们帮助用户快速做出基于数据的决策。从整体来看，大数据处理系统的体系结构旨在通过高效、可扩展的方式处理复杂的数据集，从而支持数据驱动的决策。

4.9.1 大数据处理体系结构风格

1. Lambda 体系结构风格

Lambda 体系结构风格是一种将批处理和流处理结合起来的大数据处理系统体系结构模式，它旨在解决传统批处理体系结构的延迟问题和流处理体系结构的准确性问题。Lambda 体系结构是大数据平台里最成熟、最稳定的体系结构，它的核心思想是：将批处理作业和实时流处理作业分离，各自独立运行，资源互相隔离。图 4-33 展示了 Lambda 的基本体系结构。

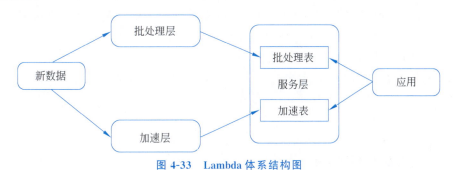

图 4-33　Lambda 体系结构图

Lambda 体系结构将数据流分为三个层次：批处理层、加速层和服务层，这些层次各自具有不同的特性和用途。

批处理层：主要负责所有的批处理操作，支撑该层的技术以 Hive、Spark-SQL 或 MapReduce 这类批处理技术为主。批处理层既可以存储整个数据集，又能够计算出批处理的视图。由于此处的存储数据集不可被改变，因此只能被追加。也就是说，新的数据会不断地被传入，而原有旧的数据则会始终保持不变。同时，批处理层会通过对整个数据集的查询，或功能性计算，得出各种视图。查询这些视图时，虽然可以在整个数据集中低延迟地找到答案，但是其缺点是系统需要花费大量的时间，来进行计算。

加速层：使用流式计算技术实时处理当前数据，支撑该层的技术以 Storm、Spark Streaming 或 Flink 等这类流处理技术为主。加速层区别于批处理层的地方在于，尽管批处理层从开始就保留了所有数据，但是加速层仅关心从最后一批视图完成以来到达的数据。也就是说，加速层通过处理那些批处理视图尚未计入的最新数据查询，来弥补计算视图时的高延迟。但是加速层的局限在于只能处理当前新生成的数据，无法对全部历史数据进行操作，因为流式计算只能针对当前产生的"热数据"进行处理。

服务层：以批处理层处理的结果数据为基础，对外提供低延时的数据查询和 Ad-hoc 查询（即席查询）服务，服务层可以认为是对批处理层数据访问能力上的延伸或增强。因为批处理本身是比较慢的，无法支撑实时的查询请求，从服务层的角度看，批处理层的工作本质是一种"预计算"，即预先对大体量数据集进行处理，得到相对较小的结果集，然后由服务层接手，提供实时的数据查询服务。服务层既可以使用包括关系型数据库在内的传统技术，也可以使用 Kylin、Presto、Impala 或 Druid 等大数据 OLAP 产品。

Lambda 体系结构的优点在于能够同时支持批量处理和实时流处理，具有高吞吐量和处理多样化的数据源的能力。同时，Lambda 体系结构提供了实时数据处理的能力，使用户可以快速获得数据分析结果。但 Lambda 体系结构也存在一些缺点，如需要维护多个层次的数据存储和复杂的数据整合，增加了系统复杂性和维护成本。此外，由于数据需要同时存储在批处理层和速度层，会造成数据冗余和增加存储成本。同时，Lambda 体系结构的实时性有限，无法应对对实时性要求极高的处理场景。Lambda 体系结构适用于需要处理大量数据，需要同时支持批量处理和实时处理的场景，但也需要在系统复杂性和实时性等方面做出权衡。

2. Kappa 体系结构

随着 Flink 等流式处理引擎的不断完善，流处理技术日益成熟。针对 Lambda 体系结构存在的不足，LinkedIn 的 Jay Kreps 结合实际经验和个人体会提出了 Kappa 体系结构。Kappa 体系结构的核心思想是通过改进流计算系统来解决数据全量处理的问题，使得实时计算和批处理过程使用同一套代码。此外，Kappa 体系结构认为只有在有必要时才会对历史数据进行重复计算，而如果需要重复计算时，Kappa 体系结构下可以启动很多个实例进行重复计算，方式是通过上游重放完成（从数据源拉取数据重新计算）。Kappa 体系结构就是基于流来处理所有数据，天然的流计算分布式特征，注定了它的扩展性更好，通过加大流计算的并发性，加大流式数据的"时间窗口"，来统一批处理与流式处理两种计算模式。图 4-34 展示了 Kappa 的基本体系结构。

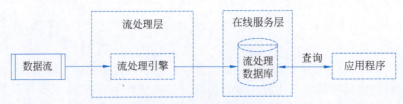

图 4-34 Kappa 体系结构图

Kappa 体系结构将数据流分为流处理层和在线服务层两个层次，这些层次各自具有不同的特性和用途。

流处理层：该层级负责对实时流数据进行处理和计算，并将计算结果存储到实时数据库或分布式文件系统中。在 Kappa 体系结构中，流处理引擎采用无状态的流处理算法，即不保存中间结果，从而简化了数据处理逻辑和减少了计算成本。

在线服务层：该层级负责存储流处理引擎处理后的实时数据和计算结果，通常采用实时数据库或分布式文件系统。在 Kappa 体系结构中，在线服务层既可以存储实时数据，也可以存储历史数据。

Kappa 体系结构的优点是简化了系统体系结构和维护成本，提高了实时性和可伸缩性，同时能够对实时流数据进行处理和计算,并将计算结果存储到实时数据库或分布式文件系统中,适用于对实时性要求较高的场景。Kappa 体系结构的缺点是无法支持批处理和离线分析,在一些场景下可能需要离线处理大量历史数据,同时由于 Kappa 体系结构只有一个流处理层,数据存储成本可能会较高,需要仔细考虑数据存储的策略。

3. IOTA 体系结构

IOTA 体系结构是一种新兴的大数据处理系统体系结构,它强调数据流的连续性和一致性,可以满足对数据一致性要求更高的场景。IOTA 的整体思路是设定标准数据模型,通过边缘计算技术把所有的计算过程分散在数据产生、计算和查询过程当中,以统一的数据模型贯穿始终,从而提高整体的计算效率,同时满足计算的需要,可以使用各种即时查询(Ad-hoc Query)来查询底层数据。

图 4-35 展示了 IOTA 的基本体系结构。

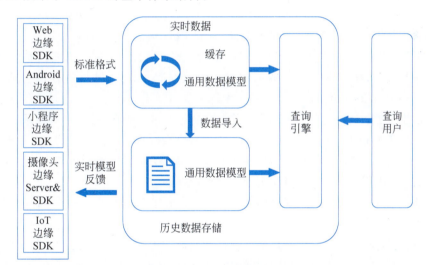

图 4-35　IOTA 体系结构图

IOTA 整体技术结构分为以下 6 个部分。

通用数据模型:贯穿整体业务始终的数据模型,这个模型是整个业务的核心,要保持 SDK、cache、历史数据、查询引擎一致。对于用户数据分析来讲,可以定义为"主-谓-宾"或者"对象-事件"这样的抽象模型来满足各种各样的查询。以大家熟悉的 App 用户模型为例,用"主-谓-宾"模型描述就是"X 用户-事件 1-A 页面(2018/4/11 20:00)"。当然,根据业务需求的不同,也可以使用"产品-事件""地点-时间"模型等。模型本身也可以根据特定协议来实现 SDK 端定义,中央存储的方式。此处的核心是,从 SDK 到存储到处理是统一的一个通用数据模型。

边缘开发环境和边缘服务器:这是数据的采集端,不仅是过去的简单的 SDK,在复杂的计算情况下,会赋予 SDK 更复杂的计算,在设备端就转换为形成统一的数据模型来进行传送。例如,对于智能 Wi-Fi 采集的数据,从 AC 端就变为"X 用户的 MAC 地址-出现-A 楼层(2018/4/11 18:00)"这种主-谓-宾结构,对于摄像头会通过 Edge AI Server,转换成为"X 的 Face 特征-进入-A 火车站(2018/4/11 20:00)"。也可以是上面提到的简单的 App 或者页面级别的"X 用户-事件 1-A 页面(2018/4/11 20:00)",对于 App 和 H5 页面来讲,没有计算工作量，只要求埋点格式即可。

实时数据缓存区：实时数据缓存区是为了达到实时计算的目的。海量数据接收不可能海量实时进入历史数据库，那样会出现建立索引延迟、历史数据碎片文件等问题。因此，需要一个实时数据缓存区来存储最近几分钟或者几秒的数据。该部分可以使用 Kudu 或者 HBase 等组件来实现。这部分数据会通过 Dumper 来合并到历史数据当中。此处的数据模型和 SDK 端数据模型是保持一致的，都是通用数据模型。

历史数据沉浸区：这部分是保存了大量的历史数据，为了实现 Ad-hoc 查询，将自动建立相关索引提高整体历史数据查询效率，从而实现秒级复杂查询百亿条数据的反馈。例如，可以使用 HDFS 存储历史数据，此处的数据模型依然是与 SDK 端数据模型保持一致的通用数据模型。

数据导入组件：数据导入组件的主要工作就是把最近几秒或者几分钟的实时数据，根据汇聚规则、建立索引，存储到历史存储结构当中，可以使用 MapReduce、C、Scala 来撰写，把相关的数据从 Realtime Data 区写入 Historical Data 区。

查询引擎：提供统一的对外查询接口和协议（例如 SQL JDBC），把实时数据和历史数据合并到一起查询，从而实现对于数据实时的即时查询。例如，常见的计算引擎可以使用 Presto、Impala、Clickhouse 等。

实时模型反馈：通过边缘计算技术，在边缘端有更多的交互可以做，可以通过在实时数据缓冲区去设定规则来对边缘 SDK 端进行控制，例如，数据上传的频次降低、语音控制的迅速反馈、某些条件和规则的触发等。简单的事件处理，将通过本地的 IOT 端完成，例如，对嫌疑犯的识别，现在已经有很多摄像头本身带有此功能。

IOTA 大数据体系结构主要有去 ETL(Extraction Transformation Loading)化、即时查询和边缘计算 3 个重要特点。

去 ETL 化特点：ETL 和相关开发一直是大数据处理的痛点，IOTA 体系结构通过通用数据模型的设计，专注在某一个具体领域的数据计算，从而可以从 SDK 端开始计算，中央端只做采集、建立索引和查询，提高整体数据分析的效率。

即时查询特点：鉴于整体的计算流程机制，在手机端、智能 IOT 事件发生之时，就可以直接传送到云端进入实时数据缓冲区，可以被前端的查询引擎来查询。此时，用户可以使用各种各样的查询，直接查到前几秒发生的事件，而不用再等待 ETL 或者 Streaming 的数据研发和处理。

边缘计算特点：将过去统一到中央进行整体计算，分散到数据产生、存储和查询端，数据产生既符合通用数据模型，同时，也给予实时数据模型反馈，让客户端传送数据的同时马上进行反馈，而不需要所有事件都要到中央端处理之后再进行下发。

但 IOTA 体系结构需要对实时数据流和历史数据进行分别处理，增加了系统复杂度和开发难度；数据流处理和批处理的结果可能存在一定的不一致性，需要通过其他机制进行数据同步和数据一致性的保证；对于高并发、高吞吐量的场景，需要部署大量的计算节点和存储节点，需要更高的硬件成本和管理成本；需要设计和实现适合自身业务场景的数据处理流程和数据访问接口，对于非专业人员来说可能存在一定的难度。

4.9.2 大数据处理体系结构风格特点

一般而言,大数据处理体系结构风格具有如下 8 个常见的特点。

鲁棒性和容错性:对于大规模分布式系统来说,机器的可靠性是一个重要问题。系统需要具有鲁棒性和容错性,即使在遇到机器故障时也能保持正确的行为。此外,由于人为操作也可能会导致错误,因此系统需要对这些错误具有足够的适应能力。

低延迟读取和更新能力:许多应用程序需要数据系统能够快速地读取和更新数据。系统需要在保证鲁棒性的前提下,尽可能地实现低延迟读取和更新能力。

横向扩容能力:当数据量或负载增大时,系统需要通过增加更多的机器资源来维持性能。这需要系统具有线性可扩展性,通常采用 scale out(通过增加机器的个数)而不是 scale up(通过增强机器的性能)的方式来实现。

通用性:系统能够支持绝大多数应用程序,包括金融领域、社交网络、电子商务数据分析等。

延展性:在新的功能需求出现时,系统需要能够将新功能添加到系统中。同时,系统的大规模迁移能力也是设计者需要考虑的因素之一,这也是可延展性的体现。

即席查询能力:用户在使用系统时,应当可以按照自己的要求进行即席查询(Ad-hoc)。这使用户可以通过系统多样地处理数据,产生更高的应用价值。

最少维护要求:系统需要在大多数时间下保持平稳运行。使用机制简单的组件和算法让系统底层拥有低复杂度,是减少系统维护次数的重要途径。

可调试性:大数据处理系统在运行中产生的每一个值,需要有可用途径进行追踪,并且要能够明确这些值是如何产生的。

4.9.3 大数据处理体系结构风格应用

1. 应用背景

随着多年来的运营,某大型体育视频播放门户网站积累了庞大稳定的用户群,这些用户在使用各类服务过程中产生了大量数据,对这些海量数据进行分析与挖掘,将会对视频作品的传播及商业模式变现起到重要的作用。具体来说,需要设计一个大数据处理系统,对增量数据在当日概览和赛事回顾两个层面上进行分析。其中,当日概览模块需秒级刷新直播在线人数、网站的综合浏览量、页面停留时间、视频的播放次数和平均播放时间等千万级数据量的实时信息。

针对这一需求,传统的分布式体系结构通常采用重新计算的方式分析实时数据,在不扩充以往集群规模的情况下,无法在几秒内分析出需要的信息。Lambda 体系结构实时处理层采用增量计算实时数据的方式,可以在集群规模不变的前提下,秒级分析出当日概览所需要的信息。赛事回顾模块需要展现自定义时间段内的历史最高在线人数、逐日播放走势、直播最高在线人数和点播视频排行等海量数据的统计信息,由于体育比赛期间产生的数据通常不需要被经常索引、更新,因此要求采用不可变方式存储所有的历史数据,以保证历史数据的准确性。Lambda 体系结构的批处理层采用不可变存储模型,不断地往主数据集后追加新的数据,恰好可以满足对体育赛事数据的大规模统计分析要求。

2. 基于大数据处理体系结构的解决方案

经过分析,该网站采用以 Lambda 体系结构搭建的大数据平台处理大规模视频网络观看数据,具体平台体系结构设计如图 4-36 所示。

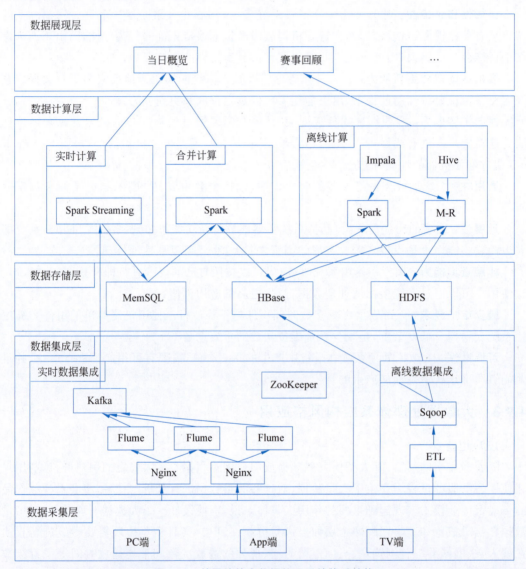

图 4-36 某网站的大数据处理系统体系结构

从图中可以看出,该平台基于 Lambda 体系结构,由数据采集层、数据集成层、数据存储层、数据计算层和数据展现层构成。数据采集层支持将 PC 端、App 端和 TV 端采集到的用户行为数据进行整理。数据集成层分为离线数据集成和实时数据集成两部分。实时数据集成采用 Nginx 和 Flume 服务器将实时流数据聚合并传输至 Kafka 队列中,由 Kafka 将实时流数据分发至实时流计算引擎中分析。离线数据集成使用开源组件 Sqoop 将数据不断追加存储到主数据集中,采用分布式列数据库 HBase 存储主数据集。两个集群之间通过 Kafka 的 Mirror 功能实现同步。

平台中的数据存储层不仅集成了分布式列数据 HBase、内存关系型数据库 MemSQL,

而且还增加了统一的监控管理功能和开放更多的访问接口。数据存储将结构化数据、半结构化数据以及非结构化数据存储于分布式文件系统中,且数据以三重副本的形式分布在文件系统,支持自动存储容错、系统错误监控、故障自动迁移等技术,确保数据的安全性和接近100%的数据可用性。

平台中的数据计算层为了实现 IO 的负载分离,通过对实际业务解析,将数据计算层分为离线计算、实时计算和合并计算三部分。

离线计算部分除了存储持续增长的批量离线数据外,还会定期使用 Spark 和 M-R 对离线数据进行简单的预运算,将大数据变小,从而降低资源损耗,提升实时查询的性能,并最终将预运算结果更新到批处理视图(Batch View)中。离线计算通过使用最新的 Hadoop 节点驱动调度算法来保证数据量大的任务能较公平地获取计算资源,同时使用 Impala 或者 Hive 建立数据仓库,将离线计算的结果写入 HDFS 中。

时效性是大型活动难以解决却不得不面对的问题,在大型体育活动中的很多场景,数据会不断实时生成并累计,需要系统实时查询处理,实时计算部分正是用来处理这类增量的实时数据。为保证时效性,实时计算采用 Spark Streaming 仅处理最近的数据,并将处理后的数据更新到实时处理视图中,实时处理通常做的是一种增量的计算,而非重新运算。

合并计算部分用于响应用户的查询请求,合并批处理视图和实时处理视图中的结果到最终的数据集。合并计算将内存关系型数据库 MemSQL 内的数据与离线预运算后的数据合并,写入分布式列数据库 HBase 中,从而为最终的查询提供支撑。

3. 体系结构应用效果

在数据展现层,用户可以通过调用数据计算层的相应接口,简单快速地进行算法编程,从而呈现出当日概览、赛事回顾等模块的信息。当日概览模块通过实时计算引擎中的 Spark Streaming,计算直播实时在线人数、地域和频道分布等信息,并实时呈现到前端界面中。在合并计算中查询网站的综合浏览量、页面停留时间、视频的播放次数和平均播放时间等增量数据。而对赛事回顾模块需要呈现的自定义时间段内的历史最高在线人数、逐日播放走势、直播最高在线人数和点播视频排行等数据的统计信息,可以使用离线计算模块查询这种不断追加的离线数据。

小结

本章首先阐述了数据流、以数据为中心、调用/返回、虚拟机、事件系统等经典的软件体系结构风格,接着介绍了微服务等具备动态性的软件体系结构风格,以及云原生、大数据处理等典型的特定领域系统体系结构风格。

习题

1. 在数据流体系结构风格中,批处理体系结构风格和管道-过滤器体系结构风格的主要不同点是什么?
2. 黑板体系结构风格的构件包括哪些?这些构件间如何交互?
3. 物联网系统架构实际上属于哪种经典的体系结构风格?

4. 事件系统体系结构风格中,事件派遣机制的设计有哪几种设计方式?其各自的特点是什么?

5. 规则系统体系结构风格通常把哪些业务逻辑定义成规则?你身边见到的可应用规则系统体系结构风格进行软件架构设计的应用系统有什么?

6. 虚拟机体系结构风格适用哪种类型的软件需求场景?

7. 请对调用/返回和微服务两种体系结构风格进行对比,两者的主要相同点和不同点是什么?

8. 在微服务体系结构中,每个微服务通常会跟某个业务功能点相对应,这样的设计会对系统性能造成何种影响?

9. 请查阅相关资料,对虚拟机和容器两种技术进行分析,并分析为什么云原生体系结构选择容器作为其底层支撑技术?

10. 请举例说明为什么云原生体系结构具有持续演进特点?这个特点是否与混合了其他体系结构风格有关?

11. 请总结 Lambda、Kappa 和 IOTA 三种大数据体系结构风格的使用场景和各自在体系结构上的优缺点。

12. 请以一个具体的物联网系统为例,给出在 IOTA 体系风格指导下该系统的体系结构,并画图说明。

第5章

面向质量属性的软件体系结构设计

面向质量属性的体系结构设计是在软件体系结构设计过程中,针对软件系统所需达到的质量属性(如性能、安全性等)进行规划和决策的过程,其目的是满足利益相关者对软件系统质量的需求[16]。在软件生命周期中,面向质量属性的体系结构设计指导着系统的演化和实现,为开发人员提供了目标和指导方针。

面向质量属性的体系结构设计不仅包括对可用性、性能、安全性等关键质量属性的分析,还包括实现它们的策略。读者通过本章的学习,在掌握了面向质量属性的体系结构设计的方法和技术后,可以在实际的软件体系结构设计中,通过实施适当的策略来实现系统所需的质量属性。

5.1 软件质量属性概述

软件质量属性指软件系统的可用性、性能、安全性等可度量、可测试的属性。它们会影响到系统的运行时行为、系统设计方式以及用户的体验等方面。因此,在软件体系结构设计过程中,满足这些质量属性的需求是至关重要的。

面向质量属性的体系结构设计是在软件体系结构的设计中考虑和优化各种关键质量属性的过程,其目标是为软件系统创造一个稳定、高效和满足用户期望的环境。开发人员通过考虑不同质量属性之间的相互关系以及它们在整个系统中的影响,在软件体系结构中对其进行平衡和优化,才能构建出高质量的软件系统。

在面向质量属性的体系结构设计中,开发人员可以使用不同的策略来实现相应的质量属性,以满足软件系统的质量目标。

本章将详细讨论软件体系结构设计中的若干关键质量属性,以及实现它们的常见策略。

5.1.1 质量属性的特点

1. 质量属性属于非功能性需求

软件系统的需求可以分为功能性需求和非功能性需求。功能性需求关注软件系统应该提供哪些功能和行为,而非功能性需求关注软件系统应该如何表现和具备哪些特性。质量属性属于软件的非功能性需求,它并不描述"系统应该具备什么功能",而是描述"系统应该如何表现和运行以达到预期效果"[17]。表 5-1 是某计算器 App 的功能性需求与非功能性需求对比。

表 5-1　计算器 App 的功能性需求与非功能性需求对比

功能性需求	非功能性需求
支持基本的四则运算	易于使用，操作简单直观
支持阶乘、平方根等特殊运算	能适应不同的手机屏幕尺寸和分辨率
支持清除、回退和重置计算	提供定制化选项，例如，调整界面布局和颜色主题
支持以特定格式显示计算结果	提供多种语言的帮助文档

2. 不同领域的软件系统关注不同的质量属性

不同的软件系统面临不同的业务领域和用户需求，往往有不同的关注重点和目标，对质量属性的要求也会有所不同。例如，一个网上银行系统可能更注重系统的安全性，以保护用户的财产不受损害；而一个手机游戏可能更注重系统的性能和易用性，以提供良好的用户体验。

在软件项目开发的初期，需要对相关的质量属性进行评估和确定，以便让后续工作更有针对性。在质量属性的确定和权衡过程中，软件开发者需要综合考虑业务需求、用户期望、可用资源和技术限制等多个因素，并与终端用户等利益相关者进行深入沟通来达到对于质量属性的共识，最终制定出适合特定项目的质量属性策略。在项目开发的过程中，也应持续地进行质量属性的评估和调整。针对持续变化的需求和风险，对系统进行相应的优化和改进。

表 5-2 是手机银行与手机游戏所关注质量属性的对比。从对比可以看出，由于手机银行和手机游戏的使用场景有很大区别，它们所关注的质量属性也有所不同。总体来说，手机银行更加注重安全性、可用性，而手机游戏则更加注重性能、易用性。

表 5-2　手机银行与手机游戏所关注质量属性的对比

手机银行关注的部分质量属性	手机游戏关注的部分质量属性
安全性（确保用户的账户和业务数据的机密性和完整性，防止未经授权的访问和欺诈活动）	性能（具备流畅的动画和图形效果，可以快速响应玩家的操作，以提供良好的游戏体验）
可用性（即使在高负载和异常情况下，也应尽量保障用户执行业务）	易用性（新手也能在较短时间内熟悉游戏的基本操作，保持较高的新手留存率）
性能（能够快速响应用户的交易请求，保证业务的处理速度和吞吐量）	可用性（避免游戏崩溃和错误发生，保护玩家的游戏进度和资料）
可修改性（为适应不断变化的金融法规和业务需求，软件能方便地进行功能更新）	可修改性（关卡、玩法等内容持续更新，以长期吸引玩家）

3. 质量属性之间可能相互抑制

质量属性之间可能存在相互抑制的关系，即在追求某一质量属性的优化时，可能会对其他质量属性产生不利的影响[18]。因此，在软件体系结构设计中，软件开发者首先需要充分了解不同质量属性之间的相互影响，之后在与软件项目的各利益相关方进行充分沟通的基础上，根据具体需求和场景在不同的质量属性之间进行权衡，以确保与不同质量属性得到妥善平衡和满足。可能的权衡方案包括确定优先级（根据系统关键需求重点关注某些质量属性）、采用折中方案（平衡不同质量属性之间的需求）和使用技术手段（利用合适的算法、模块化设计等方式以减少质量属性之间的冲突和影响）。表 5-3 展示了某在线支付系统面临的安全性与性能之间的冲突和解决措施。

表 5-3 安全性与性能之间的冲突示例

冲突点	对安全性的影响	对性能的影响	解决冲突的措施
加密算法	降低被解密的可能性，提高安全性	消耗大量的计算资源和处理时间，降低性能	选择高效的加密算法和技术，或利用硬件加速和专用加密卡等技术
身份验证和访问控制	降低非法用户冒充合法用户的成功率，提高安全性	增加处理时间和计算负担，降低性能	采用异步处理和缓存技术，将一些非关键的安全和验证操作延迟处理，以减少对性能的影响
安全审计和日志记录	便于追踪和分析安全事件，提高安全性	需要完成大量的审计和日志记录操作，降低性能	通过在系统架构中引入并行处理和负载均衡技术，提高系统的处理速度和吞吐量

4. 满足质量属性应同时考虑设计、实现、部署三方面

为了确保软件系统能够真正满足质量属性的要求，仅在软件体系结构设计中考虑实现质量属性是不够的，而是需要将设计、实现和部署三个方面有机地结合起来，在不同阶段和活动中持续对质量属性进行关注。

在设计过程中：需要考虑系统架构、组件和模块的选择，以及软件模式和设计原则的应用。例如，在设计过程中，可以使用高效的算法和数据结构来提高系统的性能；采用模块化的设计可以提高系统的可修改性；引入基于角色的访问控制机制可以增强系统的安全性。

在实现过程中：需要将设计的概念转换为具体的编码实践。这需要开发人员具备良好的编码技巧和规范，以确保质量属性得到准确地实现。例如，合理地选择编程语言和框架，编写高效、可读性高且易于维护的代码，使用适当的测试技术进行代码验证等。

在部署阶段：需要考虑系统的配置、安装、集成和测试。例如，可以进行性能测试和负载测试，以验证系统的性能是否满足预期；进行系统安全审查和漏洞扫描，以保障系统的安全性。这些活动对于确保质量属性在实际运行环境中得到满足非常重要。

5. 关键的软件质量属性

本章后续将详细阐述可用性、可修改性、性能、安全性、可测试性、易用性这 6 个关键的软件质量属性，其简介如表 5-4 所示。

表 5-4 关键质量属性

名称	简介
可用性	软件在特定环境下持续正常运行的能力。高可用性的软件系统能够在面对异常情况时保持稳定性，并且具备快速恢复的能力
可修改性	软件系统在面对不断变化和增长的需求时，能够方便地进行修改的能力。高可修改性的软件系统能够有效地改正其中的错误，也可以灵活地增加新功能，以此适应不断变化的业务环境
性能	软件系统在执行任务时所表现出的效率和响应速度。高性能的软件系统能够在合理的时间内处理大量的请求，并且能够满足用户对实时性和吞吐量的要求
安全性	软件系统能够保护数据的机密性、完整性和可用性的能力。安全的软件系统能够防止非法访问、数据泄露和恶意攻击，并且能够及时检测和应对安全威胁

续表

名 称	简 介
可测试性	软件被测试的难易程度。高可测试性的软件系统应该能以较低的成本被测试,测试也较容易发现系统目前存在的缺陷
易用性	用户能够方便地使用软件系统的程度。高易用性的软件系统易于学习和操作,并能够有效地满足用户需求

此外,本章还将对特定领域关注的功耗效率、可移植性和可重用性等质量属性进行阐述。

5.1.2 质量属性场景

1. 描述质量属性的挑战

在软件系统的利益相关者描述质量属性时,通常面临层次性和隐蔽性的挑战。

层次性:质量属性通常具有层次结构,不同的属性可能相互关联。在描述时需要准确理解和识别不同层次的属性,并权衡它们之间的关系和优先级。描述质量属性常常需要利用可测量的度量标准和指标,定量化地表达其特征和要求。因此需要对数据进行收集、分析和建模。

隐蔽性:质量属性可能在设计和开发阶段并不明显,或者在实际使用中难以察觉。因此,在描述质量属性时,需要对隐含的特征和潜在问题进行预测和考虑。质量属性可能随着时间和系统演化而变化,在描述时需要考虑如何适应和应对可能的变化,以确保质量属性得到持续维护和改进。不同的质量属性可能存在冲突或平衡问题。在描述时需要平衡各个属性之间的关系,以满足系统的整体要求。

客户对软件系统质量属性的描述不清晰的示例如表 5-5 所示。

表 5-5 客户对软件系统质量属性的描述不清晰的示例

质量属性	用户的描述	用户可能遭遇的具体问题
性能	用户在使用某手机游戏时向客服反馈游戏的性能不佳	可能认为游戏画面模糊或者动画效果不流畅 可能在操作游戏时发现人物反应迟钝或者技能释放存在时间延迟 可能在游戏画面快速变化或复杂场景下出现卡顿、掉帧等情况
安全性	用户在使用某手机银行 App 时对客服投诉系统的安全性不佳	可能是账户被黑客等未经授权的第三方访问或被盗用 可能担心个人敏感信息(如银行卡号、身份证号等)被泄露 可能认为交易密码强度较弱,保护力度欠缺

2. 质量属性场景

为了改善用户描述不具体导致的对质量属性理解不清晰,软件工程研究者引入了"质量属性场景"这一工具[19],用以清晰地描述软件系统对质量属性的要求。一个质量属性场景包含以下 6 个组成部分。

(1) 刺激源。

在质量属性场景中,"刺激源"指可以触发系统做出响应的外部事件或条件。表 5-6 是一些常见的刺激源。

表 5-6　质量属性场景中常见的刺激源

刺激源形式	具 体 描 述
用户请求	用户在系统界面上进行的操作,如单击按钮、填写表单、发送请求等
数据输入	系统接收到的数据输入,可能是来自用户、外部系统或其他数据源的信息
系统负载	系统面临的工作负荷,包括并发请求数、数据量等
时间	系统需要根据不同的时间段或时序对事件做出不同的处理
特定事件	特定的外部事件触发系统的反应(如系统故障、异常情况、定时任务等)
外部影响	外部因素对系统的影响(如网络状况、环境条件、外部系统的状态等)

（2）刺激。

在质量属性场景中,"刺激"是指刺激源对系统的具体影响或要求,即刺激源引发的系统行为或变化。刺激描述了外部事件或条件所带来的具体需求或影响,帮助开发者了解系统需要做出何种反应。表 5-7 是一些常见的刺激。

表 5-7　质量属性场景中常见的刺激

刺 激 形 式	具 体 描 述
请求响应时间	要求系统在接收到用户请求后,在特定的时间内进行响应
并发请求量	要求系统能够同时处理多个并发的用户请求,而不会出现性能问题
数据输入规模	要求系统能够处理不同规模的数据输入
实时性要求	要求系统能够实时处理数据或提供实时的响应,以满足特定业务需求
可用性要求	要求系统在规定时间内保持高可用状态,以确保用户可以随时访问系统
安全性要求	要求系统在处理用户请求和敏感数据时采取一定的安全措施,以保护数据安全
扩展性要求	要求系统在面临增加负载或用户数量时能够水平扩展,以保持稳定性和性能

（3）制品。

在质量属性场景中,"制品"是指系统中被刺激所影响的部分。表 5-8 是一些常见的制品。

表 5-8　质量属性场景中常见的制品

制 品 形 式	具 体 描 述
系统整体	与性能等质量属性相关
系统对外提供服务的能力	与可用性、安全性等质量属性相关
系统的代码	与可修改性、可测试性等质量属性相关
系统的数据	与安全性等质量属性相关

（4）环境。

在质量属性场景中,"环境"是指在刺激发生时软件系统所处的状态。在刺激发生时,系统可能处于正常状态,也可能处于超负荷运行下的过载状态甚至已经处于由轻微故障所导致的降级状态。

（5）响应。

在质量属性场景中，"响应"是指软件系统对于特定刺激所做出的具体反应或行为。它描述了系统如何处理请求、生成结果或执行操作，以满足特定的需求或要求。表 5-9 是一些常见的响应。

表 5-9　质量属性场景中常见的响应

响应形式	具体描述
请求处理	系统接收到用户请求后的处理方式，包括数据处理、计算、查询数据库等操作
结果生成	系统在处理请求后生成的结果或输出，包括信息、报告、图形等形式
操作执行	系统在接收到指令或触发事件后的具体操作，可以是更新数据库、调用外部服务、发送通知等
错误处理	系统在出现错误或异常情况时的处理方式，如错误提示、数据回滚、日志记录等
系统状态变更	系统在响应过程中可能发生的状态变更，如更新数据、保存状态等

（6）响应度量。

在质量属性场景中，"响应度量"是指对系统响应进行量化度量的指标或方法。通过分析响应度量，可以评估系统是否满足要求，并采取相应的优化措施。表 5-10 是一些常见的响应度量。

表 5-10　质量属性场景中常见的响应度量

响应度量形式	具体描述
响应时间	衡量系统在用户请求发出后返回结果所需要的时间
吞吐量	衡量系统单位时间内能够处理的请求数量
错误率	衡量系统在处理请求过程中产生的错误或异常情况的比例
安全指标	衡量系统在保护用户数据和防范安全威胁方面的表现，如认证成功率等
规模适应性	衡量系统在面对不同规模和负载条件下的性能表现能力

综上所述，在质量属性场景中，刺激源是触发系统响应的起点，刺激描述了具体的要求或影响，制品指出了系统受到刺激所影响的部分，环境定义了系统操作所处状态，响应描述了系统对刺激做出的反应，响应度量衡量了系统响应的质量。这 6 个部分共同构成了完整的质量属性场景，帮助开发者理解系统的质量属性要求。表 5-11 以"汽车在行驶中加速"的质量属性场景为例，说明质量属性场景的 6 个组成部分。

表 5-11　"汽车在行驶中加速"的质量属性场景

组成部分	具体描述
刺激源	触发汽车加速的源头，可以是驾驶员踩下加速踏板、自动驾驶系统产生的指令或传感器检测到的行驶条件等
刺激	对汽车的加速请求，可以是要求汽车加快速度的指令

续表

组成部分	具体描述
制品	在加速场景中,制品包括发动机、传动系统、加速踏板、驱动控制单元等汽车加速涉及的软件、硬件
环境	当前车辆可能处于正常状态,也可能已经处于涡轮增压的状态
响应	汽车加速行为的实际表现,包括引擎增加功率、传动系统调整齿轮比等
响应度量	对汽车加速过程进行量化评估的指标,包括加速时间、加速度、燃油消耗等

5.2 可用性

5.2.1 可用性的含义

1. 可用性的概念

可用性是指软件系统能够在要求的时间内被正常使用的能力,强调了软件系统在面对各种故障时的稳定性和可靠性。对于支撑关键业务功能的软件系统而言,可用性是至关重要的质量属性。

软件可用性的目标是确保软件系统在用户需要时可以被正常使用,并尽可能地减少由于故障、错误或其他异常情况引起的系统工作状态的中断。表 5-12 列出了在软件体系结构设计中可用性需要考虑的方面。

表 5-12 可用性需要考虑的方面

方面	详细描述
可靠性和容错性	具有高可靠性和容错性的架构,以保证系统部件(如服务器、数据库、网络等)的连续运行,并能够在发生故障时在较短时间内恢复正常
冗余和备份	引入冗余和备份(如使用备用服务器、故障转移系统等),以确保即使出现故障,系统仍然能够正常运行
错误处理和恢复机制	具备有效的错误处理和恢复机制,能够捕获和处理异常情况,并采取适当的措施进行错误修复和数据恢复,以保证系统的连续可用性
监控和管理	对软件系统的健康状态进行实时的监控和管理,以便及时检测和响应故障、错误等异常情况

需要注意的是,提前确定的停机维护并不被计入不可用的时间。例如,网络游戏的运营商在修复游戏 bug 或更新游戏版本等情况下,需要在特定时间段进行系统维护。此时,停机时间被事先通知给玩家,并不被计入游戏的不可用时间。通过这种方式,游戏运营商可以利用停机时间完成系统维护、数据库清理、应用安全补丁、更新功能等操作,以提高游戏环境的质量和用户体验。虽然在维护期间,玩家不能访问游戏,但是这种提前确定的停机维护不会对游戏的整体可用性产生负面影响。相反,对于游戏运营商来说,合理计划并提前通告的停机维护有助于减少故障对玩家正常游戏的影响,可以提高玩家对游戏可用性的信任。

2. 可用性的关注点

在关注软件系统的可用性时,系统的利益相关者不仅需要考虑到系统是否发生故障,还需要对故障的后果进行评估和分析。

关注系统中是否发生了故障：故障可能是由于硬件故障、网络中断、软件错误、非预期的用户操作或其他不可预见的原因引起的系统中断或异常。在软件体系结构设计中，利益相关者应该设定监控和警报机制，以便及时检测和识别系统中的故障情况。

评估故障的后果：故障可能会对系统的功能、性能、安全性等方面产生不同程度的影响。从可用性的角度来看，利益相关者主要关注故障对用户体验和用户满意度的影响。例如，系统的故障可能导致用户无法访问关键功能、数据丢失、任务无法完成、操作变得缓慢或不可预测等。

故障对软件系统涉及的不同利益相关者所造成的影响也并不相同，具体如表 5-13 所示。

表 5-13 故障对软件系统不同的利益相关者所造成的影响

影响方面	详细描述
用户体验和满意度	故障可能导致用户无法完成关键任务、造成数据丢失、降低操作效率等，从而影响用户体验和满意度
业务连续性	对于企业和组织，软件系统的可用性直接影响业务的连续性。故障可能导致业务中断、订单延误、客户流失、营收损失等
系统运维和支持	故障会对系统运维和支持团队产生额外的工作负担。团队需要花费时间和资源来处理故障、恢复系统和提供技术支持
品牌声誉和信任度	软件系统的可用性与企业或组织的品牌声誉和信任度直接相关。如果系统频繁故障或长时间不可用，用户会对企业的服务质量产生怀疑，导致企业品牌声誉受损

3. 可用性的度量指标

为了更加全面地度量软件系统的可用性，可以使用度量系统可靠性、可恢复性、可用性概率三个方面的指标，详细说明如表 5-14 所示。

表 5-14 可用性的度量指标

类型	具体指标	目的
度量系统可靠性	平均无故障时间、平均故障间隔时间	度量系统的稳定性和故障概率
度量系统可恢复性	平均恢复时间、恢复点目标、恢复时间目标	度量系统从故障中恢复的速度和数据恢复的准确性
度量可用性概率	可用性百分比	直观地表示系统可用性的程度

不同的可用性度量指标适用于不同类型的应用和系统，因此在评估可用性时需要根据具体情况选择和使用合适的指标。可用性度量指标的重要性在不同应用场景下也存在很大差异。对于实时系统或关键业务系统，高可用性是很重要的。而对于非关键系统，低成本的可用性方案可能更为合适。

下面以阿里云为例，说明国内软件平台的高可用性设计。阿里云是国内领先的云计算服务提供商，高可用性是其占据市场份额的关键之一。阿里云的高可用性架构设计和实践经验不仅展示了中国科技企业在创新方面的能力，也有力推动了数字经济的发展和企业升级。为了实现高可用性，阿里云所提供的特性如表 5-15 所示。

表 5-15　阿里云为实现高可用性所提供的特性

特性	说明
架构设计	采用分布式架构设计,利用多个数据中心和服务器集群来实现高可用性;使用硬件设备冗余、数据冗余、网络冗余等多重冗余机制来防止单点故障
快速故障恢复	采用自动化的监控和运维技术,快速检测到故障并进行响应,实现分钟级别的故障恢复时间
数据保护和一致性	采用强大的备份和复制技术,确保用户数据可以快速备份、恢复和同步;提供可靠的数据存储解决方案,保证数据的一致性和完整性
性能和弹性扩展	具有高性能和弹性扩展的能力。采用分布式计算和存储技术,能够处理大规模的并发请求和海量的数据。提供弹性资源调度机制,可以根据需要快速扩展或缩减资源,以满足用户的需求

5.2.2　可用性的质量属性场景

1. 可用性质量属性场景的 6 个组成部分

可用性质量属性场景的 6 个组成部分的常见情况如表 5-16 所示。

表 5-16　可用性质量属性场景的 6 个组成部分

组成部分	具体描述
刺激源	引发系统响应的外部因素,包括用户请求、网络传输问题、硬件故障等
刺激	用户请求刺激包括用户发送请求、输入数据等方面。网络传输问题刺激包括网络延迟、丢包等方面
制品	数据库、计算资源、网络等
环境	系统可能处于正常运行的状态,也可能是已经处于濒临瘫痪的"亚健康"状态等
响应	记录错误报告并回传给厂家、通知管理员或其他系统、临时关闭系统等
响应度量	故障时间百分比、故障恢复时间、平均无故障时间等

为便于读者理解 6 个组成部分中的环境和响应,下面举例说明。

环境：Windows 系统在日常使用中可能会因为恶意软件、驱动程序故障等问题而无法正常启动。为解决这些问题,Windows 系统提供了"安全模式"功能。安全模式允许用户在系统启动时加载最少的设备驱动程序和系统服务,以便用户能够诊断和解决系统启动问题,其特点如表 5-17 所示。

表 5-17　Windows"安全模式"的特点

特点	具体描述
可靠性和稳定性	通过最小化加载系统组件和驱动程序,降低了系统在启动过程中出现问题的可能性,提高了系统的可靠性和稳定性
可恢复性和容错性	当系统遇到启动问题时,用户可以进入安全模式进行故障诊断和修复,而不至于导致系统完全无法使用;帮助用户快速恢复系统功能,降低了系统故障对用户造成的影响
适应性和灵活性	用户可以根据实际情况选择不同的安全模式选项(如带网络支持的安全模式、带命令提示符的安全模式等),以满足不同故障情况下的需求

响应：软件在使用过程中难免会发生错误和异常情况，为了改善软件的可用性，许多软件在设计中引入了错误报告机制。软件会在遇到错误时自动发送错误报告给开发者，从而帮助开发者更好地理解和解决用户面临的问题。图 5-1 展示了当 Word 发生错误时弹出对话框告知用户并询问是否愿意发送错误报告。通过收集和分析错误报告，开发者可以深入了解软件在实际环境中的问题和异常情况，快速定位和修复潜在的缺陷和漏洞。

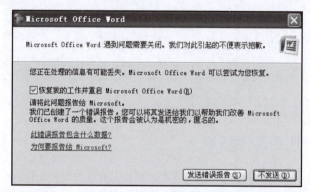

图 5-1　Word 发生错误时弹出对话框告知用户

2. 可用性质量属性场景示例：系统收到来自外部的异常信息

某软件系统在运行时由于故障收到了异常信息，此时的可用性质量属性场景如表 5-18 所示。

表 5-18　可用性质量属性场景示例（系统收到来自外部的异常信息）

组 成 部 分	具 体 描 述
刺激源	使用系统的用户
刺激	用户向系统发送消息时，由于网络异常，导致系统收到的消息是无法识别的
制品	影响系统接收和处理消息的相关模块或组件
环境	当前系统处于正常的状态
响应	系统发现消息无法识别后，丢弃了消息并给用户发送提醒
响应度量	系统在 0.1s 内完成了消息的处理，并未影响系统的正常运行

5.2.3　可用性的实现策略

策略是用于满足特定质量属性的具体措施。例如，对于提高系统的可用性，可能会采取容错设计、负载均衡、监控和报警等策略。策略是软件体系结构中体系结构风格的基本单元，不同的体系结构风格包含不同的策略集合，以实现相应的质量属性。例如，层次体系结构风格强调模块化和分离关注点，通过将系统划分为多个层次进行组织，以实现可修改性、可测试性等质量属性。

对于软件系统，可用性的目标主要是降低故障对系统正常运行和用户体验造成的影响。故障可能来源于硬件故障、软件错误、网络问题等。通过采取适当的策略，利益相关者可以减少故障导致的服务中断和数据丢失等不良影响，使系统能够持续地提供稳定和可靠的服务。

可用性实现策略主要关注三个方向：故障检测、故障恢复、故障避免。

1. 故障检测

故障检测方向的策略通过实时监测系统状态和性能指标，及时发现故障的发生和异常情况。采用适当的故障检测机制，能够尽早发现故障并采取相应的措施进行处理，以减少故障对系统可用性的影响。本方向中的具体策略包括 ping/echo、心跳、异常检测等。

1) 故障检测策略 1：ping/echo

ping/echo 通过发送网络探测包（ping）到目标节点，并等待目标节点返回确认响应（echo）。该策略通过分析目标节点的响应情况，可以了解节点是否存活以及网络连接是否正常。

ping/echo 过程包括三个步骤。首先，源节点（监控节点）发送一个小的网络探测包（ping）到目标节点（被监控节点）。其次，被监控节点接收到 ping 后，如果被监控节点正常运行，它将返回一个确认响应（echo）。最后，监控节点接收到被监控节点返回的 echo 后，分析响应的内容和时间延迟等信息。如果监控节点在发送 ping 后的较短时间内即接收到 echo，说明被监控节点存活且网络连接正常。而如果监控节点在较长时间内没有接收到 echo，或者接收到的响应存在异常（如包丢失等），就可以判断被监控节点可能发生故障或存在网络问题。

如图 5-2 所示，假设西安电子科技大学的官网域名为 www.xidian.edu.cn，官网管理员可以在命令行终端中运行命令"ping www.xidian.edu.cn"以检测官网服务器的运行状态。如果服务器可达并正常响应，ping 命令会显示每个请求的往返时间以及丢失率。如果丢失率为 0% 且往返时间也在可接受范围内，管理员可以判定服务器的网络连接是稳定的。如果服务器不可达或无法正常响应，ping 命令会显示请求超时、目标主机不可达等错误信息。

```
C:\>ping www.xidian.edu.cn
正在 Ping www.xidian.edu.cn [2001:250:1006:7f10:202:117:100:6] 具有 32 字节的数据:
来自 2001:250:1006:7f10:202:117:100:6 的回复: 时间=34ms
来自 2001:250:1006:7f10:202:117:100:6 的回复: 时间=32ms
来自 2001:250:1006:7f10:202:117:100:6 的回复: 时间=38ms
来自 2001:250:1006:7f10:202:117:100:6 的回复: 时间=37ms
2001:250:1006:7f10:202:117:100:6 的 Ping 统计信息:
    数据包: 已发送 = 4，已接收 = 4，丢失 = 0 (0% 丢失),
往返行程的估计时间(以毫秒为单位):
    最短 = 32ms，最长 = 38ms，平均 = 35ms
```

图 5-2 对 www.xidian.edu.cn 发起 ping 命令的结果

在使用 ping/echo 策略时需要注意，在高延迟的网络环境下 ping/echo 可能无法准确反映目标节点的实际可用性。除此之外，某些安全设置和防火墙规则可能会阻止 ping 的传输和 echo 的返回，从而影响检测的结果。

2) 故障检测策略 2：心跳

心跳是一种周期性的通信机制，用于检测系统或组件是否存活。心跳策略常用于分布式系统、集群环境或容器化部署中。

心跳策略包括两个步骤。首先,被监控节点会定期发送一个心跳信号给监控节点。其次,监控节点接收并处理来自被监控节点的心跳信号。监控节点如果能定时接收到心跳信号,则说明被监控节点状态正常。如果监控节点在较长时间内没有接收到心跳信号,则说明被监控节点可能状态异常,需要进一步排查。表 5-19 是根据心跳信号不同的超时阈值进行处理的示例。

表 5-19 心跳信号不同的超时阈值对应的处理示例

超时阈值	系统状态判断	相应行为
5s	系统正常	不需要任何行为
30s	系统状态可疑	发起健康检查请求
90s	系统大概率已下线	给管理员发送警报并尝试重启

例如,某大型网络应用的管理员为了实时了解服务器的工作情况,会设置服务器在固定时间间隔内(如每 5min)向管理员发送心跳信号。管理员可能会收到的心跳信号如图 5-3 所示。根据心跳信号的内容,管理员可以得知 ServerA 服务器目前在正常运行,并且 CPU 利用率、内存利用率和剩余磁盘空间都处于可接受的范围内。

```
服务器名称:ServerA
当前时间:2023-12-08 10:00:00
运行状态:正常
CPU 利用率:32%
内存利用率:45%
磁盘剩余空间:52%
```

图 5-3 心跳信号内容示例

3) 故障检测策略 3:异常检测

系统运行过程中会产生一系列的事件和指标(如日志记录、性能指标等)。异常检测通过监测它们以识别出与正常情况不符的异常情况,并触发故障检测和恢复措施。利益相关者可以利用异常检测机制在故障发生之前或故障发生之后的较短时间内及时采取措施。

异常检测策略包括事件和指标收集、异常模型构建、异常检测与处理等步骤。在事件和指标收集步骤中,系统会收集和记录各种事件和指标,如日志记录、性能指标、错误码等(范例见表 5-20)。在异常模型构建步骤中,利益相关者基于收集到的事件和指标数据,利用统计分析、机器学习等技术构建异常模型,以描述正常操作和异常情况之间的差异。在异常检测与处理步骤中,系统根据异常模型监控实时产生的事件和指标,如果异常模型识别出异常,会触发记录错误日志、发出警报、自动恢复等异常处理措施。

表 5-20 事件和指标示例

数据类型	示例	用途
日志	错误日志	故障定位

续表

数据类型	示　　例	用　　途
指标	CPU 使用率	性能监控
错误码	HTTP 响应代码	网络状态诊断

图 5-4 是读取用户输入的两个整数并计算它们的商的 Java 代码。开发者使用 try-catch 语句来处理除数为零的异常。如果用户输入的除数为 0，程序将会抛出运算条件异常（ArithmeticException），开发者通过 catch 块捕获该异常并输出相应的错误提示信息。

```
public static void main(String[] args) {
    try {
        //由用户输入两个整数 num1、num2，代码从略
        int result = num1 / num2;
        System.out.println("结果为："+ result);
    } catch (ArithmeticException e) {
        System.out.println("除数不能为零，请重新输入！"); //捕获除数为 0 的异常
    }
}
```

图 5-4　处理除数为零异常的示例 Java 代码

2. 故障恢复

系统应具备自动或手动的故障恢复措施，以便在软件系统发生故障时尽快将系统恢复到正常状态，缩短系统不可用时间。软件开发者应根据系统需求和特性选择和综合使用适当的故障恢复策略，以确保系统的可用性。本方向中的具体策略包括投票、主动冗余/被动冗余、内部测试、检查点/回滚等。

1）故障恢复策略 1：投票

投票策略基于多个组件/节点之间的协作来实现系统的高可用性，适用于分布式系统和集群环境。特别是在面对网络故障、软件错误、硬件故障等不可预测的情况下，投票策略能够提供较强的容错能力和可恢复性。在投票策略中，多个组件/节点同时执行相同的任务，通过比较结果来判断是否存在故障。常见的投票机制包括多数表决和一致性算法。

多数表决：机制较为简单，系统中的每个组件/节点执行相同的任务，并将执行结果以投票的形式进行广播。然后，将收到的投票结果进行统计，并选择票数最多的结果作为最终的输出（少数服从多数）。

一致性算法：机制较为复杂，典型算法包括 Paxos[20] 和 Raft[21] 等。通过在系统中进行投票和协商来实现强一致性和容错性。一致性算法通常包括领导者选举、日志复制和数据一致性等机制，以确保系统在发生故障时能够达成一致的结果并继续正常运行。

如果系统对可用性要求很高，还可以将系统的关键组件/节点由不同的开发团队在不同的软、硬件平台上开发，以进一步降低多个组件/节点同时出现故障的概率。

2）故障恢复策略 2：主动冗余/被动冗余

主动冗余：在系统中部署多个相同的节点，完成同样的任务。当其中一个节点发生故障时，其他节点能够立即接管任务并继续提供服务。主动冗余的优势在于能够实时监测故

障,并及时启动备用节点,从而减少系统的停机时间,对外提供连续可靠的服务。

被动冗余:主节点和备用节点之间通常采用心跳或监控机制来实现故障检测和切换。当主节点发生故障时,备用节点会接管主节点的任务,并继续提供服务。被动冗余的优势在于只在必要时才启动备用节点,并减少了不必要的资源消耗,其缺点是通常比主动冗余的故障恢复时间更长。

主动冗余和被动冗余的对比如表 5-21 所示。

表 5-21 主动冗余和被动冗余的对比

考虑因素	主动冗余	被动冗余
监控	实时监测组件状态	通常依赖心跳或监控机制检测主节点状态
故障应对	恢复时间极短(因为备用组件同时在运行状态),能够快速响应组件故障,维持服务不中断	有延迟(因为备用组件需接管任务后才启动),需要准备时间响应故障,服务将有短暂中断
资源消耗	较高,因为所有节点都需要维护在活跃状态	较低,因为备用节点直到需要时才激活
适用场景	对系统可用性要求极高的情况	适用于允许有限停机时间且希望资源有效利用的场景
实施考虑	需要复杂的负载均衡和任务调度策略,成本和复杂性相对较高	需要确保故障检测机制足够可靠,切换过程不能过长,成本和复杂性相对较低

如何选择主动冗余和被动冗余取决于系统的可用性要求、预算等条件,也可以将主动冗余和被动冗余结合使用,以达到更高的可用性。合理的监控机制是保证冗余系统正常运行的关键,如何在故障发生时切换和恢复也需要提前进行充分的测试。

3)故障恢复策略 3:内部测试

内部测试(内测)指在系统正式上线前由开发团队、第三方测试团队或特定用户先进行测试,常用于网络游戏。

例如,某角色扮演网络游戏的开发团队在游戏实现了 80% 的功能后安排内测。在内测阶段,开发团队在游戏主题论坛中邀请了 200 位忠实玩家来试玩游戏。开发团队告知内测玩家尝试各种操作,并反馈试玩中发现的任何异常行为或者其他可优化的细节。开发团队收集和分析内测期间收到的用户反馈,并根据较多用户反馈的普遍性问题对游戏进行改进。

内测提供了用户反馈渠道,使开发团队能够及时发现和纠正软件系统中的缺陷,有利于系统正式上线后实现较高的可用性。

4)故障恢复策略 4:检查点/回滚

检查点/回滚策略用于在系统发生故障时,恢复到故障之前的稳定状态。

检查点:在系统正常运行时记录当前的关键系统数据和状态,相当于系统的快照。检查点可定期或按需生成,生成检查点时需要确保所有关键数据和状态已经正确保存,这样在回滚时才可以恢复系统到准确的状态。为了实现高效的检查点生成,可以采用增量或差异检查点的方式,只记录发生变化的数据或状态,以减少生成检查点的资源消耗和时间。

回滚:根据保存的检查点将系统恢复到之前的状态。当系统发生故障或错误时,回滚操作可以将系统还原到最近一个检查点所记录的状态。

例如,PowerPoint 具备"自动保存"功能,可以在用户编辑文档时定期保存,以防止计算机出现异常造成数据丢失。如图 5-5 所示，PowerPoint 默认每隔 10min 会自动对用户当前的编辑结果进行保存。如果在编辑过程中不慎发生了系统崩溃，用户可以重新打开软件并恢复到最近一次自动保存时的状态，即最多只会损失最近 10min 的工作。

图 5-5　PowerPoint 中"自动保存"功能设置

3. 故障避免

故障避免方向的策略旨在帮助系统在出现故障时，最小化对用户的影响并确保系统继续运行。本方向中的具体策略包括服务下线、事务、进程监控等。

1）故障避免策略 1：服务下线

服务下线策略是在系统遇到故障或异常状况时，主动将受影响的服务从线上环境中移除。在下线存在故障的服务后，系统可以继续处理其他正常运行的服务，以避免故障服务对整个系统的稳定性和可用性造成进一步的影响。服务下线包含 4 个步骤：检测故障、下线通知、关闭服务、故障处理和修复。

检测故障：当系统通过实时监控、预警系统或日志分析等手段检测到某个服务出现故障或异常时，即可启动服务下线策略。

下线通知：一旦故障被检测到，系统会自动触发下线通知，将受影响的服务从线上环境中移除。例如，通知负载均衡器从路由列表中将服务移除，或者发送指示给服务注册表使其无法被其他组件或服务发现。

关闭服务：服务下线时，应尽可能避免影响现有的客户端请求和正在进行的业务操作。应停止接收新请求，并逐渐完成正在处理的请求。

故障处理和修复：在服务下线后，检查日志、分析故障原因并执行相应的修复措施。一旦修复完成，服务可以重新上线。

服务下线主要具备三个优点。第一，通过及时、主动地下线故障服务，可以最小化故障对整个系统的影响范围和持续时间，有助于保护其他正常运行的服务和系统的可用性。第二，可以避免出现故障的服务产生连锁反应导致更多服务受影响（级联故障），甚至最终导致整个系统的崩溃。第三，服务下线为修复故障提供了空间和时间。在服务下线期间，可以对故障进行进一步的调查、分析和修复，有助于尽快恢复服务的正常运行。

例如，有某在线购物平台在周五 21 点突然发生了数据库故障，导致用户无法正常浏览商品、下单和付款。实时监控系统在故障发生后的 10min 内检测到了故障并通知了运维团队。为了保证平台的可用性，团队立即采取了服务下线策略来应对系统故障和传染效应。首先，运维团队利用负载均衡器将受影响的服务从线上环境中移除，以确保没有新的用户请求会被转发到故障的数据库节点。其次，平台向用户发送通知告知当前的故障情况，通知中包含故障的原因、预计修复时间等信息，以减少用户的不满。之后，运维团队检查日志并分析数据库的状态，以排查和修复故障。一旦数据库故障得到修复，运维团队将服务重新上线,并确保其正常运行。此后,他们对服务进行额外的监控,以确保数据库运行稳定,减少未来类似故障的发生。

2)故障避免策略2:事务

事务将一系列操作组合在一起,要么全部成功执行,要么全部回滚。如果一个事务在执行当中出现故障,事务管理框架可以回滚未完成的事务,将系统恢复到故障发生之前的状态。事务可以避免数据的不一致性和损失,并保护系统不发生进一步的故障。

事务具有原子性(atomicity)、一致性(consistency)、隔离性(isolation)和持久性(durability)4个特性,各特性的说明见表5-22。

表5-22 事务的特性

特性	说明
原子性	事务要么全部操作成功执行,要么全部回滚(撤销)
一致性	事务在执行前和执行后系统必须保持一致的状态;如果事务成功提交,系统的状态将从一个一致性状态转变为另一个一致性状态;如果事务失败或被回滚,系统将返回到原始一致性状态
隔离性	每个事务在执行中是相互隔离的,即使多个事务同时进行,它们之间也不会相互干扰或影响
持久性	事务一旦成功提交,其结果将被永久保存,并且即使在系统发生故障或崩溃的情况下,事务的更改也将得到保留

事务的运行包括开始事务、执行操作、提交或回滚三个步骤,具体内容如表5-23所示。

表5-23 事务的运行包含的步骤

步骤	内容
开始事务	事务开始时,系统会为它分配唯一的标识并记录事务的起始点。此时,开始收集事务执行期间所涉及的所有操作
执行操作	事务执行中,涉及的操作被逐步执行。一个事务内包含的各项操作是作为整体执行的
提交或回滚	当所有操作成功执行完成后,事务可以选择提交或回滚。如果事务中的各项操作均执行正常,该事务将被提交,所有更改将永久保存。如果在事务执行期间发生故障或错误,事务将被回滚,所有更改将撤销

事务状态的示例如表5-24所示。

表5-24 事务状态示例

事务ID	状态	操作	结果
T1	开始事务	记录起始点	等待操作
T2	执行操作	读取/写入/更新/删除数据	执行中
T3	提交/回滚	检查一致性	提交成功/回滚
T4	故障/恢复	使用事务日志进行恢复	恢复到一致性状态

例如,某银行提供了在线转账服务,为确保转账过程的安全性和一致性,采用事务来处理转账操作。在用户A向用户B转账的过程中,系统会为A的账户扣除转账金额,并为用

户 B 的账户增加相应的金额。这两个操作被视为一个原子单位,要么全部执行成功,要么全部回滚。

3) 故障避免策略 3:进程监控

进程监控策略通过定期收集和分析各种指标(如 CPU 利用率、内存使用率、磁盘传输速率、网络延迟等)来评估进程的健康状况。

系统定期对监控指标进行采样,如果发现某个指标不在正常范围内即判定进程出现异常。一旦检测出异常,系统会发出警报并通过邮件、短信、即时通信工具或监控平台通知等方式,将异常信息(进程名称、异常指标、异常原因和建议的处理措施等)通知相关人员。相关人员可以采取重启进程、分配更多资源、调整进程参数等措施排查并修复故障。

通过实时监控进程,系统能够快速检测到进程的异常状态或故障,这有助于迅速发现和解决问题,减少故障对系统的影响。通过监控进程的状态和性能,可以及时发现潜在的故障风险并采取预防措施。这有助于避免故障的发生,并提前进行维护和修复,保障系统的稳定性。进程监控可以提供关于进程的详细数据和指标。通过对其进行分析,系统可以识别性能瓶颈和优化机会,并采取相应的措施来提升系统的效率和性能。

例如,Windows 操作系统中自带任务管理器具有进程监控、进程终止和启动、资源消耗分析、进程优先级调整等功能。如图 5-6 所示,用户在任务管理器中可看到当前正在运行的进程名称、运行状态等信息,以及进程的 CPU 占用率、内存使用量和网络流量等性能指标。用户可以利用进程管理器分析占用了过多的系统资源的进程,并终止出现异常的进程。对于需要提高其响应能力和执行效率的进程,用户可以提高其优先级以确保该进程能够更多地获得系统资源。

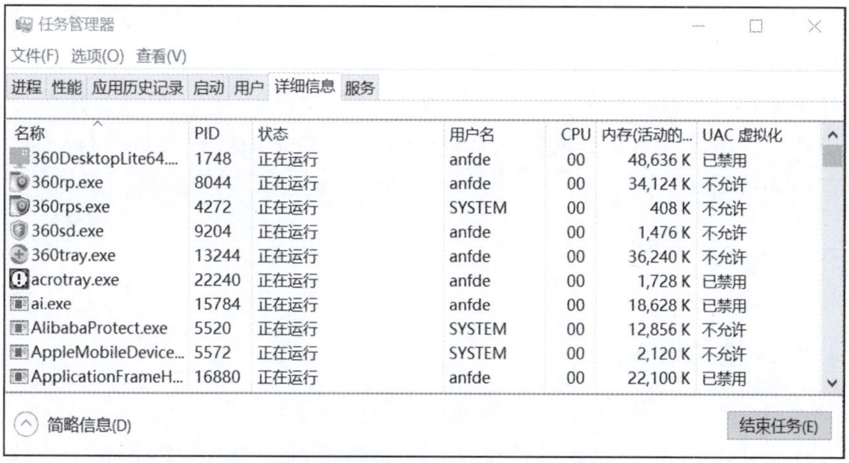

图 5-6 任务管理器查看当前运行的进程

5.2.4 提高软件可用性的措施实例

本节以键值存储系统 Etcd 和分布式协调服务 ZooKeeper 为例,介绍真实软件中提高可用性的措施。

1. Etcd

开源分布式键值存储系统 Etcd 基于 Go 语言实现,常被用于共享配置和服务发现。为了提高可用性,它使用了多节点部署、选举机制、健康检查等措施。

多节点部署:Etcd 采用多节点部署方式,通过数据复制方案,将数据复制到多个节点上。即使某个节点发生故障,系统仍能保持正常运行,不会出现数据丢失或不可用的情况。

选举机制:Etcd 使用 Raft 协议的选举机制来实现分布式一致性。被选举出的领导者节点负责处理写请求,并将数据同步到其他节点。如果领导者节点发生故障,其他节点将通过选举机制来选出新的领导者,从而确保系统的可用性。

健康检查:Etcd 会对集群中的每个节点进行健康检查,以确保它们都在正常工作状态。如果某个节点出现故障或无法响应请求,Etcd 会将其从集群中移除,以避免对系统的整体性能产生影响。

2. ZooKeeper

开源分布式协调服务 ZooKeeper 基于 Java 语言实现,常被用于维护服务配置信息、命名空间、提供分布式的同步服务。为了提高可用性,它使用了分布式架构、领导者选举、过半数原则、日志机制、监控和告警等措施。

分布式架构:ZooKeeper 采用分布式架构,将多个服务器节点组织成一个集群。这种架构允许集群在部分节点出现故障时仍能保持正常工作,提高了系统的可用性。

领导者选举:ZooKeeper 集群中的节点通过 Fast Paxos 等领导者选举算法选举出一个领导者节点。领导者节点负责处理写请求,并将数据同步到跟随者节点。这种机制确保了在领导者节点故障时,能够快速选举出新的领导者,保证服务的连续性。

过半数原则:ZooKeeper 集群中的操作需要得到过半数节点的确认才能被提交。这确保了即使部分节点出现故障,只要剩余节点数量超过半数,集群仍然能够正常工作。

日志机制:ZooKeeper 使用日志机制来记录集群中的操作历史。这有助于在系统故障时恢复数据,并确保数据的一致性和可靠性。

监控和告警:ZooKeeper 提供了丰富的监控和告警功能,可以实时监控集群的状态和性能指标。当集群出现异常情况时,ZooKeeper 会触发告警通知管理员进行处理,从而确保系统的稳定性和可用性。

5.3 可修改性

5.3.1 可修改性的含义

1. 可修改性的概念

可修改性(modifiability)是指软件系统易于被修改(修改成本低)的能力。修改主要包括修正、改进和适应需求变更 3 方面。当软件中出现漏洞、错误或缺陷时,可修改性体现在系统能够容易地进行修正,包括定位问题、修正问题、用测试验证修正的正确性。对系统的改进可能涉及对代码的调整、算法的优化,甚至是对系统的重构。可修改性要求系统能够快速、高效地进行各种需求的变更,包括添加新功能、修改现有功能以及调整系统的配置。

2. 可修改性的关注点

软件系统利益相关方对于可修改性的关注点主要包括修改的成本、修改的对象、修改的发生时间、修改的执行者 4 方面。

修改的成本：成本可以包括金钱、时间、人力等。一个具有良好可修改性的系统应该使得修改成本尽可能降低，例如，通过合理的架构和设计模式来减少对系统其他部分的影响，以提高开发和维护的效率。

修改的对象：包括软件的不同层次，如用户界面、业务逻辑和数据访问层等。了解哪些部分受到修改的影响，有助于对系统进行合理的变更管理和控制。此外，还需要考虑不同部分之间的依赖关系，避免蝴蝶效应产生过度的修改。

修改的发生时间：系统应该允许在开发过程中和系统部署后进行修改，以满足不断变化的需求。

修改的执行者：确定由谁来进行修改以及不同修改执行者的职责分工。通过团队成员之间的沟通和协作来对软件进行正确、高效的修改，常用变更管理和版本控制工具来实现多人在修改上的协作。

3. 可修改性的度量指标

在度量软件系统的可修改性时，常使用修改完成的时间、修改所花的人力成本/经济成本两个指标。

修改完成的时间：通过监测和记录每次修改所需的时间以及将其与预定计划进行比较，可以评估修改完成的时间。降低修改完成的时间，可以提高软件系统开发和维护的效率，并使系统能够更快地响应变化的需求。

修改所花的人力成本/经济成本：在评估修改所花费的人力成本方面，可将总人力成本细化为不同修改执行者的人力成本之和。在评估修改所花费的经济成本方面，应考虑开发工具和设备的投资、对外部资源的需求以及修改对系统整体的性能和稳定性的影响。降低修改所花的人力成本/经济成本，可以让产品比竞品具备更高的竞争力。

5.3.2 可修改性的质量属性场景

1. 可修改性质量属性场景的 6 个组成部分

可修改性质量属性场景的 6 个组成部分的常见情况如表 5-25 所示。

表 5-25 可修改性质量属性场景的 6 个组成部分

组成部分	具体描述
刺激源	设计人员、开发者、终端用户等利益相关者都可能进行需求变更、新功能添加或改进现有功能等操作
刺激	可能是软件系统出现需求变更或者缺陷/错误，也可能是系统性能不达预期或存在瓶颈因此需要对系统进行优化或重构以提高性能
制品	可能只需要修改用户界面，也可能需要修改后台的业务逻辑代码或者和其他外部系统交互的接口
环境	修改发生时，软件系统可能处于设计期间、开发期间或运行期间
响应	修改的执行者需要先理解如何修改，再进行修改。修改完成后需要进行测试，测试无误后再将修改后的系统重新部署并上线
响应度量	常用的指标包括修改完成的时间、修改所花的人力成本/经济成本等

2. 可修改性质量属性场景示例：设计阶段修改用户界面

某软件系统需要在设计阶段修改用户界面，此时的可修改性质量属性场景如表 5-26

所示。

表 5-26 可修改性质量属性场景示例（在设计阶段修改用户界面）

组成部分	具体描述
刺激源	用户对设计人员提供的用户界面草图进行评估后，指出了难以理解等体验不佳的问题
刺激	系统的用户界面存在设计上的问题，需要进行修改以提供更好的用户体验
制品	此时的修改影响用户界面
环境	系统处于设计阶段
响应	根据用户反馈，设计人员对用户界面进行修改和调整，包括重新设计布局、优化交互流程等
响应度量	修改用户界面所花费的时间为 5 小时

5.3.3 可修改性的实现策略

可修改性对于软件系统的长期维护和持续演化很重要，可修改性的目标主要是降低修改所需的时间和成本。通过采取适当的策略和方法，可以减少修改所需的工作量、缩短开发周期、提高开发效率。实现系统的可修改性将更好地支持软件系统的持续演化和维护，以便能够快速响应变化的需求和环境。

可修改性实现策略主要关注两个方向：限制修改范围、延迟绑定时间。

1. 限制修改范围

限制修改范围方向的策略旨在确保修改的影响范围尽可能小，以减少对整个系统的影响和风险。通过模块化设计和松耦合架构，将系统划分为独立的模块或组件。这样，当需要修改系统时，只需关注受影响的模块，而不会影响其他模块的功能和稳定性。本方向中的具体策略包括模块高内聚低耦合、考虑未来的修改、使用通用化模块、隐藏信息、维持接口不变、限制通信路径、使用中介、命名服务等。

1）限制修改范围策略 1：模块高内聚低耦合

高内聚是指模块内部的元素之间紧密相关，共同完成特定的功能或职责。低耦合是指模块之间的依赖和相互作用较少，各个模块之间的关系较松散，修改一个模块不会对其他模块的功能和稳定性造成较大影响。常见的用于实现高内聚、低耦合的方法如表 5-27 所示。

表 5-27 实现高内聚、低耦合的方法

类型	方法	描述
高内聚	功能内聚	将执行相似功能的元素集中在同一模块内，强化模块功能的独立性
高内聚	数据内聚	将处理同一数据集的操作集中在同一模块内，实现数据的一致性
低耦合	松散耦合	通过接口和抽象来减少模块间的直接依赖，实现模块之间通信的解耦合
低耦合	依赖倒置原则	模块不直接依赖具体的实现，而是依赖抽象的接口，通过依赖注入等方式降低依赖

下面以某音乐播放 App 的功能模块分解来进行说明。某音乐播放 App 采用模块高内聚、低耦合的策略将功能划分为用户界面模块、音乐管理模块、播放控制模块和音乐解码模

块。各模块的职责及交互关系如表 5-28 所示。

表 5-28　音乐播放 App 中各模块的职责

模 块 名 称	职　　责	需要产生交互的模块
用户界面	处理用户与软件进行交互的界面展示和相应操作	音乐管理、播放控制
音乐管理	音乐的增删改查、列表管理等功能	用户界面、音乐解码
播放控制	音乐的播放、暂停、停止和进度控制等功能	用户界面、音乐解码
音乐解码	解码音乐文件使其可以被播放器识别	音乐管理、播放控制

模块化设计使得音乐播放器软件易于扩展和修改，例如，当需要添加新的音乐格式支持时，只需修改音乐解码模块，而不会对其他模块产生影响。同时，模块化的设计也便于团队的合作开发，不同开发人员可以并行开发各个模块以提高开发效率。

2）限制修改范围策略 2：考虑未来的修改

本策略旨在预测未来可能发生的需求变化和系统演化，并据此进行合理的架构设计，为可能的修改留下适当的扩展点，以此降低修改的成本。在考虑未来的修改时，可以关注需求分析、用户反馈、市场趋势 3 方面，其对比分析如表 5-29 所示。

表 5-29　需求分析、用户反馈、市场趋势的对比

关 注 点	方　　法	目　　标
需求分析	与用户及专家交流、市场调查	确定需求的不确定性和变化点，留出扩展点
用户反馈	收集和分析反馈意见和建议	及时发现新需求和问题，调整设计以适应需求变化
市场趋势	关注技术发展和行业标准变化	预测需求趋势，为潜在的系统演化做准备，防止技术过时

例如，某在线购物平台被划分为用户管理模块、商品管理模块、订单管理模块和支付管理模块。开发团队考虑到可能会发生新增商品分类功能、支付方式扩展、用户个性化推荐三项修改。

通过在商品管理模块中引入了一个独立的商品分类模块负责管理商品分类信息、进行分类的增删改查等操作。当需要新增商品分类功能时，只需在商品管理模块中新增对商品分类模块的调用，并在用户界面中增加相关的界面元素。通过在支付管理模块中采用插件化架构，支持根据需求动态加载不同的支付插件，并提供统一的接口供订单管理模块进行支付操作。当需要新增支付方式时，只需开发对应的支付插件，并将其添加到支付管理模块的插件列表中，而不需要修改订单管理模块的代码。通过在订单管理模块中增加个性化推荐模块的接口，负责分析用户的购买行为、偏好等信息，并为用户推荐相关的商品。当需要引入个性化推荐功能时，只需开发个性化推荐模块，并将其接口集成到订单管理模块中，而不会对用户管理模块和商品管理模块产生影响。

3）限制修改范围策略 3：使用通用化模块

通过使用通用性强的模块，可以降低修改的范围。例如，系统的客户端使用浏览器控件来展示网页形式的用户界面，通过修改服务器端的网页即可实现用户界面的变更，而不需要修改客户端。

如图 5-7 所示，在 PC 版 QQ 客户端启动时，会弹出腾讯网迷你版的窗口来展示不同行业的新闻。QQ 中对该功能的实现是用浏览器控件打开腾讯网迷你版的主页（https://mini.qq.com/）。当主页内容发生变化时，用户计算机上弹出的腾讯网迷你版窗口中显示的内容会同步变化，而不需要对用户计算机上安装的 QQ 客户端进行修改。

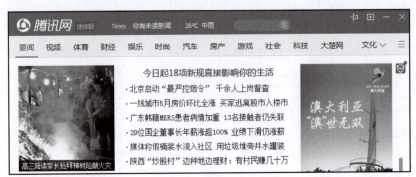

图 5-7　腾讯网迷你版

4）限制修改范围策略 4：隐藏信息

常见的应被隐藏在模块内部的信息包括实现细节、数据、算法/业务逻辑，其具体内容如表 5-30 所示。

表 5-30　应被隐藏在模块内部的信息

隐藏信息	描述
实现细节	仅通过公共接口暴露功能，隐藏模块如何实现这些功能的细节
数据	通过接口控制数据访问，保护数据不被外部直接访问，保证数据的安全与完整性
算法/业务逻辑	对具体实现进行封装，通过接口对外提供服务，修改内部实现不影响其使用者

通过隐藏实现细节，其他模块无须了解内部的具体实现方式，只需通过接口进行交互。通过隐藏数据，其他模块只能通过指定的方法来访问和修改数据，这样可以保护数据的完整性和一致性。通过隐藏算法/业务逻辑，对算法/业务逻辑的修改将被局限在模块内部，而不会影响其他模块。

5）限制修改范围策略 5：维持接口不变

维持接口不变策略通过在修改系统时尽量保持接口的稳定性，来减少模块修改的传播效应，避免对其他模块产生不必要的影响。维持接口不变的具体方法包括版本控制、适配器模式、增量式开发、接口文档和测试。

使用版本控制机制来管理接口的演进。当需要对接口进行修改时，在新的版本中新增或修改功能，而不直接改变旧版本的接口。这样，旧的接口仍然可以被使用，而新的接口可以满足新的需求。引入适配器将新接口转换为原有接口，以便其他模块仍然可以使用旧的接口进行交互，而无须对其进行修改。采用增量式开发的方式，分阶段进行系统的设计和开发。在每个阶段完成后，对接口进行评估和验证，确保接口的稳定性。编写清晰明确的接口文档，规定接口的用法和预期行为，同时进行测试来验证接口是否按照文档中的规范被使用。

不同方法的优点和注意事项对比如表 5-31 所示。

表 5-31　维持接口不变的方法对比

方　　法	优　　点	注 意 事 项
版本控制	旧客户端不受影响	管理多个版本可能复杂
适配器模式	允许平滑过渡	适配器需要维护
增量式开发	及早发现问题,减少风险	需要严格阶段控制
接口文档和测试	增强接口使用的一致性	文档和测试须持续更新

例如,某电子商务平台中的支付模块会调用银联、支付宝、微信支付等支付服务提供商的接口。为了避免支付服务提供商的接口发生变化对平台的影响,开发团队设计了支付接口适配器。支付接口适配器负责将稳定的支付模块接口转换为支付服务提供商所要求的接口格式。在实际支付服务提供商的接口发生变化时,只需要修改适配器的实现,而不需要对支付模块进行修改。

6)限制修改范围策略 6:限制通信路径

限制通信路径策略通过在内部复杂的软件系统中专门设计一个模块与外部系统进行交互,避免了外部系统直接访问本系统的内部子系统。如果内部子系统发生了修改,只要负责与外部系统进行交互的模块对外提供的接口不需要修改,就不影响外部系统对本系统的使用。实现限制通信路径策略的具体方法包括门面模式、API 网关、反向代理、中间件、Web 服务代理等,详细描述见表 5-32。

表 5-32　实现限制通信路径策略的方法

方　法	描　　述	优　　点	缺　　点
门面模式	为内部子系统提供一个统一、简化的外部接口	将复杂的子系统与外部系统隔离,提供简洁的接口	需要适当定义门面接口,增加一层间接性
API 网关	使用专门的 API 网关,集中管理系统与外部系统之间的通信	简化外部系统对内部系统的访问,统一接口、认证和安全策略	需要额外的 API 网关,对性能造成一定影响
反向代理	将外部请求转发到内部子系统,并返回结果给外部请求方	隐藏内部子系统的实现细节,提供一致的外部接口	需要管理代理的配置和性能,可能增加延迟
中间件	基于消息传递机制,通过中间件进行内部子系统和外部系统之间的通信	解耦内部子系统和外部系统,提供异步和灵活的通信方式	需要额外的中间件和消息传递机制,增加复杂性
Web 服务代理	使用 Web 服务代理作为外部和内部子系统之间的桥梁	提供一致的访问入口,隐藏内部子系统的实现细节	需要管理和维护 Web 服务代理,可能增加延迟

7)限制修改范围策略 7:使用中介

使用中介是一种常用的策略,用于在软件体系结构中管理模块之间的通信。在引入中介后,之前需要直接发生交互的模块只需通过中介进行通信,而不直接依赖于彼此,以此降低修改的传播范围,提高系统的可修改性。使用中介策略的具体方法包括使用中介模式、事件总线、服务注册与发现等,详细描述见表 5-33。

表 5-33 实现限制通信路径策略的方法

方法	描述
中介模式	中介充当模块间的中间人,负责协调和转发通信请求。当需要修改某个模块时,只需修改中介模式中的中介逻辑,而不需要修改其他模块
事件总线	模块可以将事件发送到事件总线,其他模块根据订阅的事件来触发相应的处理逻辑。当需要修改某个模块时,只需更新事件总线的事件分发逻辑,而不需要修改其他模块
服务注册与发现	模块在启动时将自己注册到服务中心,其他模块可以通过服务中心来发现和调用需要的模块。当需要修改某个模块时,只需更新服务中心的注册信息,而不会影响其他模块

例如,某电子商务平台具有用户界面、商品库存管理、支付系统和物流跟踪等功能模块。为了确保系统的可修改性,开发团队使用中介模式来解耦各个模块之间的通信和交互。

首先,定义 Mediator 接口,其中包括各个组件之间的通信方法。这个接口可以让各个组件通过中介进行交互,而不是直接相互引用。其次,创建 EcommerceMediator 中介类,实现 Mediator 接口。该类持有各个组件的引用,并负责处理它们之间的通信。在系统初始化阶段,各个组件将自己注册到 EcommerceMediator 中,中介就可以管理和跟踪各个组件,并确保它们之间的通信和协作正常进行。当一个组件需要与其他组件进行通信时,它只需通过中介调用相应的方法,将消息发送给其他组件。中介类负责按照定义的通信规则,将消息传递给目标组件,使它们能够相互配合完成所需的操作。

8) 限制修改范围策略 8:命名服务

命名服务提供中心化的映射机制,将系统中各服务的名称映射到服务所在的网络地址。利用命名服务,服务的使用者可以通过名称访问服务,而无须关心服务所在的具体网络地址。命名服务提供的功能包括命名服务注册、命名服务查询、动态注册和注销、命名服务更新等,详细描述见表 5-34。

表 5-34 命名服务提供的功能

功能	描述
注册	每个服务在启动时,向命名服务注册自己的名称和地址信息
查询	命名服务根据服务名称查找注册表,返回相应服务的地址
注销	每个服务可以注销自己的名称和地址
更新	在服务启动、停止或位置变化时,及时更新注册表中的信息

2. 延迟绑定时间

延迟绑定时间方向的策略旨在推迟系统中各种决策和绑定的时间,以便在需要修改系统时能够更灵活地做出调整。本方向中的具体策略包括配置文件、发布/订阅模式、多态等。

1) 延迟绑定时间策略 1:配置文件

配置文件通常以文本文件的形式存在,包含软件系统中的各种配置项和设置,如数据库连接参数、服务器端口、日志级别、外部服务的地址等。当用户需要修改系统的行为时,只需要修改配置文件的内容,而无须重新编译和部署整个应用程序。

配置文件具有可扩展性、适应环境性和可维护性三方面的优势,详细描述见表 5-35。

表 5-35 配置文件的优势

优 势	描 述
可扩展性	当需要引入新的功能或调整现有的行为时,只需在配置文件中添加新的配置项或修改现有的配置项,并相应地更新代码以适应变化
适应环境性	通过使用不同的配置文件,为开发、测试和部署等环境配置不同的设置,以满足特定环境的需求
可维护性	配置文件通常具有良好的结构和文档化的格式,将配置信息与代码分离有助于开发和维护人理解和修改配置项,而无须深入了解整个代码逻辑

常见的配置信息如表 5-36 所示。

表 5-36 常见的配置信息

配 置 项	描 述	示 例
数据库连接参数	指定应用程序如何连接数据库	主机名、端口、用户名、密码
服务器端口	指定应用程序运行的端口号	80、443
日志级别	设置系统日志输出的详细程度	INFO、DEBUG、ERROR
外部服务的地址	指定应用程序调用的外部服务的地址	URL 地址、IP 地址
可配置模块列表	所有可在运行时配置的模块列表,包括与功能相关的设置、参数和选项等	模块名称、默认值、说明

例如,某音乐播放器应用程序支持不同的主题和语言设置。开发团队可以使用 XML 和 INI 两种格式的配置文件来实现这一需求,如图 5-8 所示。

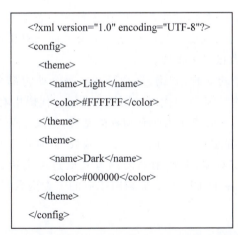

图 5-8　XML 格式(左)与 INI 格式(右)配置文件示例常见的配置信息

XML 格式配置文件用两个＜theme＞标签分别描述了浅色(Light)和深色(Dark)主题的颜色。在代码中可以使用 DOM 或 SAX 等 XML 解析库来读取 XML 配置文件并获取所需的配置信息。INI 格式配置文件描述了英文和中文界面的语言环境。在代码中通过解析 INI 文件内容来获取配置信息。

2)延迟绑定时间策略 2:发布/订阅模式

在发布/订阅模式策略中,组件之间的通信通过消息的发布和订阅来实现。发布者在发布消息后,其订阅者会得到通知。发布者和订阅者之间并无直接依赖关系。系统在运行时可以动态地添加、修改或移除订阅关系,实现组件之间的松耦合。

发布/订阅模式包含发布者(publisher)、订阅者(subscriber)、事件总线(event bus)三个核心概念,详细描述见表 5-37。

表 5-37 发布/订阅模式的三个核心概念

优势	描述
发布者	负责产生(发布)消息,并不直接发送消息给特定的订阅者,而是将消息发送到事件总线
订阅者	通过向事件总线注册来表达对特定类型的消息感兴趣。一旦订阅者注册成功,它将开始接收匹配其订阅条件的消息
事件总线	消息的中央枢纽,接收发布者发送的消息,并将其分发给所有订阅者。它在发布者和订阅者之间充当了解耦作用的角色

发布/订阅模式通过降低发布者与订阅者之间的耦合度,以实现延迟绑定时间的效果。发布者只需将消息发送到事件总线,而无须知道哪些订阅者将接收该消息。这种松耦合的结构使得各个组件能够独立地进行修改和扩展,而不会对整个系统产生重大影响。在发布/订阅模式中,订阅者可以根据需求动态地添加或移除订阅关系。系统能够根据需求的变化来动态地增加或减少消息的消费者,而不会对系统的其他部分产生影响。

在分布式环境中,各个发布者和订阅者可以位于不同的节点上,而事件总线则可以负责在整个系统中进行消息的传递和协调。这种松耦合和分布式的特性使得系统能够更好地适应分布式的特点,提高系统的可伸缩性和可靠性。

3)延迟绑定时间策略 3:多态

多态通过基类或接口定义通用的行为,而具体的实现可以在运行时动态地选择。通过使用多态,开发者可以通过修改具体实现类来改变系统的功能。主流的面向对象编程语言大多支持多态机制,开发者可以使用继承和接口来实现多态。

假设某动物园管理系统中有不同类型的动物,如狗、猫和狮子。每个动物都会发出声音,但不同的动物发出的声音不同,多态的示例 C++代码如图 5-9 所示。代码中有 Animal(动物)、Dog(狗)和 Cat(猫)三个类型。Animal 类作为所有动物的基类,定义了一个虚函数 makeSound()。Dog 和 Cat 类继承动物类并重写了 makeSound()函数,分别用于狗和猫发出声音。主函数中创建了不同类型的动物对象,并使用多态的方式通过基类指针调用其 makeSound()方法。实际执行时将根据对象的实际类型来调用相应的子类函数,输出对应动物的声音。

5.3.4 提高软件可修改性的措施实例

本节以数据库系统 PostgreSQL 和 HTTP 服务器 Apache HTTP Server 为例,介绍真实软件中提高可修改性的措施。

1. PostgreSQL

开源对象-关系数据库系统 PostgreSQL 基于 C 语言实现。为了提高可修改性,它使用了模块化设计、可扩展的 SQL 和插件、触发器和规则、外部数据源支持等措施。

模块化设计:PostgreSQL 采用模块化设计,将不同功能划分为独立的模块。这使得开

```cpp
class Animal { //动物（基类）
public:
    virtual void makeSound() {
        std::cout << "动物发出声音" << std::endl;
    }
};
class Dog : public Animal {//狗（派生类）
public:
    void makeSound() override {
        std::cout << "狗发出汪汪的声音" << std::endl;
    }
};
class Cat : public Animal {//猫（派生类）
public:
    void makeSound() override {
        std::cout << "猫发出喵喵的声音" << std::endl;
    }
};
int main() {
    Animal* dog = new Dog();
    Animal* cat = new Cat();
    dog->makeSound();   //输出：狗发出汪汪的声音
    cat->makeSound();   //输出：猫发出喵喵的声音
}
```

图 5-9　多态代码示例

发者可以单独修改或替换特定模块，而不需要对整个系统进行大量改动。PostgreSQL 还允许在运行时动态加载和卸载扩展模块，这使得开发者可以根据需要添加或删除功能，而无须重启整个数据库系统。

可扩展的 SQL 和插件：PostgreSQL 支持自定义 SQL 数据类型、函数、操作符和索引方法等。这允许开发者根据自己的需求扩展 SQL 的功能，提高系统的灵活性。PostgreSQL 还允许第三方开发者通过开发插件来为系统添加新功能或改进现有功能。

触发器和规则：PostgreSQL 支持触发器（triggers）功能，允许在数据表上定义当特定事件（如插入、删除等）发生时自动执行的 SQL 语句或 PL/pgSQL 代码块。通过触发器，开发者可以在不修改原始 SQL 语句的情况下，添加额外的逻辑来处理数据修改操作。类似于触发器，PostgreSQL 的规则功能允许开发者定义在查询执行过程中应用的转换规则。它们可以修改查询的语义，使开发者能够灵活地控制查询的执行过程。

外部数据源支持：PostgreSQL 支持通过外部数据源（如 ODBC、JDBC 等）访问其他数据库系统。这使得开发者可以在 PostgreSQL 中集成并处理来自不同系统的数据，增加了系统的灵活性和可修改性。

2. Apache HTTP Server

开源 HTTP 服务器 Apache HTTP Server 基于 C 语言实现。为了提高可修改性，它使用了模块化设计、配置文件、扩展 API、支持多操作系统、虚拟主机等措施。

模块化设计：Apache HTTP Server 的核心采用模块化设计，使得各种功能可以通过添加或移除模块来实现。这种设计允许用户根据实际需求定制服务器，只加载必要的模块，也支持在运行时动态加载和卸载模块，从而提高了服务器的灵活性和可修改性。

多操作系统支持：Apache HTTP Server 可以在 Windows、Linux 等多种操作系统上运行，能够适应不同的环境和需求。

扩展 API：Apache 提供了丰富的 API，允许开发者编写自定义的模块来扩展服务器的功能。

虚拟主机：Apache HTTP Server 允许在同一台服务器上配置多个独立的网站或服务。通过虚拟主机，管理员可以为每个网站或服务配置独立的设置和参数，从而提高了服务器的灵活性和可修改性。

配置文件：httpd.conf 等配置文件具有清晰的结构和易于理解的语法，便于用户修改和扩展配置。配置文件中的指令和参数可以针对特定的目录、虚拟主机或全局设置进行调整，以满足不同的需求。

5.4 性能

5.4.1 性能的含义

1. 性能的概念

性能（performance）是指软件系统在给定条件下执行任务或提供服务时所展现的效率或速度。高性能的软件系统能够以较短的时间完成任务，同时具备较高的响应速度和处理能力。

性能对于用户体验和系统功能非常重要。用户期望软件能够快速响应，以便其能够高效地完成工作。无论是网页的加载时间、应用程序的启动时间还是数据查询的响应时间，用户都倾向于使用响应更快的系统。对于在线游戏、实时通信或控制系统等实时性要求高的系统，因为延迟可能导致用户体验的严重下降或系统功能的失效，性能对于此类系统的重要性很高。

2. 性能的关注点

在软件体系结构中，性能的关注点是系统对事件的响应速度。响应速度是指系统在接收到事件或请求后，做出相应的反应所花费的时间。它受到事件数量、事件到达模式和系统的处理能力等因素的影响。

事件数量：如果系统需要处理的事件数量增加，可能会因为处理它们的时间增加而导致响应延迟。例如，在一个电子商务网站上，当有许多用户同时提交订单时，系统需要处理更多的请求，响应时间可能会变长。

事件到达模式：如果事件以均匀的速率到达系统，系统可以通过预测事件的到达时间来较好地响应事件。如果事件以突发的方式到达系统，系统可能需要更多的时间和资源来应对，从而导致响应时间延迟。例如，在一个社交媒体平台上，当某个重要新闻发生时，大量用户会同时发表评论或点赞，对系统的响应速度造成挑战。

系统的处理能力：高性能的系统应该具备足够的处理能力，以能够快速响应事件。这涉及系统的硬件资源（处理器、内存、存储等）和软件设计（并发处理、异步执行等）。通过设计和优化系统的架构，可以提高系统的处理能力，从而减少响应时间。

3. 性能的度量指标

在软件体系结构中，性能的度量主要考虑软件系统在处理给定任务或执行特定操作时所需的时间。常见的性能度量指标包括响应时间、处理时间、完成时间等，具体说明如表 5-38 所示。

表 5-38　性能的度量指标

指标	说明
响应时间	用户发出请求后系统开始给出响应的时间间隔。包括系统完成请求的处理和生成响应结果所需的时间
处理时间	系统在完成不同任务或处理用户不同请求时所需的时间。反映了系统对于不同操作的执行效率
完成时间	任务从开始到结束整个过程所需的时间。包括请求的接收、处理和结果返回等各个阶段的时间

在实际应用中，与完成任务时间相关的指标可能因具体任务或操作而有所不同。例如，在一个电子商务网站上，完成任务的时间可以包括用户浏览产品、加入购物车和支付的整个过程。而在一个计算密集型应用中，完成任务的时间可能是针对某种特定操作或计算任务的时间。

5.4.2　性能的质量属性场景

1. 性能质量属性场景的 6 个组成部分

性能质量属性场景的 6 个组成部分的常见情况如表 5-39 所示。

表 5-39　性能质量属性场景的 6 个组成部分

组成部分	具体描述
刺激源	常见刺激源包括用户请求、并发用户数量、数据量的增加、外部服务的调用、定时事件等。例如，用户同时发起多个请求，或者数据量快速增长
刺激	常见的刺激包括用户单击按钮、提交数据、执行计算操作、请求数据查询等。例如，用户单击"提交订单"按钮，或者发送大量的查询请求
制品	性能的质量属性场景中的制品是系统提供的服务，一个服务可能会涉及软件系统中的多个组成部分。例如，一个电子商务网站向用户提供的"下单"服务的性能可能是由订单管理模块、数据库、网络等多个组成部分共同决定的
环境	系统可能处于正常模式，或已经处于运行速度快于正常模式的超载模式，甚至可能已经处于工作不稳定的紧急模式
响应	常见的响应包括生成结果、返回数据、执行操作、显示界面等。例如，对于一个电子商务网站，响应可以是返回用户订单确认页面、更新数据库中的订单状态等
响应度量	常见的响应度量包括响应时间、吞吐量、并发用户数量、失败率等。例如，响应时间指标可以度量系统响应用户请求所需的时间

2. 性能质量属性场景示例：电子商务平台处理用户订单

用户在某电子商务平台下单，此时的质量属性场景如表 5-40 所示。

表 5-40　性能质量属性场景示例（电子商务平台处理用户订单）

组成部分	具体描述
刺激源	用户提交购买商品的订单

组成部分	具体描述
刺激	用户单击"提交订单"按钮
制品	平台提供的下单服务,涉及订单管理模块、支付模块、数据库等
环境	系统处于正常运行的状态
响应	系统接收到用户提交的订单请求后,对订单进行验证后返回下单成功页面
响应度量	从用户单击"提交订单"按钮到展示下单成功页面共耗时 4s

5.4.3 性能的实现策略

1. 性能的实现策略概述

系统的性能实现策略的目标是在限定时间内响应事件。这意味着系统需要在用户可接受的时间内获得响应事件所需的资源(如计算资源、存储资源和网络资源)并使用它们来处理事件。性能的实现策略旨在改进资源获取和使用的效率,以确保系统能够在规定的时间内完成所需操作。

性能实现策略主要关注 3 个方向:优化资源需求、优化资源管理、优化资源仲裁。

2. 优化资源需求

优化资源需求方向的策略关注如何优化系统对资源的需求,以减少资源占用或改进资源使用效率。本方向中的具体策略包括提高计算效率、减少要处理的数据总量、限制执行时间、限制待处理事件队列长度等。

1) 优化资源需求策略 1:提高计算效率

在无法减少要处理的数据量的情况下,可以采取提高计算效率的策略。具体措施包括优化算法、延迟计算等。

优化算法:选择具有较低时间/空间复杂度的算法(如快速排序算法);优化循环和迭代以避免不必要的重复计算(如使用缓存结果、记忆化搜索);考虑适合特定问题的特殊算法和优化方案(如动态规划、贪心算法)。

延迟计算:对于非实时要求的计算任务,可以将计算任务延迟到较低负载时期进行,从而减少对资源的竞争。

2) 优化资源需求策略 2:减少要处理的数据总量

如果无法改善处理数据的流程或算法,可以在条件允许时通过减少要处理的数据总量的方式来提高系统的性能。具体措施如表 5-41 所示。

表 5-41 减少要处理的数据总量的具体措施

措施	具体描述
流量控制	限制系统中事件到来的速率,以避免系统过载
延迟事件处理	将事件缓冲并按照一定的速率进行处理,避免系统资源被过多的事件占用
随机抽样	从所有请求中随机选择一部分来进行处理。通过在抽样过程中设置适当的采样率,可以平衡处理的负载和数据总量之间的关系

例如，某环境监测系统使用传感器在不同位置定期收集温度数据。最初每分钟收集一次数据，每天的温度数据量非常庞大。为了减少数据总量并减轻存储和处理的压力，可以将收集数据的频率由每分钟一次改为每十分钟一次（具体频率取决于数据的精度要求）。降低采样频率后，从传感器获得的数据量会减少，如果有必要的话，可以使用插值技术来估计缺失的数值。

减少要处理的数据总量可以有效降低存储和处理的压力，特别适合当数据采集的频率不需要非常高、数据的变化相对较平缓的场合。

3）优化资源需求策略 3：限制执行时间

为任务设置合理的最大执行时间限制，超过限制则终止执行并返回结果。如果任务规模较大，可以将大型任务分解成更小的子任务，并在每个子任务结束时检查执行时间，以更精准地控制执行时间。

4）优化资源需求策略 4：限制待处理事件队列长度

包括设定待处理事件队列的最大长度、设计处理队列超过最大长度的策略、处理过程的监控和调整三个方面。

设定处理事件队列的最大长度：根据系统的实际需求和资源情况，合理设置队列的最大长度，避免队列过长导致性能下降。

设计处理队列超过最大长度的策略：可以在新的事件加入队列时丢弃队列中最旧的事件，保持队列长度在限定范围内。也可以根据事件的优先级，丢弃优先级较低的事件，优先处理优先级高的事件。当队列已满时，可以暂停或阻塞新的事件加入，直到队列中的事件被处理后再允许加入新事件。

处理过程的监控和调整：应定期监控待处理事件队列的长度，及时发现队列过长的情况，以采取相应的优化措施。通过设置合适的度量指标（如平均队列长度、最大队列长度等）并对其进行监控和分析来进行调整和优化（如调整队列长度限制、优化事件处理策略等），以保持待处理事件队列在合理的长度范围内。

例如，在城市交通拥堵的高峰期，地铁站往往面临庞大的人流压力，这可能导致站台拥挤和乘客的长时间等待。为了减少人流拥堵和等待时间，地铁站管理系统可以使用传感器和视频监控等技术，实时监测地铁站内的人流情况。根据实时监测的人流数据，地铁站可以在高峰期进行限流（即限制了待处理事件队列长度）以保持人流平稳和有序。

3. 优化资源管理

优化资源管理方向的策略关注如何高效地利用系统的资源来满足性能需求。本方向中的具体策略包括利用并发机制、增加可用资源等。

1）优化资源管理策略 1：利用并发机制

利用并发机制可以提高系统资源的利用效率和处理性能，特别适合多核处理器、分布式系统或云计算环境[22]。常见的并发机制包括并行计算和数据并行，详细说明如表 5-42 所示。

例如，2023 年华为发布的麒麟 9000S 自研高性能移动处理器配备了 8 核 CPU＋24 核 GPU＋3 核 NPU。通过多核并发机制，处理器能够同时执行多个任务，提高了系统的计算能力和响应速度。

表 5-42 常见的并发机制

机　制	说　明
并行计算	将任务拆分为多个子任务，并在多个处理器或线程上同时执行，以提高计算资源的利用率。并行计算可以采用多线程、多进程或分布式计算等方式实现，适用于高性能计算应用场景
数据并行	将数据分割成小块，并在多个处理器或线程上并行处理，以提高数据处理的效率。数据并行可以应用于诸如图像处理、数据分析和机器学习等领域，通过并行化数据处理过程来加速任务完成

2）优化资源管理策略 2：增加可用资源

增加可用资源的具体措施包括增加本机硬件资源、增加网络带宽、缓存、负载均衡等，详细说明如表 5-43 所示。

表 5-43 增加可用资源的具体措施

措　施	说　明
增加本机硬件资源	增加处理器、内存、存储介质的容量或数量，以提供更多的计算能力和存储空间
增加网络带宽	提高系统的数据传输速度和响应性能
缓存	将数据或计算结果缓存在快速存储介质中，可以减少对慢速资源（例如磁盘）的访问，提高系统的响应速度
负载均衡	将请求均匀地分布到多个服务器上，可以减轻单个服务器的负载，增加可用资源的数量

以阿里云为例，其能提供的资源类型包括计算资源、存储资源、网络资源和数据库资源等。每种资源类型都具有不同的特点和适用场景，可以根据系统的需求灵活选择和配置。需要更高计算性能的用户可以选择增加虚拟机实例的 CPU 核数、内存容量和计算能力等。需要大量存储容量和高可伸缩性的用户可以增加存储空间的容量或联合多个存储服务来满足系统的数据存储需求。需要高网络带宽的用户可以根据系统的网络流量和延迟要求，选择增加带宽或设置负载均衡来提高系统的网络性能和可用性。需要高并发读写和强一致性的用户可以增加数据库实例的计算能力、存储容量或采用分布式数据库架构，以提高系统的数据库性能和可用性。

4. 优化资源仲裁

资源仲裁方向的策略关注如何处理资源争用和冲突，根据系统的需求和使用场景，利用不同的调度策略以保证系统的性能。本方向中的具体策略包括先来先服务、固定优先级调度、动态优先级调度等。

1）优化资源仲裁策略 1：先来先服务

先来先服务是一种简单直观的资源仲裁策略。在该策略下，系统按照任务到达的顺序为其分配资源。在前一个任务完成或主动释放资源后，下一个等待的任务才能获得资源的使用权限。先来先服务策略的优、缺点如表 5-44 所示。

2）资源仲裁策略 2：固定优先级调度

固定优先级调度中，在任务创建时根据其特性、重要性、紧急程度等因素设置优先级，且

表 5-44　先来服务策略的优、缺点

策 略 优 点	策 略 缺 点
简单易实现	完全基于到达顺序,不考虑任务执行时间或性能影响
保证了任务的公平处理,避免饥饿	长任务(如计算密集型任务)可能导致资源占用过长,响应时间延迟
每个任务都有获得资源的机会	难以适应需优先级调度的场景,无法根据紧急程度灵活分配资源

优先级在任务的整个生命期中保持不变。当系统中多个任务竞争同一资源时,优先级较高的任务将首先获得资源的使用权,而优先级较低的任务则需要等待高优先级任务完成或释放资源后才能获得资源。固定优先级调度的优、缺点如表 5-45 所示。

表 5-45　固定优先级调度的优、缺点

优　　点	缺　　点
能够确保高优先级任务具有更快的响应时间和更高的处理优先级,避免低优先级任务长时间占用资源	在优先级设置不合理的情况下,可能导致低优先级任务长时间等待高优先级任务完成或释放资源,造成低优先级任务的延迟,甚至导致低优先级任务永远得不到资源而产生饥饿现象

3) 资源仲裁策略 3:动态优先级调度

动态优先级调度中,任务的优先级会根据不同的因素(如剩余执行时间、等待时间或任务的紧急程度等)进行动态调整,系统可以根据任务的紧急程度和负载情况来合理地分配资源,以获取更好的性能。动态优先级调度策略可以确保紧急任务的及时响应和处理,并避免低优先级任务长时间等待或产生饥饿现象。

然而,动态优先级调度策略的实现需要根据任务的运行状态和相关指标进行实时的优先级调整,相比固定优先级调度策略更复杂。此外,动态调整优先级也需要考虑公平性问题,以避免优先级反转或不公平分配资源的情况。

5.4.4　提高软件性能的措施实例

本节以事件流平台 Kafka 和数据结构服务器 Redis 为例,介绍真实软件中提高性能的措施。

1. Kafka

开源事件流平台 Kafka 基于 Scala 和 Java 语言实现,常被用于处理用户在网站中的动作流数据。为了提高性能,它使用了分区与副本、零拷贝、磁盘 I/O 优化、批处理、消息压缩等措施。

分区与副本:Kafka 将主题(topic)分割为多个分区,每个分区在存储和处理上是独立的。分区机制支持并行处理,从而提升了吞吐率。每个分区可以被复制出多个副本,读操作可以从任意副本读取数据,进一步提高了读吞吐量。

零拷贝:Kafka 利用操作系统提供的零拷贝技术优化了数据的网络传输过程。这减少了 CPU 复制操作,提高了数据发送的效率。

磁盘 I/O 优化:Kafka 使用顺序写磁盘、追加写等方式记录消息,提升了磁盘 I/O 的性能。

批处理:Kafka 内部对消息的处理是以"批"为单位进行的,无论是生产者发送消息还是消费者接收消息,都支持批量处理。这减少了网络 I/O 的延迟和负载,提高了系统的吞吐量。

消息压缩:Kafka 支持在发送消息时进行压缩(支持 LZ4、Snappy、GZIP 等压缩算法),以降低网络 I/O 的数据量,从而减少网络传输延迟和负载。

2. Redis

开源高性能数据结构服务器 Redis(Remote Dictionary Server)基于 C 语言实现,常被用作数据库、缓存和消息中介。为了提高性能,它使用了内存存储、支持多种数据结构、事件驱动模型、持久化策略、管道技术、优化数据编码等措施。

内存存储:Redis 将数据存储在内存中而非硬盘上,很大程度上降低了数据访问的延迟。

支持多种数据结构:Redis 支持字符串、哈希、列表、集合等多种数据结构。针对具体业务场景,选择合适的数据结构能够提高性能。例如,使用集合来存储唯一值,使用哈希表来存储键值对等。

事件驱动模型:Redis 使用基于事件的非阻塞 I/O 模型,可以同时处理多个客户端请求,而不会阻塞任何单个请求。

持久化策略:Redis 支持 RDB(快照)和 AOF(追加写日志)两种持久化策略,可以通过调整相关参数来优化性能,例如,调整 RDB 的快照频率、AOF 的同步策略等。

管道技术:管道技术允许客户端将多个命令打包发送到服务器,然后一次性接收所有响应。管道适用于批量写入或读取操作,通过减少网络往返时间和协议开销提高了性能。

优化数据编码:Redis 支持多种数据编码方式(整数编码、字符串编码、哈希表编码等),根据数据类型选择合适的编码方式可以提高性能。例如,将小整数存储为整数编码,将哈希表中小型的键值对存储为压缩哈希表等。

5.5 安全性

5.5.1 安全性的含义

1. 安全性的概念

安全性指软件在受到恶意攻击的情况下仍然能够继续正确运行,并确保软件在授权范围内被合法使用的能力。

软件在受到恶意攻击的情形下依然能够继续正确运行:软件应具备容错能力,在遭受攻击时能够正确处理异常情况。如果出现故障,软件应能尽快恢复正常运行,并尽可能减少对用户的影响。

确保软件在授权范围内被合法使用:采用身份验证机制来验证用户的身份和权限,通过访问控制策略来限制系统中各个组件和资源的访问权限。只有授权用户才能访问特定的功能和数据,其余用户将被拒绝访问。

2. 安全性的关注点

安全性的关注点是在保证合法用户使用系统的前提下,系统有能力抵抗攻击。在遭受攻击时,系统应能够识别和阻止恶意请求,保持服务的正常响应,让合法用户不会因为系统受到攻击而无法使用系统。

除了上文提到的身份验证机制和访问控制策略，其他提高系统对攻击的抵抗能力的措施还包括定期进行系统漏洞修复、加密敏感数据的存储和传输、加强用户的安全培训等。

3. 安全性的度量指标

常见的安全性度量指标包括不可否认性、私密性、完整性、保证性、可用性、审计。

不可否认性：确保系统能够提供足够的证据和可追溯性，使得用户无法否认自己在系统上所做的操作或发生的事件。通常需要对用户行为进行详细的审计和日志记录，以便将操作和事件与特定用户关联并进行追踪。

私密性：保护敏感数据和信息免受未授权访问和泄露的能力。可以通过加密算法来确保数据在存储和传输过程中的机密性，只有授权的用户能够访问和解密数据。此外，正确的访问控制和身份验证机制也有助于保护数据的私密性。例如，部分快递或外卖面单会隐去收件人手机号码的部分数字，或采用虚拟号码来保护收件人的个人隐私，避免了收件人的真实手机号码泄露而导致遭遇骚扰甚至诈骗。

完整性：确保数据和信息在传输和处理过程中不被非法修改、破坏或篡改的能力。可以使用哈希函数或数字签名等技术来验证数据的完整性，并对数据进行监测和防护以防止未授权的修改。例如，用户在某券商网站下载其交易程序和 MD5 校验程序。在下载后，利用 MD5 校验程序计算下载到本地硬盘的交易程序的 MD5 校验码。如果计算结果与券商网站公布的 MD5 校验码，则说明下载的交易程序未被篡改。

保证性：系统需要保证特定的接收人接到其所需的数据。例如，系统需要确保管理员能收到系统故障的报警。

可用性：如果系统遭受了严重的攻击，可能会变得不可用。此时可以用 5.2 节中阐述的实现可用性的策略来尽快恢复系统的正常运行。

审计：对系统操作和事件进行记录和监测的过程。通过追踪和分析系统的使用情况、事件发生情况和安全事件，以发现潜在的威胁和异常行为。审计记录可以用于事后调查和识别安全漏洞，从而优化安全策略和改进系统的安全性。

5.5.2 安全性的质量属性场景

1. 安全性质量属性场景的 6 个组成部分

安全性质量属性场景的 6 个组成部分的常见情况如表 5-46 所示。

表 5-46　安全性质量属性场景的 6 个组成部分

组成部分	具 体 描 述
刺激源	可能是外部攻击者（未经授权的个人或组织）试图获取敏感信息或破坏系统完整性的恶意活动，也可能是内部员工通过滥用权限或破坏安全策略来窃取敏感数据或损害系统的合规性
刺激	可能是网络攻击（如拒绝服务攻击、SQL 注入、跨站脚本攻击等）意图破坏系统的可用性或篡改数据；也可能是员工误操作、系统漏洞或恶意行为导致敏感数据的泄露
制品	常见的制品包括系统提供的服务或数据
环境	系统可能处于不同的情况下，如处在联网或未联网状态、处于在线或离线状态、在防火墙内或者防火墙外等。不同的环境中系统都有可能受到攻击

续表

组成部分	具体描述
响应	系统受到攻击时,应体现出允许合法用户使用、拒绝非法用户使用的响应。另一方面,如果对攻击者存在威慑,可以降低被攻击的可能性
响应度量	常见的度量指标包括发起攻击的难度、从攻击中恢复的难度等

2. 安全性质量属性场景示例:黑客修改系统数据

假设黑客对系统数据进行了修改,此时的质量属性场景如表 5-47 所示。

表 5-47 安全性质量属性场景示例(黑客修改系统数据)

组成部分	具体描述
刺激源	试图修改系统数据的黑客
刺激	黑客通过网络攻击或其他手段,获取足够的权限和访问系统的能力,进而修改了系统中的数据
制品	系统中的敏感数据,包括用户个人信息、敏感商业数据等
环境	系统处于正常运行状态
响应	系统检测到黑客的攻击并识别出数据修改的行为后,将数据恢复到修改前的状态
响应度量	系统在 10min 内检测到数据被黑客修改,并在 5min 内将数据恢复到修改前。同时详细记录了黑客攻击事件的相关信息,以进行审计和调查,帮助识别攻击来源和完善安全机制

5.5.3 安全性的实现策略

1. 安全性的实现策略概述

安全性的实现策略的总体目标,是使软件在被恶意攻击时受到的影响尽量小。安全性实现策略主要关注三个方向:抵抗攻击、检测攻击、从攻击中恢复。

2. 抵抗攻击

通过采取一系列措施,以确保系统能够有效抵御恶意攻击。本方向中的具体策略包括验证用户身份、验证用户权限、维持数据保密性、维持数据完整性、减少暴露、限制访问。

1) 抵抗攻击策略 1:验证用户身份

验证用户的身份常用的措施如表 5-48 所示。

表 5-48 验证用户的身份常见的措施

措施	说明
密码策略	要求用户设定的密码具有足够的复杂性(如必须同时包含字母与数字、禁止常用密码、限制密码最短长度等)以降低密码被猜测出的概率。设定密码的有效期限
强化身份验证	除了传统的用户名和密码,可以引入其他因素(如指纹、虹膜扫描、声纹识别、令牌或手机短信验证码等)以提高身份验证的强度
单点登录	允许用户在一次登录后访问多个关联的应用程序或服务,而无须再次输入用户名和密码
社交登录	新系统允许用户使用其他软件系统(如微信、QQ、支付宝等)中已注册的账号来进行认证。降低了用户遗忘密码、创建新账户的负担,并提供了额外的安全性

2）抵抗攻击策略 2：验证用户权限

确保用户只能访问其被授权的资源和执行其被授权的操作，常用的措施如表 5-49 所示。

表 5-49 验证用户权限的常见方式

措 施	说 明
访问控制列表	根据用户的角色、组织结构或其他条件，为其分配执行操作和访问资源的权限
角色和权限管理	将用户划分为不同的角色（如管理员、普通用户、访客等），定义不同角色的权限集合，使得用户被授予特定角色后自动获得相应权限
实时权限验证	不仅在用户登录时验证权限，还在每次用户执行操作或访问资源时进行实时验证

3）抵抗攻击策略 3：维持数据保密性

确保数据在传输和存储过程中不被未授权的用户访问和泄露，常用的方式如表 5-50 所示。

表 5-50 维持数据保密性的常见方式

措 施	说 明
数据加密	使用 HTTPS 等协议对数据在传输过程中进行加密，确保数据在从发送到接收的传输过程中不被窃听。采用加密算法将敏感数据在存储介质上进行加密，即使在存储介质被盗或损坏时也能保密
数据掩码	对敏感数据（如手机号码、身份证号码）的部分内容进行掩盖或替换，以减少敏感信息的暴露
密钥管理	确保生成的密钥的随机性，安全存储密钥以防止密钥泄露。定期更换加密算法和密钥，以增加破解难度

4）抵抗攻击策略 4：维持数据完整性

确保数据在传输和存储过程中不被篡改、损坏或意外修改。常使用某种哈希算法为数据生成对应的哈希值，用于校验数据是否被篡改或损坏。

例如，哈希算法 MD5 能够将文件转换为一个唯一的字符串（称为 MD5 码），即使文件内容发生微小的变化，生成的 MD5 码也会完全不同。假设用户 A 在某文件分享平台上传一个文本文件，系统对文件进行计算生成对应的 MD5 码为"24bdd0c176cb93063dc46f5902ac2370"。当用户 B 下载该文件后，利用 MD5 码计算程序再次计算下载文件的 MD5 码，并将其与原始的 MD5 码进行比对。如果两个 MD5 码一致，则认为用户 B 下载的文件并未被篡改。

5）抵抗攻击策略 5：减少暴露

降低系统和应用程序对外暴露的信息，以减少潜在的安全漏洞和攻击风险。管理员应及时更新操作系统和应用程序，以修复已知的安全问题。联网的软件系统应配置网络防火墙，限制未经授权的访问和网络攻击。

例如，某公司的网络安全策略会定期检查并关闭 445、139 等未被使用的计算机网络端口，以减少潜在的暴露点。同时，公司关闭了无线路由器广播 SSID 的功能，使得 Wi-Fi 名称不会公开显示。只有了解准确 Wi-Fi 名称的授权用户才能手动输入 Wi-Fi 名称来连接到公司的无线网络，防止了未经授权的用户使用公司的无线网络。

6）抵抗攻击策略6：限制访问

通过在防火墙、路由器等设备中设置黑名单、白名单，来禁止或允许特定用户访问系统。例如，某家庭使用无线路由器用于提供家庭内的无线网络连接。为了提高网络安全性，将每个家庭成员所使用的需要访问网络的设备（如手机、笔记本等）的MAC地址加入无线路由器的白名单，此时不在名单内的设备无法访问家庭无线网络。

3. 检测攻击

检测攻击方向的策略的目的是及时发现和应对系统遭受的攻击。本方向中的具体策略包括含安全日志、异常行为监测等。

1）检测攻击策略1：安全日志

系统应该将与安全相关的信息（如登录尝试、对敏感数据的操作等）写入安全日志。安全日志应该包括时间戳、攻击类型、用户或设备信息、源IP地址、目标IP地址等关键信息，以便进行后续的分析和调查。

为了提高分析效率，通常采用程序和人工结合的方式对系统中的安全日志进行分析和跟踪，以识别潜在的攻击行为和异常事件。当系统中的安全事件被检测到或者触发警报时，应该立即采取相应的安全事件响应措施（如禁用账户、阻断攻击源IP、给管理员发送通知等）。

2）检测攻击策略2：异常行为监测

首先，对系统的正常行为进行建模和定义，建立正常行为模型以反映系统在正常状态下的行为特征（用户的常见操作习惯、网络流量模式、资源利用情况等）。

其次，借助机器学习、行为模式识别、统计分析等技术，对系统中的行为和流量进行实时监测和分析，以识别异常行为。

4. 从攻击中恢复

在系统遭到较为严重的攻击后，系统的可用性可能会受到影响，此时需要让系统尽快恢复到正常状态。本方向中的具体策略包括恢复状态、识别攻击者等。

1）从攻击中恢复策略1：恢复状态

为了在攻击发生后系统能够尽快恢复到正常状态，可以采用监控和日志记录、备份和恢复、容错性架构等措施。

监控和日志记录：部署实时监控系统，定期检查系统性能和网络流量。在日志中记录用户IP地址和各项活动，以及平台对用户请求的响应信息。

备份和恢复：数据采用主从复制方式进行备份，实时同步数据到备用服务器，以保证数据的可恢复性。平台定期进行全量备份和增量备份，备份数据存储在位于不同地理位置的离线存储设备中，以防备份数据受到攻击。

容错性架构：使用负载均衡器将用户请求分发到多个服务器，当检测到某台服务器负载过高时，自动将请求切换到其他可用服务器，确保平台的可用性。部署分布式缓存，将静态资源和被频繁访问的数据缓存到多台服务器中，减轻数据库的负载。

2）从攻击中恢复策略2：识别攻击者

与网络安全专业机构或执法机构合作，利用法律和技术途径追踪攻击者的身份，具体措施包括攻击溯源、威胁情报分析等。

攻击溯源：通过分析网络日志、系统日志、入侵检测系统日志，跟踪攻击行为的来源和路径。还可以使用IP地址追踪工具和技术，从攻击流量中获取攻击者的IP地址，初步分析攻击者可能的所在地和网络提供商。为提高分析效率,通常会结合网络流量分析工具和专业人员来进行分析。

威胁情报分析:通过收集和分析来自威胁情报共享平台、安全社区、安全厂商等各渠道的威胁情报,了解攻击者的攻击模式、行为特征和使用的工具。通过分析攻击者的攻击模式和行为特征,可以识别出特定攻击团伙、黑客组织或特定国家的攻击行为,从而对其进行更有针对性的防御和追击。

例如,国家计算机病毒应急处理中心于 2022 年 9 月～2023 年 9 月发布了多份西北工业大学遭到美国国家安全局网络攻击事件的调查报告,证实在西北工业大学的信息网络中发现了多款源于境外的间谍软件样本。通过成功提取并分析多个间谍软件样本,判明相关攻击活动源自美国国家安全局"特定入侵行动办公室",并锁定了行动背后美国国家安全局工作人员的真实身份。

5.5.4 提高软件安全性的措施实例

本节以加密和安全通信工具 OpenSSL 和远程访问工具 OpenSSH 为例,介绍真实软件中提高安全性的措施。

1. OpenSSL

开源安全套接字层软件包 OpenSSL 基于 C 语言实现,提供了大量常用的密码算法。为了提高安全性,它使用了多种加密算法支持、密钥和证书、安全的会话管理、安全的内存管理、灵活的密码策略、安全审计和漏洞管理等措施。

多种加密算法支持:OpenSSL 支持对称加密算法、非对称加密算法、哈希算法等多种加密算法,用户可以根据应用场景和安全性需求选择最合适的算法,提高系统的安全性。

密钥和证书:OpenSSL 提供了强大的密钥和证书管理功能(包括密钥的生成、存储、分发和撤销等),以确保密钥和证书的安全性,防止未授权访问和恶意攻击。OpenSSL 使用安全的随机数生成器来生成加密所需的密钥和初始化向量等参数。这可以确保生成的参数具有足够的随机性和不可预测性,从而提高加密系统的安全性。OpenSSL 支持对服务器证书进行严格的验证,包括证书链的验证、证书吊销列表的查询等。这可以防止中间人攻击和伪造证书等安全威胁。

安全的会话管理:OpenSSL 支持安全的会话管理协议(如 TLS/SSL 协议等),以便在通信双方之间建立安全的加密通道,保护通信数据的安全性和完整性。

安全的内存管理:OpenSSL 采用了内存清零、内存锁定等安全的内存管理技术,可以防止敏感数据在内存中泄露或被恶意程序窃取。

灵活的密码策略:OpenSSL 允许用户根据实际需求设置灵活的密码策略(如密码长度、复杂度要求等)以提高用户密码的安全性,提高密码猜测和暴力破解等攻击的难度。

安全审计和漏洞管理:OpenSSL 项目团队会定期对其代码进行安全审计和漏洞管理,及时发现并修复潜在的安全漏洞。这可以确保 OpenSSL 的安全性得到持续的提升和改进。

2. OpenSSH

开源远程访问工具 OpenSSH 基于 C 语言实现,提供了基于 SSH 协议进行远程操作的方法。为了提高安全性,它使用了密钥机制、加密机制、完整性校验、访问控制、日志和审计等措施。

密钥机制：OpenSSH 支持基于公钥的认证机制（如 RSA、ECDSA 等），通过密钥对进行身份验证，提供了相比传统的密码认证方式更高的安全性。当客户端连接到服务器时，OpenSSH 会验证服务器的主机密钥。这可以防止中间人攻击，确保客户端只与预期的服务器进行通信。

加密机制：OpenSSH 支持使用多种经过广泛验证的加密算法（如 AES、3DES、Blowfish 等）和密钥交换算法（如 Diffie-Hellman 等）来加密通信数据。

完整性校验：OpenSSH 使用消息认证码来确保数据的完整性和真实性。在传输过程中，数据会被附加一个消息认证码，接收方会使用相同的算法和密钥来验证消息认证码的值，以确保数据在传输过程中没有被篡改。

访问控制：OpenSSH 提供了灵活的访问控制机制，如基于用户、主机、命令和密钥的访问控制。管理员可以根据需要设置不同的访问权限，以限制对服务器的访问。

日志和审计：OpenSSH 支持详细的日志记录功能，可以记录所有连接尝试、认证结果和会话活动等信息。管理员可以通过分析日志来检测潜在的安全威胁，并采取相应的措施来保护系统安全。此外，OpenSSH 还支持审计插件，允许管理员使用自定义的审计工具来监控和分析系统的安全状态。

5.6 可测试性

5.6.1 可测试性的含义

1. 可测试性的概念

可测试性（testability）指软件系统为设计测试、执行测试提供支持的能力。可测试性高的软件系统能以较低成本进行测试，使系统的缺陷更容易在测试中被发现。可测试性涉及发现故障、定位故障、设计测试、执行测试 4 方面，详细说明如表 5-51 所示。

表 5-51 可测试性涉及的 4 方面

方面	说明
发现故障	关注软件系统在测试过程中是否容易发现故障和缺陷，使故障和缺陷的表现更加明显
定位故障	提供详细的错误日志、错误码或其他调试信息，以便准确定位发生故障的具体源头
设计测试	包括测试设计的有效性和测试用例的可维护性。前者指设计出具有高覆盖率的测试用例，后者指测试用例维护和更新的难度
执行测试	包括测试环境的搭建、测试数据的准备和测试自动化的实施。一个具有高可测试性的系统应该提供便捷的测试环境和工具，以降低测试执行的难度和工作量，提高测试的效率

2. 可测试性的关注点

可测试性的关注点主要包括问题的易发现性、软件与需求的匹配度、测试的成本三个方面。

问题的易发现性：指软件中的问题和缺陷是否容易被测试出来。通过设计合适的测试用例、构建丰富的测试数据和使用辅助工具，确保测试人员可以全面、有效地发现软件中的缺陷和错误。这需要在测试过程中关注边界条件、用户交互等潜在的问题点，使问题更易被测试用例捕获。

软件与需求的匹配度：将需求规格与软件产品进行验证，以确定软件是否符合预期的功能和特性。为实现这一目标，需求规格必须清晰、详尽，且与软件实现相一致。开发和测试团队密切合作，使测试用例覆盖系统中的每一个需求并验证其正确性，以减少由于需求不匹配引起的软件问题。

测试的成本：测试团队需要基于有限的时间和资源高效地设计并执行测试策略，以尽可能地发现潜在的问题和缺陷。在稳定、可靠的测试环境中使用有效的测试方法和技术（如静态分析、自动化测试和持续集成），以使用最小的成本和工作量来验证软件的质量。

3. 可测试性的度量指标

可测试性的度量指标主要包括白盒测试中不同形式的覆盖率和未来继续发现软件缺陷的概率。

白盒测试中不同形式的覆盖率：包括语句覆盖、判定覆盖、条件覆盖、路径覆盖等。语句覆盖评估测试用例是否覆盖了软件系统中的每条语句或代码行。判定覆盖评估测试用例是否覆盖了程序中的所有判定条件，即每个判定条件的结果为"真"和为"假"都被测试到。条件覆盖评估测试用例是否覆盖了所有条件表达式的各种可能取值，以确保每个条件的每个可能的取值都被测试到。路径覆盖评估测试用例是否覆盖了软件系统中的所有可能执行路径，来验证测试的全面性。

未来继续发现软件缺陷的概率：包括未来缺陷报告率、回归测试效率等。未来缺陷报告率评估在软件发布后一段时间内发现新缺陷的情况，反映了软件在发布时的质量，较高的未来缺陷报告率可能意味着软件发布前测试过程的不足。回归测试效率评估在软件发生变更后，回归测试的效率和成本。通过考察回归测试的执行时间、涉及的测试用例数量、发现的新问题数量等，评估软件变更对系统稳定性的影响。

5.6.2 可测试性的质量属性场景

1. 可测试性质量属性场景的 6 个组成部分

可测试性质量属性场景的 6 个组成部分的常见情况如表 5-52 所示。

表 5-52 可测试性质量属性场景的 6 个组成部分

组成部分	具体描述
刺激源	可能是用户对软件系统进行的操作（输入、单击、滑动等），也可能是软件系统与外部系统进行交互（接收和发送数据、调用接口等）
刺激	正常输入包括输入合法和符合预期的数据或操作。异常输入包括输入非法和不符合预期的数据或操作，包括边界情况、异常数据和非法操作
制品	可能是软件模块或组件（如用户界面、业务逻辑模块等），也可能是系统整体
环境	可能是在正常的软件运行状态下（包括硬件设备、操作系统和网络环境等）进行测试，也可能是在异常的软件运行状态下（如低网络连接、设备低电量模式等）进行测试
响应	可能是系统按照预期的业务逻辑和功能要求进行正常的响应，也可能是系统在面对异常输入、不良环境或错误条件时进行了错误的响应，如运算结果错误、程序崩溃或拒绝服务等
响应度量	功能正确性指标评估系统对输入的正确性和有效性进行验证和处理的能力。性能指标评估系统在不同负载和压力情况下的响应时间、吞吐量和资源利用率等指标

2. 可测试性质量属性场景示例：单元测试

在软件数据库访问模块开发完成后，测试人员进行了单元测试，此时的质量属性场景如表 5-53 所示。

表 5-53　可测试性质量属性场景示例（单元测试）

组成部分	具体描述
刺激源	实施单元测试的人员
刺激	测试人员调用被测单元提供的方法并为被测模块提供合法、非法和边界情况的输入，以测试其正确性
制品	数据库访问模块
环境	在软件的开发阶段，本模块开发完成后
响应	被测模块在单元测试中按照预期进行正确的响应，通过测试用例的验证
响应度量	语句覆盖率 98%

5.6.3　可测试性的实现策略

1. 可测试性的实现策略概述

可测试性实现策略的目标是降低测试成本、提高缺陷在测试中暴露的可能性。可测试性实现策略主要关注两个方向：黑盒测试、白盒测试。

2. 黑盒测试

黑盒测试验证软件系统的功能需求是否符合规格说明书中的预期行为。采用等价类划分、边界值分析等黑盒测试技术，在不需要测试人员了解软件内部实现细节的情况下仍能进行充分的测试。可以在需求分析和设计阶段加强对功能性需求和用户场景的理解和定义，以便在测试阶段更好地梳理和确认各类用例。本方向中的具体策略包括录制/回放、分离接口和实现、提供专用的测试路径等。

1）黑盒测试策略 1：录制/回放

录制/回放策略通过捕获和重播用户操作自动化生成和执行测试用例，分为录制与回放两个阶段。

录制阶段：测试人员模拟和记录用户的操作和输入以及期望系统产生的结果。此过程可以通过基于界面的录制、日志记录、数据库记录等方法来实现。

回放阶段：测试人员使用先前记录的测试用例数据，利用自动化测试工具、脚本执行等方法，重新执行用户的操作和输入，以模拟用户的行为，并验证系统的响应是否与预期一致。

例如，某在线购物网站给用户提供浏览商品、将商品加入购物车、进行结账等操作，测试团队采用录制/回放的方法来设计和执行测试用例。在记录阶段中，测试人员使用自动化测试工具对用户在网站上的操作进行记录。测试人员模拟用户进行浏览商品、将商品加入购物车、填写收货信息、进行支付等一系列操作，通过自动化工具记录了用户界面的操作序列、输入数据和期望的输出结果。在回放阶段中，测试人员使用先前记录下来的用户操作，以自动化的方式重新执行用户的操作序列。测试人员利用自动化工具对录制的操作进行回放，模拟用户在网站上的操作，并验证系统的响应是否与预期一致。

2）黑盒测试策略 2：分离接口和实现

将接口和实现分离有助于减少系统外部对系统内部具体实现的依赖，具体包括规范接口定义、分离接口和实现、接口测试验证等步骤。

明确的接口定义对于设计测试用例和验证系统行为非常重要。为此，可以使用 Web 服务描述语言（Web Services Description Language，WSDL）或 OpenAPI 等接口描述规范，确保接口定义的一致性和易于理解。通过确定接口的约定和标准（输入参数和返回结果的格式、数据类型、错误码等，如表 5-54 所示），测试人员可以在测试用例设计过程中全面测试接口的行为。通过对接口的功能、约束和预期行为进行文档化，明确对接口的使用方式、调用方法和参数的说明，可以帮助测试人员在黑盒测试中验证接口的正确性和完整性。

表 5-54　接口的约定

参　　数	描　　述	例　　子
输入参数	接口所期待的输入信息的格式和数据类型	JSON、XML、字符串
返回结果	接口返回的数据格式和数据类型	JSON、XML
错误码	接口在错误情况下返回的编码	404（未找到）、500（服务器错误）

例如，某电子邮件客户端提供了发送和接收邮件的功能。为了确保该客户端在各种情况下能正常工作，测试团队使用了将接口和实现分离的策略来进行黑盒测试。首先，测试团队与开发团队定义了发送邮件和接收邮件的接口。之后，测试团队针对发送邮件和接收邮件接口编写了模拟实现，以替代真正的邮件发送和接收过程，确保黑盒测试的独立性。测试团队利用接口的定义和模拟实现，设计和执行各种测试用例，验证电子邮件客户端在正常和异常情况下的功能和行为。

3）黑盒测试策略 3：提供专用的测试路径

为了提高测试的效率，开发者可以在软件中设置专门用于测试的接口。它们并不提供给普通用户，只有测试人员可以通过其发起测试并观察到测试结果。测试专用接口可以与软件内部元素进行交互或改变其状态（如获取系统状态、植入控制点、直接操纵内部数据等），以便于测试人员进行验证。

以安卓操作系统为例，应用的测试人员可以利用操作系统提供的"开发者选项"中的 USB 调试、捕获 bug 报告等功能来配置系统行为，以此协助分析和调试应用。

3. 白盒测试

白盒测试验证软件系统的内部逻辑、数据流和结构是否符合预期。采用语句覆盖、路径覆盖等白盒测试技术，以确保软件系统内部的每个分支和条件在测试过程中都得到覆盖。可以在设计和编码阶段引入代码审查、静态分析工具等手段，确保代码质量和逻辑正确性，减少后续测试过程中的问题和调试工作。本方向中的具体策略包括使用集成开发环境（IDE）内置调试工具、使用外部工具等。

1）白盒测试策略 1：使用 IDE 内置调试工具

主流的 IDE 通常内置了断点、单步执行、变量监视、异常跟踪等调试工具，各工具的功能如表 5-55 所示。

表 5-55　IDE 内置调试工具的功能说明

工　具	功　　能
断点	让程序在特定位置暂停执行,以便检查程序的状态、观察变量值的变化、检查函数调用堆栈等,提高测试过程中定位和修复潜在错误的效率
单步执行	逐行执行程序并观察每一步的执行结果,以便了解程序的运行流程、检查变量的值以及验证代码逻辑
变量监视	实时观察特定变量的值,通过对比期望值与实际值可以分析和诊断代码中的错误
异常跟踪	当程序抛出异常时,测试人员可以捕获异常并停止程序的执行。通过检查异常发生的位置、异常的类型和其他相关信息,进一步分析和修复可能导致错误的代码片段

2) 白盒测试策略 2:使用外部工具

对于无法查看源代码的软件,用 IDE 提供的调试工具对软件进行测试的难度较大。此时可以尝试使用外部工具对软件进行白盒测试。以下以 WinDbg 为例进行阐述。

WinDbg 是微软提供的高级调试器,用于 Windows 平台的内核级调试和用户级调试,为测试人员提供了对底层代码进行分析和排查错误的能力。内核级调试适用于测试操作系统内核、驱动程序等。通过连接到目标机器的内核调试会话,开发人员可以观察驱动程序的执行流程、检查操作系统状态以及跟踪和诊断内核级问题。用户级调试适用于测试运行于操作系统之上的应用程序。通过连接到正在运行的应用程序的进程,开发人员可以检查内存内容、查看和修改变量的值、监视函数调用堆栈等,以此深入分析应用程序的行为并解决问题。

WinDbg 允许开发人员设置断点,监视内存地址或特定条件的变化,并在满足条件时中断程序的执行。通过设置断点和触发条件,开发人员可以跟踪和捕捉特定行为、问题或异常情况。WinDbg 还提供了丰富的日志和追踪功能。开发人员可以跟踪函数的调用、查看函数参数和返回值,并将其输出到调试日志中,帮助测试人员分析代码流程、识别潜在错误点以及测试不同代码路径的覆盖性。

5.6.4　提高软件可测试性的措施实例

本节以应用容器引擎 Docker 和 JavaScript 运行环境 Node.js 为例,介绍真实软件中提高可测试性的措施。

1. Docker

开源应用容器引擎 Docker 基于 Go 语言实现,让开发者可以将其应用打包为一个可移植的镜像并发布在运行不同操作系统的服务器上。为了提高可测试性,它使用了镜像机制、环境变量管理、内置网络功能、持续集成和持续部署、容器监控等措施。

镜像机制:Docker 的镜像机制确保每个容器都是独立和隔离的运行环境,开发人员可以容易地创建和销毁容器,以便在不同的环境中运行和测试应用。

环境变量管理:Docker 允许使用环境变量来管理应用的配置。这使得开发人员可以在测试中灵活地切换配置,而无须修改代码或重新构建镜像。

内置网络功能:Docker 提供了内置的网络功能,用于模拟和测试多个容器之间的网络通信。这使得开发人员可以验证容器之间的网络交互,确保应用在网络层面上的稳定性和可靠性。

持续集成和持续部署：Docker 与持续集成和持续部署工具（如 Jenkins、GitLab CI 等）结合使用，可以实现自动化的测试、构建和部署流程。

容器监控：Docker 可以实时监控容器的运行状态和性能表现，以便在测试时发现潜在的问题。

2. Node.js

开源 JavaScript 运行环境 Node.js 基于 C++和 JavaScript 语言实现，常被用于构建高性能的 Web 应用程序。为了提高可测试性，它使用了模块化设计、异步编程、事件驱动、回调函数和 Promises、断言库等措施。

模块化设计：Node.js 采用 CommonJS 模块规范将代码组织成独立的模块。每个模块具有自己的作用域，通过 require 和 module.exports 实现模块间的依赖和导出。模块化设计使得测试更加独立和可维护，可以针对每个模块进行单独的单元测试。

异步编程：Node.js 的异步编程模型可以模拟异步操作的返回值和错误，以验证异步代码的正确性，简化了测试的编写。

事件驱动：Node.js 的事件驱动机制使得代码更加松耦合和可扩展。在测试中，可以模拟事件的触发和传递，验证事件处理逻辑的正确性。

回调函数和 Promises：Node.js 利用回调函数和 Promises 处理异步操作，在测试中可以使用模拟函数或存根来替换实际的回调函数或 Promises，以便验证异步操作的结果和流程。

断言库：Node.js 的测试框架提供了丰富的断言库，用于验证测试结果的正确性（包括变量的值、函数的返回值等），以帮助测试人员快速定位问题。

5.7 易用性

5.7.1 易用性的含义

1. 易用性的概念

易用性（usability）指软件系统易于被用户理解、学习、使用的能力。高易用性软件所具备的特点如表 5-56 所示。

表 5-56 高易用性软件所具备的特点

特 点	效 果
清晰明确的界面设计 符合用户认知的术语和指示	软件的用途、功能和操作流程容易被用户所理解，不会产生混淆或误解
用户熟悉的界面设计 明确的操作提示和向导 一致的交互模式	用户学习难度低、易于上手
提供合理的默认设置、快捷键和上下文相关的帮助	用户能够通过少量步骤和直观操作完成任务，记忆负担小
具有能吸引用户的操作界面 支持个性化配置	用户愿意尝试并持续使用

2. 易用性的关注点

易用性关注如何降低用户使用软件的难度、提高用户满意度，主要包括学习难度、操作效率、错误容忍、用户体验等方面。

学习难度：用户在初次接触软件时所需的学习成本。降低学习难度意味着用户能够更快速地掌握软件的基本操作和功能。软件设计应该在用户界面的布局、标签的命名、操作流程等方面考虑用户习惯和认知特点，以减少用户的认知负担和学习成本。提供清晰的帮助文档、引导式的操作提示、直观的交互设计等都有助于降低学习难度。

操作效率：用户在完成特定任务时所需的时间和操作步骤。软件应该设计简洁明了的交互流程，减少用户在操作过程中的不必要步骤。同时，提供快捷键、自动完成、智能提示等功能，以提高用户的操作效率。合理利用界面布局和设计，减少用户的单击和滚动次数，可以有效提升操作效率。

错误容忍：当使用软件的用户犯错时，软件应该具备一定的容错能力，以及时纠正用户的操作错误或提供相应的警示和帮助。友好的错误提示、逻辑明确的操作反馈、可撤销的操作等都有助于降低用户因操作错误而产生的困惑和不满。

用户体验：用户在使用软件过程中所获得的感受和满意度。良好的用户体验能够增强用户对软件的接受度和持续使用意愿。为了提升用户体验，软件设计应该注重界面美观、交互自然、反馈及时等方面。同时，个性化的用户配置和内容推荐、智能化的交互设计、符合用户期望的功能设置等都能够提升用户体验。

3. 易用性的度量指标

常用的指标包括用户错误率、用户满意度、任务完成时间、用户学习曲线的陡峭程度、用户界面的一致性、用户界面的可定制程度。

用户错误率：用户在使用软件系统时犯下的错误的频率或比例。较低的用户错误率意味着用户更容易正确地操作软件系统。可以通过用户调研、用户测试和日志分析等方法来获取用户错误率的数据。根据用户错误率的变化情况，开发团队可以判断软件的易用性改进效果。

用户满意度：用户对软件系统使用过程中的整体感受和满意程度。用户满意度是一个主观的评价指标，可以通过用户调研、问卷调查和定性反馈等方式来获取。一般使用评分或满意度级别等方式进行量化评估。较高的用户满意度意味着用户对软件的使用体验和功能满意，并愿意持续使用。用户满意度的提升可以通过用户反馈和用户参与的方式来实现。

任务完成时间：用户使用软件系统完成特定任务所需要的时间。较短的任务完成时间通常意味着软件系统具有高效的操作方式和交互流程，用户能够迅速完成任务。可以通过实验、用户测试或日志分析等方式来获取任务完成时间的数据。任务完成时间的减少可以通过简化操作流程、提供直观的操作界面和智能化的交互等方式来实现。

用户学习曲线的陡峭程度：用户学习软件系统的速度。陡峭的学习曲线意味着用户学习软件所需的时间和努力较多，而平缓的学习曲线表示用户更容易学习和掌握软件。可以通过用户测试或问卷调查等方式来评估用户学习曲线的陡峭程度。

用户界面的一致性：软件系统在整个界面设计中保持一致的外观、布局和交互模式。一致的用户界面可以提高用户的学习效率和操作的准确性。

用户界面的可定制程度：用户能否根据自身需求和偏好自定义界面设置。

5.7.2 易用性的质量属性场景

1. 易用性质量属性场景的 6 个组成部分

易用性质量属性场景的 6 个组成部分的常见情况如表 5-57 所示。

表 5-57　易用性质量属性场景的 6 个组成部分

组成部分	具体描述
刺激源	用户操作（如在软件界面进行单击、拖曳、输入等）、系统事件（如错误提示、警告信息等）、外部环境变化（如网络连接断开、设备连接断开等）
刺激	用户单击特定按钮、输入特定数据、修改设置项等具体操作
制品	实现易用性依赖系统整体，因此易用性质量属性场景的制品为系统整体
环境	易用性关注用户的使用感受，因此易用性质量属性场景的环境通常为系统的运行时或配置时
响应	系统接收到用户的要求后，给出不同形式的反馈。如给出即时反馈、显示错误消息或警告消息以帮助用户理解问题等
响应度量	常用的响应度量指标包括用户完成任务的时间、用户出错的次数、用户操作的成功率、用户排查错误的时间、用户满意度等

2. 易用性质量属性场景示例：用户撤销操作

用户在使用某文档编辑软件时出现了输入错误，试图撤销操作。此时的质量属性场景如表 5-58 所示。

表 5-58　易用性质量属性场景示例（撤销操作）

组成部分	具体描述
刺激源	用户
刺激	用户单击"取消"按钮
制品	系统整体
环境	系统处于正常运行时
响应	系统还原到用户执行最近操作之前的状态
响应度量	从用户单击"取消"按钮到操作被成功撤销的时间在 1 秒内

5.7.3 易用性的实现策略

1. 易用性的实现策略概述

易用性实现策略的目标是让用户在使用软件时感到舒适和满意，以便用户能够轻松地理解和操作软件、减少因为复杂操作而导致的困惑和错误，实现操作效率的提升。通过实现软件的易用性，可以增强用户的满意度和忠诚度，从而提升软件的市场竞争力。

易用性实现策略主要关注两个方向：运行时策略、设计时策略。

2. 运行时策略

运行时策略侧重于通过软件运行时的交互和反馈来实现易用性。本方向中的具体策略包括猜测任务、适当反馈、一致体验、支持撤销等。

1) 运行时策略 1：猜测任务

通过分析用户行为和操作，预测用户当前的意图和目标，并提供相应的功能和操作方式，以提供更加智能化和个性化的用户体验。具体方法包括用户行为分析、上下文信息利用、交互式引导等。

用户行为分析：系统分析用户在软件中的操作行为（页面的浏览路径、单击和输入的内容等），从中推断出用户可能感兴趣的内容或需要完成的任务。例如，在电子商务网站中，用户频繁浏览某一类产品，系统可以猜测用户对该类产品感兴趣，然后推荐相关的产品或提供更多详细信息。

上下文信息利用：系统利用用户的上下文信息（用户所处的位置、当前的时间、之前的浏览记录等）来帮助猜测用户的意图。例如，在移动应用中，根据用户当前的位置和时间，系统可以猜测用户可能需要的服务或信息，并提供相应的推荐或提醒。

交互式引导：系统通过引导用户对话或提问，以了解用户的具体需求和意图。例如，在智能助手应用中，系统可以通过对话方式询问用户需要什么帮助，以更好地满足用户的需求。

本策略的典型应用包括输入法联想和搜索引擎联想。

输入法联想：西安电子科技大学的一位学生在手机输入法应用中输入"西安电子"时，输入法应用通过分析用户历史输入的内容，猜测用户可能要输入"西安电子科技大学"，在输入栏中展示"西安电子科技大学"的联想词汇。用户可以直接单击联想词汇，从而快速输入完整学校名称。

搜索引擎联想：用户在手机上的搜索 App 的搜索栏中输入"西安"时，搜索引擎应用通过分析全体用户历史上输入的以"西安"为开头的搜索关键字，猜测用户可能要查询西安的天气预报，因此在搜索栏中展示"西安天气预报"的候选关键词，省去了用户输入完整查询词的时间。

2) 运行时策略 2：适当反馈

及时向用户提供准确、清晰的反馈，让用户了解他们的操作是否成功以及当前系统的状态。有效的反馈可以帮助用户感知系统的响应并指导他们的后续操作，从而提高用户的满意度和操作效率。常见的反馈包括操作结果反馈、状态指示反馈、即时验证反馈、交互式反馈等。

操作结果反馈：在用户完成某个操作后，系统应该及时向用户反馈操作的结果，以确保用户知道他们的操作是否成功。例如，在用户提交表单后，系统可以显示一个成功的消息提示，或者在发生错误时提供相应的错误消息，让用户了解出现了什么问题并能够及时纠正。

状态指示反馈：当系统在处理用户请求时，特别是在涉及需要等待或复杂处理的情况下，应该向用户提供相关的进度指示或加载状态，以让用户了解操作的进展。例如，在一个大尺寸的文件上传过程中，系统可以显示上传进度条，让用户了解当前文件上传的状态。

即时验证反馈：当用户在输入框或表单中输入数据时，系统提供即时的验证反馈，指示用户输入的是否合法或满足特定的要求。例如，在一个注册表单中，系统可以实时检查并提示用户输入的电子邮件地址是否有效，或者密码是否符合要求，以便用户及时地纠正错误。

交互式反馈：系统通过交互式的界面元素和动画效果，来给用户提供更生动的反馈。

例如，在一个拖曳和放置的功能中，系统可以通过拖曳物体时实时更新它的位置，或者在放置时提供动画效果，以增加用户的体验感。

3）运行时策略3：一致体验

确保用户在整个系统中获得一致的外观、布局和交互方式，以便用户能够轻松地从一个功能或页面转换到另一个功能或页面。一致性的体验可以帮助用户建立对系统的熟悉感，提高其使用效率和满意度。具体包括一致的外观和布局、约定俗成的交互规范、一致的控件/组件等方法。

一致的外观和布局：使用相同的设计元素、颜色方案、字体样式等，以确保用户在不同的功能或页面间能够轻松地找到和识别相关的信息。例如，一个网站的不同页面应该在页眉、页脚、导航栏等方面保持统一的设计风格和位置。

约定俗成的交互规范：用户在不同的功能或页面上具有一致的交互方式和操作习惯。例如，系统中的按钮单击、菜单导航、滚动行为等应该符合普遍的用户期望，减少用户的认知负担和学习成本。

一致的控件/组件：系统中的列表、表格、下拉选项等控件应该采用相同的样式和交互方式，以便用户能够快速地理解和使用。常见的控件/组件的样式和交互规范如表5-59所示。

表 5-59　常见的控件/组件的样式和交互规范

控件/组件	使 用 场 景	样式和交互规范
列表	展示大量同类项	统一的字体、颜色、单击响应
表格	展示结构化数据	相同的边框风格、行高、排序功能等
下拉选项	提供一组选项中的单个选择	统一的动画效果、位置、触摸/单击响应等

如果系统同时支持不同的平台（如PC、手机）或形式（如网站、App等），应该在不同平台上保持一致的外观和交互方式，确保用户可以使用相似的操作习惯和体验。以西安电子科技大学官网为例，在PC浏览器和手机浏览器中的打开效果如图5-10所示。

图 5-10　西安电子科技大学官网（左为PC浏览器，右为手机浏览器）

4）运行时策略4：支持撤销

支持撤销操作可以降低用户担心使用软件时出错的紧张感，提高用户对于操作的信心。撤销操作包括撤销历史记录、多级撤销等方面。

撤销历史记录：软件记录用户操作的历史记录（包括每个操作的详细信息以及执行时间顺序），在需要时用户进行撤销操作以返回到之前的状态。软件可以通过一个特定的面板或视图显示以时间顺序排列的操作历史，用户可以选择要撤销的操作。

多级撤销：用户不仅可以撤销上一步的操作，还可以一次性撤销多个操作，以便快速回退到之前的状态。这对于文档编辑、视频剪辑等复杂操作或多步骤任务的处理非常有用。

例如，回收站存放被用户删除的文件/文件夹，用户可以在需要时恢复它们，避免了文件的永久性删除。用户删除的文件/文件夹会被移动到回收站，并在其中保留其原始位置和其他相关信息。在回收站中，项目按时间顺序排列，用户可以选择恢复单个或多个已删除的项目。

3. 设计时策略

设计时策略关注在软件设计阶段实现易用性，具体策略包括将用户界面和系统其他部分隔离等，具体措施包括换肤和夜间模式。

换肤允许用户根据自己的偏好来改变软件界面的外观样式（如调整颜色、图标、字体等），而不会影响软件的核心功能和业务逻辑。夜间模式允许用户将软件的界面设置为暗色主题以适应昏暗的环境，软件也支持根据用户设定的时间来自动切换夜间模式和日常模式的外观。

5.7.4 提高软件易用性的措施实例

本节以源代码编辑器 Visual Studio Code 和图像编辑软件 GIMP 为例，介绍真实软件中提高易用性的措施。

1. Visual Studio Code

Visual Studio Code（VS Code）是微软推出的可以运行于 Windows、macOS、Linux 之上的源代码编辑器，它基于开源软件构建。为了提高易用性，它使用了直观且可定制的用户界面、智能代码补全、丰富的插件生态系统、跨平台支持、集成终端、时间线视图等措施。

直观且可定制的用户界面：在 VS Code 的用户界面中代码编辑区域最大化，同时保留了必要的工具栏和侧边栏（资源管理器、搜索、源代码控制等），确保用户能快速访问常用功能。用户还可以根据个人偏好调整主题、键盘快捷键、布局等，使得编辑环境更加个性化。

智能代码补全：通过 IntelliSense 功能，VS Code 能够根据当前上下文提供代码片段、函数定义、变量名等的自动完成建议，极大地提高了编码效率。

丰富的插件生态系统：VS Code 支持数以万计的插件，提供了语法高亮、代码格式化、实时预览、特定语言支持等各个方面的功能。用户可以根据自己的需求自由扩展功能，这极大地增强了其易用性。

跨平台支持：VS Code 可以在 Windows、macOS 和 Linux 上运行，保证了代码编辑体验的一致性，无论用户在哪种操作系统上工作都能轻松上手。

集成终端：内置的终端功能让用户可以直接在编辑器内执行命令行操作，无须切换窗口，提高了开发流程的连贯性。

时间线视图：时间线视图为开发者提供了本地源代码控制的自动更新时间轴，显示与文件相关的重要事件，如 Git 提交、文件保存等，帮助开发者轻松追踪文件变更。

2. GIMP

GIMP(GNU Image Manipulation Program)是一个功能强大的开源图像编辑软件。为了提高易用性,它使用了直观且可定制的用户界面、丰富的工具集与快捷键、图层和蒙版功能、插件和脚本支持、跨平台支持等措施。

直观且可定制的用户界面:GIMP 提供了专业用户习惯的多窗口模式和易于新手用户上手的单窗口模式。用户还可以根据工作习惯调整面板布局,如工具箱、图层、通道、笔刷等,以达到最高效的编辑环境。

丰富的工具集与快捷键:GIMP 内置了大量图像编辑工具(如画笔、克隆印章、选择工具等),用户还可以为常用操作设置快捷键以提高编辑效率。

图层和蒙版功能:GIMP 的图层面板设计直观、操作简便,便于用户进行复杂图像合成。蒙版功能则让用户能够在不影响原始图像的情况下进行非破坏性编辑。

插件和脚本支持:用户可以利用插件和脚本来定制自己习惯的工作流程,提高工作效率。

跨平台支持:GIMP 可在 Windows、macOS 和 Linux 等多个操作系统上运行,确保了不同平台用户都能获得一致的使用体验。

5.8 特定领域关注的质量属性

5.8.1 功耗效率

1. 功耗效率的含义

功耗效率(power efficiency)是指在完成特定任务或提供特定功能的情况下,系统所消耗的能源与所完成任务或提供功能的效果之比。功耗效率越高,系统在完成任务时所消耗的能源越少。嵌入式设备(特别是电池供电的设备)很关注功耗效率。高功耗效率可以带来延长电池寿命、减少散热需求、降低系统使用成本等好处。功耗效率关注的因素包括硬件设计、软件设计与能源管理策略等因素,具体说明如表 5-60 所示。

表 5-60 功耗效率应关注的因素

因素	说明
硬件设计	选择低功耗的处理器、存储器和其他外设,采用先进的制程工艺、降低电压和时钟频率等都可以提高硬件的功耗效率
软件优化	通过精心设计和优化软件算法、数据结构以及编程方法,可以降低系统在运行时的功耗
能源管理策略	使用合理的休眠、唤醒机制,动态调整处理器频率和电压,合理控制外设的供电状态,通过合理的能源管理策略来达到节能的目的

2. 功耗效率的实现策略

功耗效率的实现策略包括优化算法和数据结构、降低处理器时钟频率和电压、合理使用休眠和唤醒模式、运行时功耗管理、优化输入/输出处理等,各策略的详细说明如表 5-61 所示。

表 5-61 功耗效率的实现策略

策略	说明
优化算法和数据结构	通过优化算法和数据结构的选择和实现,可以减少计算和内存使用,从而降低功耗。例如,选择更高效的排序算法或使用更紧凑的数据结构可以减少处理器和内存的负载
降低处理器时钟频率和电压	降低处理器的时钟频率和电压可以降低功耗。在设计阶段,可以根据应用需求精确定义所需的处理器性能级别,以避免不必要的功耗浪费
合理使用休眠和唤醒模式	通过让内部组件进入休眠状态来减少功耗,并在需要时及时唤醒,可以有效地降低整体功耗,以实现节能效果
运行时功耗管理	通过动态调整处理器的频率和电压、合理管理任务和线程调度以降低功耗
优化输入/输出处理	对于涉及输入/输出的操作,利用缓存等方式合理优化对外部设备的访问可以减小功耗

5.8.2 可移植性

1. 可移植性的含义

可移植性(transportability)是评估软件系统能够在多个环境中进行部署和运行的能力,可移植性高的软件无须修改或只需少量修改就能在不同的软硬件环境中运行。

可移植性包括硬件平台的可移植性(如从 x86 架构移植到 ARM 架构的硬件平台)、操作系统的可移植性(如从 iOS 移植到安卓)、编程语言的可移植性(如从 Java 移植到 Python)、运行时环境的可移植性(如从 Java 虚拟机移植到.NET 框架)等。可移植性对游戏应用很重要,因为其经常需要同时支持 PC、游戏主机、手机等不同的平台。

可移植性关注数据格式的兼容性、对底层 API 的抽象等因素,数据格式的兼容性要求系统在不同环境下对数据格式的处理保持一致,避免因数据格式不兼容而导致运行错误。对底层 API 的抽象要求系统对底层操作系统或硬件的依赖进行了良好的抽象,可以在不同操作系统或硬件平台上运行。

2. 可移植性的实现策略

可移植性的实现策略包括采用标准化的接口和协议、使用跨平台的开发工具和框架、对底层操作系统进行抽象、避免使用平台特定的特性,各策略的说明如表 5-62 所示。

表 5-62 可移植性的实现策略

策略	说明
采用标准化的接口和协议	使用标准化的接口(如 RESTful API)、协议(如 HTTP、TCP/IP)、文件格式(如 JSON、XML)来与外部环境进行交互,以降低系统与特定环境耦合的程度
使用跨平台的开发工具和框架	选择能够跨多个平台的开发语言(如 Java、Python)和工具(如 Xamarin、Vue Native),使得开发的软件能够在不同的操作系统上运行而无须大量修改
对底层操作系统进行抽象	使用操作系统提供的标准化 API 和接口,而不是直接依赖于特定操作系统的特性。确保软件与不同操作系统的兼容性
避免使用平台特定的特性	尽量避免使用特定平台的特性和功能。如果无法避免,则需要提供相应的条件判断和适配层,以确保软件在不同平台上都可以正常运行

5.8.3 可重用性

1. 可重用性的含义

可重用性（reusability）指将软件系统中的组件、模块或功能单元在不同上下文中多次使用的能力。高可重用性的软件可以降低开发成本、提高开发效率，也增加了软件的稳定性和可靠性。开发软件产品家族的企业在同一产品家族中的多款产品之间存在很多相似之处（如 Office 产品家族中的 Word、Excel、PowerPoint 具有相似的用户界面，部分功能也有重叠），因此很关注可重用性[22]。

可重用性关注独立性、通用性、灵活性、文档化与清晰的接口设计等方面，具体说明如表 5-63 所示。

表 5-63 可重用性应关注的因素

因 素	说 明
独立性	组件应尽可能独立于特定的应用程序或上下文，以便于在不同的环境中被重复利用
通用性	组件应满足多个不同的应用场景，并在多个项目中复用
灵活性	组件应支持配置和定制，以适应不同的需求和环境
文档化与清晰的接口设计	组件应该具备清晰的文档和良好设计的接口，便于不同平台的开发者学习

2. 可重用性的实现策略

可重用性的实现策略包括通用的组件和库、遵循设计模式、抽象和接口设计、文档和示例代码、制定规范和标准等，各策略的说明如表 5-64 所示。

表 5-64 可重用性的实现策略

策 略	说 明
通用的组件和库	开发通用、独立的组件和库（如数据结构、算法、用户界面控件等），以便在不同的项目中重复使用
遵循设计模式	应用常见的设计模式（如工厂模式、单例模式、观察者模式等）来解决常见的设计问题，从而提高代码的通用性和扩展性
抽象和接口设计	定义清晰的接口和抽象类，以分离实现和接口。可以促进代码的重用，使得不同的实现可以基于相同的接口进行交互
文档和示例代码	提供清晰的文档和示例来说明如何使用可重用的组件，帮助其他开发者正确重用它们
制定规范和标准	鼓励组件的使用者遵循一致的编码规范和标准，以促进代码的一致性

5.9 综合案例：手机银行

5.9.1 案例综述

随着智能手机的普及，手机银行已经成为用户操作银行业务的首选。用户可以很方便地在手机银行中进行账户管理、资金转账、缴费、理财产品购买、贷款申请等一系列银行业务。手机银行对质量属性的要求如表 5-65 所示。

表 5-65　手机银行对质量属性的要求

质量属性	要　　求
可用性	保证极高的在线率和稳定性
可修改性	系统增加新功能和修正错误的成本低
性能	App 可以在 3 秒内打开,用户的大部分操作应在 5 秒内获得结果
安全性	黑客盗取用户银行账户的难度高
可测试性	开发人员可以高效地测试手机银行系统
易用性	首页常用功能支持定制

下面详细阐述手机银行在可用性、可修改性、性能、安全性、可测试性和易用性方面的设计。

5.9.2　面向质量属性的体系结构设计

1. 可用性设计

实现手机银行可用性的措施包括冗余备份、容错设计、负载均衡、弹性扩展等,其详细说明如表 5-66 所示。

表 5-66　实现手机银行可重用性的措施

措　　施	说　　明
冗余备份	采用数据备份、业务服务器备份等冗余备份的方式,应对硬件故障、数据丢失等情况。将备份数据放置在不同城市,确保即使在设备损坏或数据损坏的情况下也能保持数据的完整性和可恢复性
容错设计	利用超时机制、异常处理、自动重连等容错机制,通过技术手段提高系统对错误或异常情况的容忍能力
负载均衡	根据用户所在地理位置或使用的网络运营商,将用户请求分发至多个服务器,使得系统可以更有效地分担流量和请求压力
弹性扩展	根据实时负载情况自动增加或减少服务器实例,以应对用户量的突发变化,确保系统能够快速响应激增的用户访问需求

2. 可修改性设计

实现手机银行可修改性的措施包括模块化设计、遵循设计模式、可扩展的架构、配置化管理、业务规则引擎、持续集成和自动化测试等,其详细说明如表 5-67 所示。

表 5-67　实现手机银行可修改性的措施

措　　施	说　　明
模块化设计	用高内聚、低耦合的设计原则合理划分各个功能模块,以便在修改某个功能模块时减少对整个系统造成的影响
遵循设计模式	采用 MVC(Model-View-Controller)等设计模式,让系统可以进行灵活地修改和扩展

续表

措　施	说　明
可扩展的架构	通过模块化、插件化的方式，允许新功能、新业务逻辑的快速集成
配置化管理	采用配置文件或配置数据库的形式对系统中的配置信息和参数进行管理。在对系统行为和特性进行调整和修改时，减少对源代码的修改
业务规则引擎	利用业务规则引擎单独管理和执行业务规则，以便于根据业务变化灵活调整规则
持续集成和自动化测试	建立持续集成和自动化测试机制，确保每次修改或扩展后，都能够进行快速、准确地测试和验证，避免引入新的问题和错误

3. 性能设计

实现手机银行性能的措施包括前端性能优化、后端性能优化、CDN 加速、延迟加载、合理使用缓存、异步加载等，其详细说明如表 5-68 所示。

表 5-68　实现手机银行性能的措施

措　施	说　明
前端性能优化	利用压缩和合并 CSS、JavaScript 文件、优化图片和多媒体内容等方式，减少页面加载时间和网络传输量
后端性能优化	利用数据库查询优化、接口响应时间优化、缓存策略等方式，提高数据获取和交互的效率
CDN 加速	将静态资源（如图片、样式表、脚本文件）存储在多个 CDN（Content Delivery Network，内容分发网络）节点，减少用户访问资源的网络延迟
延迟加载	利用图片懒加载、模块按需加载等技术，将页面中非必要内容延迟加载，以提高页面响应速度
合理使用缓存	对频繁访问的数据、页面片段进行缓存，以减少对数据库和服务器的请求
异步加载	采用 Ajax 等技术获取数据和处理用户操作，减少页面阻塞时间

4. 安全性设计

实现手机银行安全性的措施包括数据加密、双因素认证、安全开发规范、安全更新、安全审计和监控、信息安全教育等，其详细说明如表 5-69 所示。

表 5-69　实现手机银行安全性的措施

措　施	说　明
数据加密	对用户密码、交易数据等敏感数据进行加密存储和传输，确保用户数据在传输和存储过程中不被窃取或篡改
双因素认证	要求用户在登录或进行重要交易时，提供除账号/密码外的另一种身份验证方式（如短信验证码、指纹识别、面部识别等）
安全开发规范	在开发过程中严格遵守安全开发规范（包括防止常见安全漏洞、防范注入攻击、跨站脚本攻击等），确保代码的健壮性和安全性

续表

措　施	说　明
安全更新	及时应用操作系统和重要软件的安全更新，确保系统能够及时应对新的安全威胁和攻击手段
安全审计和监控	对用户操作、系统访问和异常行为进行记录和监测，及时发现和应对安全问题
信息安全教育	指导用户如何保护个人账户安全，避免钓鱼等社交工程安全威胁（如钓鱼等）

5. 可测试性设计

实现手机银行可测试性的措施包括自动化测试、虚拟化技术等。利用自动化测试框架和工具进行单元测试、集成测试等不同形式的测试，以保证系统在不同层面的功能和性能都能够被测试。利用虚拟化技术构建符合真实场景的测试环境，以便在模拟真实用户操作和网络环境下对系统进行全面测试。

6. 易用性设计

实现手机银行易用性的措施包括用户界面设计、用户导航、一致性体验、用户反馈机制、个性化设置、简化操作流程、响应式设计等，其详细说明如表 5-70 所示。

表 5-70　实现手机银行易用性的措施

措　施	说　明
用户界面设计	采用直简洁明了的菜单结构、易于理解的图标与标识、合理的布局与色彩搭配，确保用户能够快速找到所需功能和信息
用户导航	利用底部菜单栏、搜索等导航功能，让用户轻松切换不同的功能
一致性体验	在安卓、iOS、HarmonyOS 等操作系统下能够提供一致的用户体验，方便用户在不同的手机上进行操作
用户反馈机制	鼓励用户提供意见和建议，及时回应用户的问题和需求，不断改进和优化用户体验
个性化设置	用户可以根据自己的习惯和偏好来定制界面和功能（如修改首页布局、设置常用功能快捷方式等）
简化操作流程	减少用户完成任务所需的步骤和次数（如在用户转账时列出最近 10 个联系人），降低用户的认知负荷和操作复杂度
响应式设计	能够根据用户设备的屏幕尺寸和分辨率灵活调整布局和显示效果

小结

本章首先阐述了软件质量属性的概念和软件质量属性场景的组成部分，之后详细阐述了可用性、可修改性、性能、安全性、可测试性、易用性等关键质量属性的含义及实现策略，最后简要阐述了功耗效率、可移植性、可重用性等特定领域软件体系结构设计中关注的质量属性。

习题

1. 请简要描述为什么需要使用软件质量属性场景来刻画质量属性，并列举出它的 6 个组成部分。
2. 请简要描述什么是软件可用性，并列举至少 4 种实现可用性的策略。
3. 请简要描述什么是软件可修改性，并列举至少 4 种实现可修改性的策略。
4. 请简要描述什么是软件性能，并列举至少 4 种实现性能的策略。
5. 请简要描述什么是软件安全性，并列举至少 4 种实现安全性的策略。
6. 请简要描述什么是软件可测试性，并列举至少 4 种实现可测试性的策略。
7. 请简要描述什么是软件易用性，并列举至少 4 种实现易用性的策略。
8. 请列举出至少两种你观察到的网络银行中所使用的安全性实现策略。
9. 请列举出至少两种你观察到的网络游戏中所使用的易用性实现策略。

第 6 章

软件体系结构评估

软件体系结构评估是对软件系统的架构设计方案进行全面分析和验证的过程。它旨在确保该架构设计方案能够满足软件系统的功能需求和如性能、可用性、安全性、可修改性等关键质量属性的非功能性需求。

在软件体系结构构建的过程中,软件体系结构评估是该构建过程中的重要步骤。因此,在软件体系结构的发展过程中,不同方式的评估方法层出不穷。本章对经典的基于场景的软件体系结构评估方法 SAAM、ATAM,以决策为中心的体系结构评估方法 DCAR 进行了详细阐述,读者可根据自身的评估需求选取适合的评估方法进行软件体系结构评估。

6.1 软件体系结构评估定义

软件体系结构的评估是软件体系结构构建过程中的重要步骤,其位于架构设计和架构实现之间。软件体系结构的评估旨在对软件体系结构的各个方面进行全面审查、分析、评估和验证,以确保系统架构设计方案能够符合系统的功能性需求,以及性能、可靠性、安全性和可维护性等关键质量属性需求。评估过程没有统一的标准,可以根据不同系统场景遵循不同的评估方法。

具体来说,评估过程需要包含以下几个主要方面。首先,是对软件体系结构是否能够满足功能性需求进行评估,以确保体系结构设计能有效地实现系统的功能要求;其次,对软件体系结构是否能够满足性能进行评估,评估软件体系结构在处理工作负载、响应用户请求以及资源利用效率方面的表现,确保其满足性能需求;同时,对软件体系结构是否能够满足安全性评估进行评估,审查软件体系结构设计,以确定系统对于潜在安全威胁和恶意攻击是否具备足够的安全防范措施;再者,对软件体系结构是否能够满足可修改性进行评估,评估软件体系结构的易修改维护程度,包括对代码修改、扩展和重构的支持,以确保系统能够灵活应对未来的变化和演进。另外,当软件系统有其他关键质量属性需求时,如可用性、可靠性等,也需对软件体系结构是否能够满足其他质量属性需求进行分析与评估。

通过对软件体系结构的分析和评估,项目开发团队可以全面掌握目前软件体系结构的设计方案的优势和不足,及时发现架构设计中存在问题并进行改进,以确保软件系统的质量。下面将具体阐述不同的软件体系结构分析和评估方法是如何进行软件系统架构分析与评估的。

6.2 软件体系结构分析与评估方法

在软件体系结构分析与评估研究领域的发展过程中,涌现出众多的软件体系结构评估方法。下面从基于场景的软件体系结构评估方法、基于度量和预测的软件体系结构评估方法,以及基于特定软件体系结构描述的软件体系结构评估方法三个角度,对软件体系结构的评估方法进行概要性阐述,以帮助读者对软件体系结构的评估方法建立一个宏观的框架[24]。

6.2.1 基于场景的评估方法

1. 基于场景的评估方法概述

基于场景的评估方法是研究最广泛、应用最成熟、数量最多的一类软件体系结构评估方法。该类评估方法的基本观点是,大多数软件质量属性极为复杂,根本无法用一个简单的标准衡量。同时,质量属性并不是处于隔离状态,只有在一定的上下文环境中才能做出关于质量属性的有意义的评判。利用场景技术则可以具体化评估目标,代替对质量属性如可维护性、可修改性、健壮性、灵活性的空洞表述,使对软件体系结构的测试成为可能[25]。所以,场景对于评估具有非常关键的作用,整个评估过程就是论证软件体系结构对关键场景的支持程度。

该类方法具有以下重要的特征。首先,场景是这类评估方法中不可缺少的输入信息,场景的设计和选择是评估成功与否的关键因素;其次,这类评估是人工智力密集型劳动,评估质量在很大程度上取决于人的经验和技术。

现有的基于场景的评估方法包括基于场景的软件体系结构分析方法(SAAM)[26]、基于复杂场景的 SAAM(SAAMCS)[27]、基于领域的 SAAM(ESAAMI)[28]、软件体系结构权衡分析方法(ATAM)[29]、针对演化和重用的 SAAM(SAAMER)[30]、设计中间产品积极评审方法(ARID)[29]、软件体系结构层次的可更改性分析方法(ALMA)[31,32]、基于模式软件体系结构评估方法(PSAEM)[33]、基于方面的 SAAM(ASAAM)[34]、软件体系结构层次的可用性分析方法(SALUTA)[35]。

2. 基于场景的评估方法特点

针对基于场景的评估方法的特点,可以从软件体系结构描述、评估目标、质量属性、关键技术等几方面对这类方法进行分析和阐述。

1) 软件体系结构描述

软件体系结构描述是软件体系结构评估的前提和基础。基于场景的评估方法对软件体系结构的具体表现形式没有严格的限制,不依赖于特定的软件体系结构描述语言,但是,利用软件体系结构描述语言建立的软件体系结构模型应该为评估提供完备和准确的信息,以保证评估师能够准确理解设计师的设计策略。利用易于理解、标准的描述方法(如 UML 等标准建模语言)可以促进设计师和评估团队之间的交流。

2) 评估目标

基于场景的评估方法的主要评估目标一般包括评估软件体系结构是否满足各种质量属性的要求、比较不同的软件体系结构方案,以及进行风险评估三方面。该类方法的评估结果大多以评估报告的形式给出,根据评估目标的不同,不同的评估方法给出的报告内容各异。一般的评估报告包括软件体系结构模型对所评估质量属性的满足程度,更进一步地,通过专家的分析,在报告中还可以给出软件开发中可能存在的风险,有时甚至包括软件体系结构设计的改进建议等。

3) 质量属性

这类评估方法适用于各种质量属性的评估,是一种通用的评估方法。在理论上,只要能提供适当的场景描述,该类方法就可以评估软件的大部分质量属性。因此,场景的选择和分析成为各类质量属性评估的关键因素。

4) 关键技术

场景获取技术和场景分析技术是基于场景的评估方法中最为关键的两项技术。下面分别对其进行分析和说明。

场景获取技术是在基于场景的评估方法中,利用场景来具体化评估目标,因此,场景获取是明确评估目标的重要环节。场景获取最基本的方法就是让项目涉众进行头脑风暴,如在 SAAM 和 ATAM 方法中利用问题清单等方式启发评估人员获取场景。

在头脑风暴的基础上,为了对场景进行积累和重用,ESAAMI 方法强调了场景的领域特性,通过领域分析增加领域知识,积累分析模板,提高在领域内对场景的重用和获取。PSAEM 方法则从系统设计的角度提出了一种基于模式的场景提取技术,将软件体系结构模式和设计模式中包含的通用行为作为评估的场景,从而得到了通用的场景模式,可以在不同项目评估中得到重用。为了尽可能地平衡候选场景的完整性和关键性,研究人员提出了场景的等价类选择技术,该技术将所有场景划分为等价的组,然后从每组中抽取一个场景进行评估,从而避免重复评估类似的场景,减少评估成本。ALMA 首次提出并应用了该技术。

另外,针对各种质量属性的不同特点,也提出了具有一定针对性的场景获取技术。例如,ASAAM 方法借用面向方面编程技术中的"方面"概念定义了"方面场景",用于说明对系统中的很多构件产生"横切"影响的场景,如在窗口管理系统中"将系统移植到其他操作系统"的场景就是一个典型的关于"操作系统"方面场景。为了对这种方面场景进行提取,ASAAM 中提供了一套启发式规则在普通场景集中提取"方面场景"。在 SAAMCS 中,则利用软件变化类型(需求变化、质量要求变化、构件变化、技术环境变化)以及场景对软件的影响程度(无影响、影响一个构件、影响多个构件、影响软件体系结构)来指导场景的选择。

场景分析技术是采用评审会议的方法进行场景分析,是最基本的分析方法,利用该方法评估人员可以得到软件体系结构对各场景的满足程度,可以比较多个软件体系结构方案。SAAM、ATAM 等方法都基于这种人工评审的技术。这种技术是基于场景评估方法中的主流技术。但人工评审从效率和精确性上都有一定的欠缺,所以研究人员也在利用一些自动分析的方法,对场景进行模拟执行,通过模拟数据来说明软件体系结构是否满足场景的要求。

在场景分析中,对于不同质量属性的综合分析也是一项非常重要的技术,其中最有影响的研究是 ATAM 方法中引入效用树技术来支持对多属性进行折中分析的能力。效用树描述了质量需求与设计之间的关系以及质量需求之间的优先关系,可用于划分和组织场景。后续将在 ATAM 方法的章节中进行详细的阐述。

6.2.2 基于度量和预测的评估方法

1. 基于度量和预测的评估方法概述

测量对于所有科学领域的进步都是至关重要的。在软件工程领域中,软件的度量和预测技术是保证软件质量的重要技术之一。软件体系结构作为软件开发过程中一个早期的设计模型,如果能够度量并预测未来软件产品的质量,那么其预测的结果可以及时给出设计缺陷,这对于减少开发风险和提高软件质量是非常重要的。根据这一思路,出现了一类基于度量和预测的评估方法。

软件体系结构的度量是对软件中间产品的度量,可以更加精确地描述软件体系结构的各种特征;并通过预测去发现软件设计中存在的问题。该类方法具有以下重要特征。首先,这些方法的基本思路是将传统的度量和预测技术应用在软件体系结构层次;其次,度量技术需要软件体系结构提供比较细粒度的信息,对模型的要求比较严格;再者,利用度量技术对软件体系结构模型的内部特征(如复杂性、内聚度、耦合性等)进行测量;最后,利用这些度量作为预测指标,对某些软件的外部质量(如可维护性、可演化性、可靠性等)进行预测,但由于预测模型构造的困难,所以这些预测一般只作为一种辅助评估的手段。

这里列出了 7 种基于度量和预测的评估方法,包括软件体系结构评估模型(SAEM)[36]、软件体系结构性能评估方法(PASA)[37,38]、基于贝叶斯网的软件体系评估方法(SAABNet)[39,40]、软件体系结构度量过程[41]、软件体系结构变化的度量方法(SACMM)[42]、软件体系结构静态评估方法(SASAM)[43]、软件体系结构层次可靠性风险分析方法(ALRRA)[44]。由于 PASA 中也利用了场景技术,所以有些研究人员将这种方法作为基于场景的方法进行分析[45]。

2. 基于度量和预测的评估方法特点

针对基于度量和预测评估方法的特点,这里从软件体系结构描述、评估目标、关键技术、工具支持、资源需求这几方面对这类方法进行了分析和比较。

1)软件体系结构描述

基于度量和预测的评估方法需要软件体系结构模型提供的信息是完整、无二义和一致的。完整性是指针对不同的度量和预测技术,软件体系结构模型提供的信息应该能够保证度量的计算,也就是说,信息是足够的;无二义性是指对软件体系结构模型的语义是清晰的,不存在不同的理解;一致性是指对于不同视图中的相同模型元素应该具有相同的性质。根据这些要求,软件体系结构描述语言最好采用形式化语言或由半形式化的 UML 扩展得到。例如,PASA 要求利用 Kruchten 提出的"4+1"视图模型[46]对软件体系结构进行描述,并对 UML 元模型进行扩展以适应性能评估的要求。其中,利用消息顺序图(扩展的顺序图)对性能场景进行描述;利用扩展的部署图来描述运行环境的特征。ALRRA 明确提出软件体系结构描述语言必须能够描述构件间交互关系和独立构件的行为特征,ALRRA 中采用了扩展 UML 得到的 ROOM(实时面向对象建模语言)[47]中的顺序图和状态图对系统的动态行为进行描述,并且,ROOM 模型可以模拟执行。SACMM 则使用了形式化的方式定义了带标签的图结构,并利用这种结构给出软件体系结构,然后可以计算出变化的大小。

值得注意的是,虽然度量和预测技术本身是不依赖于语言的,只需要有合适的语言就能够给出完整、无二义、一致的模型,但该类方法大多有自动化工具支持,而工具的实现则是需要依赖于某种具体语言的。

2) 评估目标

基于度量的评估方法主要有以下三种目标,即通过精确的度量,可以评估软件体系结构层次上的内部质量特征;利用预测模型可以评估软件的外部特征;以及可以进行风险评估。

3) 关键技术

在基于度量和预测的评估方法中,度量技术解决的是各种因素的可测量问题,而预测技术解决的是各种因素之间的相关性问题,这两项技术都是评估的基础问题。

首先关注度量技术。根据度量对象的不同,度量技术可以分为两类:第1类是软件体系结构模型的度量技术;第2类是对各种质量属性在软件体系结构层次的度量技术。具体来说,软件体系结构模型的度量技术主要是对软件体系结构模型的结构特征和行为特征进行度量,如结构复杂度、结构形态、行为复杂度等。如 ALRRA 方法为了进行可靠性分析,提出了包括构件操作复杂度、连接件输出耦合度等一组软件体系结构模型的度量技术。

另外一种度量技术则是对性能、可靠性、可维护性等质量属性在软件体系结构层次的量化形式进行研究。例如,PASA 方法就定义了计算机资源需求、作业驻留时间、利用率、吞吐量、队列长度等度量,对性能进行量化的表示;SACMM 方法为了对软件可更改性及软件体系结构的演化性进行评估,利用 Graph Kernel 函数定义距离度量对软件体系结构的相似性进行量化;ALRRA 方法提出与故障相关的一组度量,包括构件和连接件的故障模式、故障严重性级别。通过复杂性度量和故障严重性级别,可以计算可靠性风险因子。SACMM 方法利用距离和相对距离度量,建立软件体系结构转换模型,该模型表示了软件开发过程不同软件体系结构的差异,具有计算效率高、简单易用的特征。

其次关注预测技术。预测技术是在度量技术的基础上进一步研究在软件体系结构层次上各种因素之间的关系。利用这些经验关系,可以通过一些在软件体系结构层次上的特性(如结构和行为特性等)来预测未知的软件质量特性(如可靠性、可维护性等)。预测技术的研究需要比较深入的理论知识,需要积累大量的经验数据,这些都是软件工程研究中的难点问题,但如果该技术得到突破,将对评估技术自动化方面的研究产生重要的影响。

目前,该技术已经取得了一些成果,如在 ALRRA 方法中,利用复杂性度量和故障严重性级别,建立了基于构件依赖图(CDG)的模型,并利用风险分析算法对 CDG 模型进行计算,可以评估软件体系结构的可靠性风险;SAABNet 方法则利用贝叶斯信念网构造了软件体系结构策略到软件质量的因果关系模型,可以通过设计策略对各种质量属性进行预测。

6.2.3 基于特定软件体系结构描述语言的评估方法

1. 基于特定软件体系结构描述语言的评估方法概述

基于特定软件体系结构描述语言(ADL)的评估方法是一类比较特殊的方法,这类方法依赖于某种具体的软件体系结构描述语言,一般是软件体系结构语言研究的附属品。该类方法具有两方面的重要特征。首先,评估技术与特定软件体系结构描述语言的定义机制和理论基础密切相关;其次,软件体系结构描述语言的定义非常严格,通常是形式化或半形式化的描述语言。

在软件体系结构的研究领域中,学者提出了很多基于特定软件体系结构描述语言的评估方法,例如,特定领域软件体系结构分析方法(DSSA)[48,49],Rapide 方法[50],以及基于

UML 逆向工程的软件体系结构分析方法[51]等。

2. 基于特定软件体系结构描述语言的评估方法特点

针对基于特定软件体系结构描述语言评估方法的特点，这里从软件体系结构描述、质量属性、关键技术三方面对这类方法进行分析。

1）软件体系结构描述

基于特定 ADL 的评估方法使用的软件体系结构描述语言通常是具有形式化基础的语言或半形式化的描述语言。所以，这类语言具有可执行、可自动分析的能力，这就为软件体系结构的评估奠定了基础。在调研的方法中，DSSA 方法使用了 Meta-H 语言描述软件体系结构模型。Meta-H 是由 Honeywell 公司定义的，支持对可靠性和安全性要求较高的多处理器实时嵌入式系统的创建、分析和验证，主要适用于航空电子控制软件系统。Rapide 是由美国 Stanford 大学的 Luckham 等人定义的一种可执行的软件构架定义语言，主要适用于对基于事件的、复杂、并发、分布式系统的构架进行描述。在基于 UML 逆向工程的软件体系结构分析方法中，利用 UML 外廓机制定义特定领域的软件体系结构概念模型和约束模型。

2）质量属性

在基于特定 ADL 的评估方法中，待评估的质量属性是受到其语言特征和形式化理论基础的限制的。通常来说，该类方法用于评估特定领域软件系统的性能、可靠性、安全性、事务性等质量属性。

3）关键技术

各种特定的 ADL 具有不同的形式化理论基础，其评估技术依赖于所采用的理论模型。例如，DSSA 中的 Meta-H 语言的语义主要基于形式化调度和数据流模型，可以通过对软件体系结构的模拟执行，得到以下三方面的分析结果，包括时间性能，它主要分析进程时间的限制、各子系统执行时间统计和交互次数等；可靠性，它通过生成马尔可夫可靠性模型对缺陷发生和传播进行分析；以及安全性分析。

通过这三种分析，可以评估系统稳定性、性能、鲁棒性、可靠性、安全性等质量属性。Rapide 中构件的计算和交互语义通过偏序事件集（称为 Posets）定义，通过抽象状态和状态转移规则来定义该类构件的行为约束，所以通过模型执行和形式化检查的方法检测体系结构参考模型的动态结构，从而分析软件体系结构的一致性，检查事务的原子性、一致性、隔离性、持久性（ACID）。

另外，在基于 UML 逆向工程的软件体系结构分析方法中，通过一种结合自顶向下（已知的软件体系结构）和自底向上方法的逆向工程构造软件实现模型与软件体系结构模型之间的关系；利用概念模型和约束模型进行软件体系结构的结构分析，首先根据约束模型对软件体系结构模型进行验证；然后，利用原子操作（增加、删除和合并等）对不同的软件体系结构模型进行比较，对软件的可维护性进行评估。

6.3 软件体系结构分析法

软件体系结构分析法（Software Architecture Analysis Method，SAAM）是卡耐基-梅隆大学软件工程研究所（SEI at CMU）的 Kazman 等人提出的一种非功能质量属性的架构分析方法，是一种相对简单的软件体系结构评估方法。最初用来分析软件体系结构的可修改性，后来实践证明该方法不仅可用于可移植性、可修改性、可扩充性、可集成性等质量属性及系统功能进行快速评估，还可用于对性能、可靠性等其他质量属性的启发式评估，最终 SAAM 发展成了评估一个系统架构的通用方法。SAAM 是最早形成文档并得到广泛使用的软件体系结构分析方法。

6.3.1 SAAM 的参与人员

在 SAAM 的评估中，将参与人员划分为三种角色，分别为外部涉众、内部涉众，以及 SAAM 团队。下面分别进行具体说明。

外部涉众：外部涉众是没有直接参与软件架构开发过程的人。他们是系统的涉众，他们的作用是给出系统的商业目标，也可以度量的方式提出系统的质量属性需求，并且对系统评估中的直接场景和间接场景给出他们认为的分类和优先级。外部涉众可能包括客户、最终用户、市场专家、系统管理员、系统维护人员等。

内部涉众：内部涉众是直接参与能满足商业目标和质量属性需求的软件体系结构设计方案的人员。他们的作用是能分析、描述、解释软件架构设计中的相关概念，分析评估与设计方案相关的成本和进度。

SAAM 团队：SAAM 团队是在系统的软件架构中没有直接的利害相关，但是参与 SAAM 评估会议的人员。它们的作用是支持系统涉众展示商业目标，例如，在展示之后，帮助形成描述直接场景和间接场景的相关文档。SAAM 评估团队通常由评估员（团队负责人或发言人）、应用领域专家、外部体系结构专家（可选，在非常正式的评估中需求）和秘书组成。

6.3.2 SAAM 的评估过程

SAAM 的主要输入是问题描述、需求声明和架构描述。图 6-1 描绘了 SAAM 评估方法的 6 个主要步骤。

SAAM 步骤 1-场景开发：SAAM 的第一步场景开发，也可以称为场景生成。SAAM 方法采用头脑风暴要求风险承担者列举出若干场景，该场景可能是直接场景，也可能是间接场景，分别用于支持对体系结构的静态分析和动态分析。直接场景类似用例，是按照现有的构架开发出来的系统能够直接实现的场景。间接场景，也可看作更改案例，在实际评估中，如果软件体系结构不能直接支持某一直接场景，就需要对现有的软件体系结构做修改。那么，对现有架构做一些修改才能支持的场景便是间接场景。在场景开发步骤中，主要的挑战是捕获系统的所有用户的主要需求，系统必须达到的所有质量属性及对应质量属性需求的重要程度级别，并且捕获系统所有可预见的未来变化。

这个步骤可以多次进行。迭代的次数和关于体系结构的信息越多，参与者就容易发现更多的场景。因此，体系结构描述和场景开发相互影响，是可以同时执行这两个步骤的。

SAAM 步骤 2-体系结构描述：SAAM 的第二步需要描述已提出的候选体系结构。所使用的架构描述方式需要是能够使参与者很好理解的方式，并且必须明确显示出系统的静态表示（构件、它们的相互连接以及与环境的关系），以及系统的动态行为。具体的描述方式可以参考本书中关于体系结构描述的内容。

SAAM 步骤 3-场景分类和优先级排序：在场景的分类中，场景可被分为直接场景和间接场景,如果对应 UML 中的表示,分别为用例和变更用例。场景的优先级排序是通过投票产生的,关于间接场景的优先级,越有可能发生的间接场景视为优先级越高。

SAAM 步骤 4-单个场景评估:在单个场景的评估步骤中,对于直接场景,架构师演示说明候选体系结构方案如何支持该场景。对于间接场景,架构师描述如何更改体系结构以适应间接场景。对于每一个间接场景,都必须明确给出实现该场景所需的架构修改,以及需要更改的或需要增加的构件,并估计实现修改的成本和工作量。

SAAM 步骤 5-场景交互评估:当两个或多个场景需求需要对体系结构的相同构件进行更改时,它们被称为交互。在这种情况下,需要修改受影响的构件,或将其划分为子构件,以避免不同场景的交互。

SAAM 步骤 6-总体评估:最后,根据对软件系统的重要性,为每个场景分配一个权重。权重与场景或其他标准(如成本、风险、上市时间等)所支持的业务目标相关联。如果存在多个候选体系结构,就对多个候选体系结构进行比较,得出一个总体评估排名,选择出最合适的体系结构设计方案,该方案应该可以覆盖直接场景的需求,并且支持在实现间接场景时修改变更代价最小。

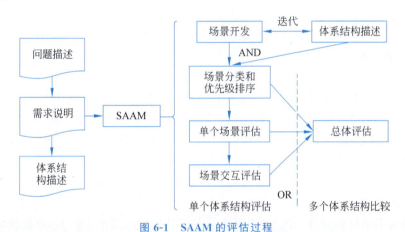

图 6-1 SAAM 的评估过程

6.4 架构权衡分析法

架构权衡分析法(Architecture Tradeoff Analysis Method,ATAM)方法是卡耐基·梅隆大学软件工程研究所在 SAAM 方法基础上提出的,它是考虑了可修改性、性能、可靠性和安全性等多种质量属性的软件体系结构评价方法。ATAM 可以分析软件架构是否能够满足特定质量属性需求,并且开始关注质量属性是如何相互依赖的,即多个质量属性间是如何相互权衡的。

6.4.1 ATAM 中的重要概念和技术

在开始 ATAM 评估前,首先需要理解一些重要的概念和技术。

1. 场景

ATAM 是基于场景的评估方法,ATAM 使用三种类型的场景:用例场景、增长场景和探索性场景。这些不同类型的场景用于从不同的角度分析评估软件系统,以在评估的过程中更容易发现现有体系结构的潜在风险,辅助决策出更合适的体系结构。在 ATAM 中,一般采用刺激、环境和响应三方面来对场景进行描述。下面将对每种场景进行详细的阐述。

(1) 用例场景。

用例场景描述了用户与最终交付的系统的预期交互。下面是一些用例场景的例子。在这些例子中,可以看到用例场景的描述和它关注的质量属性。

- 用例场景 1:在武器释放(如放空)期间有一个大幅度的航向调整,软件需在 100ms 内计算出结果。(性能)
- 用例场景 2:用户希望在不重新输入项目数据的情况下检查不同会计年度的预算和实际数据。(易用性)
- 用例场景 3:如果发生数据异常,系统将通过电子邮件通知预设的收件人,并在屏幕上以红色显示违规条件。(可用性)
- 用例场景 4:用户将图形的布局从水平更改为垂直,新的图形将在 1s 内重新绘制。(性能)
- 用例场景 5:远程用户在高峰期通过 Web 请求数据库报告,并在 5s 内收到报告。(性能)
- 用例场景 6:缓存系统将在其处理器发生故障时切换到另一个处理器,并且将在 1s 内完成切换。(可用性)

(2) 增长场景。

增长场景表示对系统预期的较可能发生的未来变化。下面是一些增长场景的例子。

- 增长场景 1:将新消息类型添加到系统的数据仓库中,只需不到一周的工作时间。
- 增长场景 2:添加协作计划功能,使不同地点的两个计划人员可以协作进行计划,该工作在一个工作人员的工作月内完成。
- 增长场景 3:系统要处理的最大曲目数量加倍,曲目数据显示在屏幕上的最大延迟时间保持在 200ms。

增长场景不是只关注可修改性,也可能会关注其他质量属性。例如,增长场景 3 关注了系统未来变化后的性能需求。

(3) 探索场景。

探索场景关注的是系统的极限。这些场景的目标是暴露当前设计的限制或边界条件,暴露可能隐含的假设。系统现在从来没有考虑过处理这些类型的修改,但是在未来的某个时刻,这些可能是需要更改的现实需求。因此,利益相关者可能希望了解这些变化的后果。下面是一些探索场景的例子。

- 探索场景 1:添加一个新的 3D 地图功能,以及一个虚拟现实界面,可以在不到 5 个工作月的时间内完成。
- 探索场景 2:将底层 UNIX 平台更改为 Macintosh。
- 探索场景 3:将系统的可用性从 98% 提高到 99.999%。

2. 效用树

ATAM 评估方法采用效用树这一技术来对质量属性进行分类和优先级排序。如图 6-2 所示,效用树的结构包括树根——质量属性——属性分类——质量属性场景(叶子节点)。需要注意的是,ATAM 主要关注 4 类质量属性:性能、安全性、可修改性和可用性,这是因为这 4 个质量属性是利益相关者最为关心的。

得到初始的效用树后,需要修剪这棵树,保留重要场景(通常不超过 50 个),再对场景按重要性给定优先级(用 H/M/L 的形式),再按场景实现的难易度来确定优先级(用 H/M/L 的形式),这样对所选定的每个场景就有一个优先级对(重要度,难易度),如(H,L)表示该场景重要且易实现。

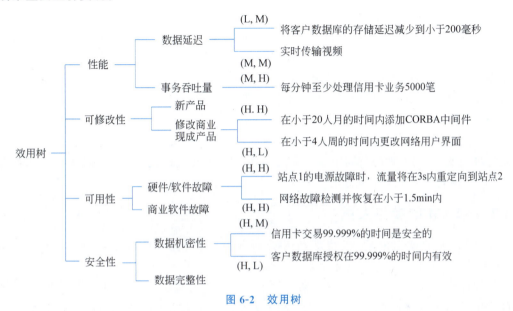

图 6-2　效用树

3. 敏感点、权衡点、风险和非风险

在 ATAM 评估方法中,要记录在分析体系结构时发现的任何敏感点、权衡点、风险和非风险。

(1) 敏感点。

敏感点和权衡点都是软件体系结构决策的关键。敏感点是指一个或多个构件(和/或构件关系)的设计方案对于是否能够实现特定质量属性的要求至关重要。例如,虚拟专用网络中的机密性级别可能对加密位的数量很敏感;处理重要消息的延迟可能对处理该消息所涉及的最低优先级进程的优先级敏感;维护一个系统所花费的平均工作量可能对其通信协议和文件格式的封装程度很敏感。

敏感度点告诉设计师或分析人员在关注质量属性需求的实现时应该将注意力集中在哪里。它们是一个警示,即提示相关人员在更改架构的这个构件设计时要小心。与此同时,在实现架构时,敏感点中的特定元素的取值可能成为风险。继续以上面的例子来阐述,加密级别的特定取值(例如,32 位加密)可能会给体系结构带来风险。或者在处理重要消息的管道中存在一个非常低优先级的进程可能会成为体系结构中的风险。

(2) 权衡点。

权衡点是影响多个质量属性需求的设计方案,并且通常是多个质量属性的敏感点。例如,更改加密级别可能会对安全性和性能产生重大影响。提高加密级别可以提高预测的安全性,但需要更多的处理时间。如果机密邮件的处理具有硬实时延迟要求,那么加密级别可能是一个权衡点。权衡点是架构评估中需要做出的最关键的决策之一,这就是为什么要如此仔细地关注它们。

（3）风险。

风险是潜在的有问题的架构决策。以下决策都属于风险。首先，尚未做出的架构上的重要决策属于风险。例如，架构团队尚未决定他们将使用什么调度规则，或者尚未决定他们将使用关系数据库还是非关系数据库。其次，已经做出的决策，但其后果尚未完全理解的决策属于风险。例如，架构团队已决定包括操作系统可移植性层，但不确定该层需要包含哪些功能。另外，架构设计决策会导致系统的某个重要需要不能被满足属于风险。例如，下面就是一个风险，在三层客户/服务器风格的第二层中编写业务逻辑模块的规则没有明确表达或尚未做出决定。这可能导致功能的复制，从而损害第三层的可修改性。用于编写业务逻辑的表达不清晰的规则可能导致不可预期的构件耦合。

（4）非风险。

和风险相反，非风险是经分析认为安全的良好体系结构决策。例如，假定消息的到达速率是每秒一次，一次处理的时间小于30ms。如果对一个更高优先级的处理的响应时间要求是1s，那么现有设计决策是良好的。

6.4.2　ATAM 的参与人员

在 ATAM 的评估中，可以将参与人员划分为三种角色，即外部涉众、内部涉众和 ATAM 团队。下面分别进行具体说明。

外部涉众：外部涉众是没有直接参与软件架构开发过程的人。他们是系统的涉众，他们的作用是给出系统业务的上下文背景，根据系统的原始需求提供场景。并且，在评估会议结束时，根据评估结果的展示决策怎样做出权衡是更合适的。外部涉众可能包括客户、项目经理、最终用户、市场专家、系统发起人等。

内部涉众：内部涉众是直接参与软件架构设计、开发过程的人员。他们是分析、描述、定义、解释软件架构设计方案的。内部涉众可能包括架构师、设计团队领导者、测试人员和集成人员。

ATAM 团队：出于中立原因，ATAM 团队应该在开发团队之外。ATAM 团队应在软件架构设计实现中没有直接的利益关系。团队会被邀请主持评估会议，辅助记录或展示评估中的文档。ATAM 团队通常由团队负责人或发言人、架构分析师和秘书组成。

6.4.3　ATAM 的评估过程

如图 6-3 所示，用 ATAM 方法评估软件体系结构，其工作分为 4 个基本阶段，即演示阶段、调查和分析阶段、测试阶段以及报告阶段。每个阶段包含各自的主要步骤，其中，演示阶段是使用 ATAM 评估软件体系结构的初始阶段，此阶段包含三个主要步骤：介绍 ATAM 方法、介绍业务驱动因素、介绍要评估的体系结构。随后，调查和分析是 ATAM 技术评估架构的第二阶段。在这个阶段，对评估期间需要重点关注的一些关键问题进行调查分析，这个阶段被细分为三个步骤：确定架构方法、生成质量属性效用树和分析体系结构方法。第三阶段是测试阶段，该阶段将从项目干系人的角度对系统需求和架构进行分析。最后一个阶段是报告阶段，该阶段主要的活动为总结并展示 ATAM 评估的结果。

1. 第 1 步：介绍 ATAM

这一步涉及 ATAM 评估过程的描述。在此步骤中，评估负责人向所有相关参与者提供有关 ATAM 过程的一般信息。领导者说明评估中使用的分析技术以及评估的预期结果。领导者解决小组成员的任何疑虑、期望或问题。

2. 第 2 步：介绍业务驱动因素

在这一步中，提到了系统体系结构驱动程序的业务目标。这一步着重于系统的业务视角。它提供了有关系统功能、主要利益相关方、业务目标和系统其他限制的更多信息。

在这一步中，将定义被评估系统的主要功能以及涉及的利益相关方。例如，评估架构时可能考虑的主要利益相关者包括最终用户、架构师和应用程序开发人员。这三个利益相关者在系统中执行不同的重要任务：最终用户通过在命令行界面向系统提供输入来使用"成品"；架构师是系统框架的创建者；应用程序开发人员负责构建使用系统框架的应用程序。所有利益相关者在系统中都有不同的期望和关切。

3. 第 3 步：介绍要评估的体系结构

在这一步中，架构团队描述了要评估的架构。它侧重于体系结构以及所评估体系结构的质量要求。此步骤中的体系结构演示非常重要，因为它会影响分析的质量。本演示中涉及的一些关键问题是技术约束、与正在评估的系统交互的其他系统，以及为满足质量属性而实施的架构方法。系统的质量属性是代表系统所需质量的问题。这些属性的例子包括性能、可靠性等。

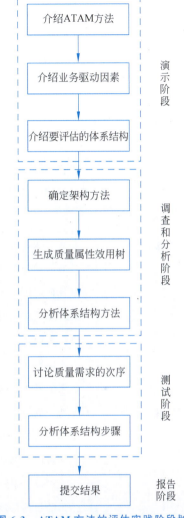

图 6-3　ATAM 方法的评估实践阶段划分

4. 第 4 步：确定架构方法

现在进入了 ATAM 评估的第二阶段：调查和分析阶段。在这个阶段，对评估期间需要重点关注的一些关键问题进行彻底调查。该阶段首先是确定架构方法的步骤。这一步涉及确定能够理解系统关键需求的关键架构方法。在这一步中，架构团队解释了架构的流程控制，并提供了关于如何以及是否达到关键目标的适当解释。

5. 第 5 步：生成质量属性效用树

在评估的这个阶段，系统的质量属性目标将进一步被明确、完善，并确定各质量属性目标的优先次序。这一步至关重要，因为优先级的确认可以帮助所有利益相关方和评估人员将注意力集中在对体系结构成功至关重要的质量属性上。

这一过程是通过建立效用树来实现的。效用树提供了一种使系统目标更加具体和更加明确的方法。它还提供了质量属性目标相对于彼此的重要性的比较。因此，效用树表达了系统的整体"要求"。最重要的是,树包含与系统有关的质量属性,以及对利益相关者重要的质量属性要求。这些要求被称为情景。情景是一个说明利益相关者和系统之间的相互作用的陈述,也是系统的质量目标。

此阶段完成后,结果将成为 ATAM 评估过程中的其余部分使用的情景优先列表。这一步在评估过程中是非常关键的。

如上所述,在这一步中,质量属性需求(场景)是代表三个利益相关者生成的:最终用户,架构师和应用程序开发人员。这些是代表利益相关者提出了可能的情景。情景生成是创建效用树的前一个重要步骤。表 6-1 即是一个例子,它显示了与每个利益相关者有关的情景以及它所代表的质量属性的启发。

表 6-1 每个利益相关者有关的情景和所代表的质量属性

利益相关者	情　　景	质 量 属 性
用户	禁止非法访问系统	安全性
	所有的操作都以最快的速度处理	性能
	在任何发生的故障之后,立即修复	可用性
	处理用户在使用系统时出现的错误	可靠性
	适应系统新的功能需求	可修改性
架构师	未来的体系结构可重用框架的主体部分	可变性
	框架的修改应高效、快速,并在最短的时间内完成	可修改性
	框架中的组件通过良好的交互协议方式交互	功能性
	架构预期的整体行为一致	
	框架可以向更复杂的方向扩展	可变性
	系统可以在不同的环境中运行	可移植性
	适当的数据封装和安全的数据结构	安全性
	系统的实现方式可灵活使用其他编程语言	可移植性
应用程序开发人员	框架应该是完全清晰的,并且完全按照需求执行	功能性

在情景生成的基础上,可以进行质量属性效用树的生成。效用树包含"效用"作为根节点,质量属性构成效用树的辅助级别。这些属性位于表 6-1 中的第三列。在每个质量属性下,都会包含特定的质量属性细化,以提供对方案更精确的描述。后者形成了效用树中的叶节点。效用树沿着两个维度排列优先顺序:每个场景对系统成功的重要性以及对此场景实现(从架构师的角度来看)所带来的难度程度的估计。效用树中的优先级基于相对排名:高(H)、中(M)和低(L)。

6. 第 6 步:分析体系结构方法

这是"调查和分析"阶段的最后一步。在这一步中,分析前一步生成的效用树的输出,并进行彻底的调查和分析,找出处理相应质量属性的架构方法。同时,还需确定每种架构方法的风险、非风险、敏感点和权衡点。

从步骤 5 的效用树中提取高优先级场景。例如,假设步骤 5 中效用树中的以下两个方案:(L,M)所有操作都以最快的速度处理(性能),以及(H,M)应该处理使用系统中的用户错误(可靠性)。

如何从(L,M)和(H,M)中选择一个质量属性场景作为当前优先实现的场景呢?在这个例子中,选择第二个场景(H,M)是因为它是系统的高优先级需求,对系统成功至关重要,同时其架构方案的实现难度是中等难度。第一个场景(L,M)不被考虑,因为它对系统的重要性不高。这一步具体分为 4 个主要阶段:调查体系结构方法、梳理分析问题、分析问题答案,以及找出风险、非风险、敏感点、权衡点,下面逐一阐述。

(1) 调查体系结构方法。

首先来看调查体系结构方法如何进行。在识别出对系统目标至关重要的质量属性后,便需要分析架构,并确定它们如何支持这些质量属性。这里需对体系结构进行详细的调查,以了解这些质量属性要求是否得到满足。

例如,功能性分析是标识系统中组件之间的交互,以及系统是否执行预期的任务。可扩展性是定义可以如何扩展或修改架构以生成新体系结构的属性。可靠性是决定系统响应故障的行为以及系统如何随时间运行的特性。可修改性分析是验证系统是否能够以一种快速、经济、高效的方式进行修改。

(2) 梳理分析问题。

分析体系结构方法步骤的第二个阶段是梳理分析问题。该阶段是针对上面收集到的高优先级场景,分析这些优先级场景中可能产生的问题。在现实的评估过程中,所有利益相关者都会收集分析问题。下面通过一些简单的例子来列举可能存在的问题和这些问题所涉及的架构设计内容。

- 架构的组件可以重复用于未来的项目吗?(可重用性)
- 未来可以扩展框架以适应新的应用程序或新组件吗?(可扩展性)
- 系统会处理用户提供的任何输入并处理无效输入,保证系统正常运行吗?(可靠性)
- 是否可以将任何新的应用程序特定功能添加到架构中(可修改性)
- 系统是否可以在短时间内以具有成本效益的方式进行修改?(可修改性)
- 组件是否正确交互?(功能性)
- 体系结构是否正确执行其事件处理任务?(功能性)

(3) 分析问题答案。

分析问题答案是根据两种评估架构对上述分析问题提供合理的解释或答案。下面以表 6-2 为例来展示在 ATAM 评估过程中如何展开讨论,来分析处理这些问题。

表 6-2 架构的分析问题及答案

问 题	分析问题答案
架构的组件可以重复用于未来的项目吗	如前所述,此体系结构中的每个组件都是相互独立的,并以适当的方式进行协调。例如,无论它链接到哪个组件,事件管理器都会在使用任何注册的事件类型调用时将事件绑定到相应的处理程序
未来可以扩展框架以适应新的应用程序或新组件吗	是的,这个架构可以很容易地扩展以适应更多的组件和任何给定的应用程序。这是由于上一个问题中给出的原因

续表

问 题	分析问题答案
系统是否处理用户提供的任何输入并处理无效输入,保证系统正常运行	虽然有缺陷的输入在稍后阶段被识别,但系统会处理用户给出的所有输入并处理任何无效输入,保证系统运行
是否可以将任何新的应用程序特定功能添加到架构中	由于应用程序完全独立于此框架组件,在体系结构中,可以将任何新功能添加到架构中,而不会影响其他组件。该应用程序被添加到框架中的"挂钩",这在这个架构中明确定义
系统是否可以在短时间内以具有成本效益的方式进行修改	是的,因为应用程序没有嵌入许多组件中,并且在极小的地方与框架链接,所以可以在更短的时间内以经济高效的方式进行修改
组件是否正确交互	正如上述架构方法的讨论中所解释的,此架构中的组件以协调的方式进行交互
体系结构是否正确执行其事件处理任务	目前的体系结构提供了所需的结果,因为事件处理的主要任务是通过系统中各组件之间的适当交互来处理的

(4) 找出风险、非风险、敏感点和权衡点。

分析体系结构涉及的最后一个内容便是确定架构设计方案的风险、无风险、敏感点和权衡点。

7. 第 7 步:头脑风暴和优先场景

这一步进入了 ATAM 的第三个阶段:测试阶段。头脑风暴和优先场景这一步骤是测试阶段的第一步。前者代表利益相关者的利益,用于理解质量属性要求。在效用树生成步骤中,主要结果是从架构师的角度来理解质量属性。在这一步中,目标是让更多的利益相关者参与其中。

将头脑风暴情景的优先列表与在步骤 5 中从树中获得的优先场景进行比较。利益相关者需要头脑风暴三种场景。首先是用例场景,在这种情况下,利益相关者就是最终用户。其次是增长情景,它代表了架构发展的方式。最后是探索性场景,它代表架构中极端的增长形式。

选取得票数高于设定阈值的场景,如前 30% 的场景被视为头脑风暴的高优先级场景,并基于头脑风暴的高优先级场景列表对效用树中的优先情景进行补充。

下面从实际例子中具体体会这个过程。首先介绍这一步中的头脑风暴情景列表,假设正在评估的架构中有三个利益相关者。表 6-3 显示了三个利益相关者头脑风暴的结果,其中,各列分别为 Sc.# 为编号方案,Scenario Type 为场景类型,Scenario 为场景具体描述,Quality attribute 为所涉及的质量属性。

表 6-3 编号方案的列表、类型以及所代表的质量属性

场景分类	场 景	质量属性	场景编号
用例场景	禁止非法访问系统	安全性	1
	所有的操作都以最快的速度处理	性能	2
	在任何发生的故障之后,立即修复	可用性	3

续表

场景分类	场景	质量属性	场景编号
用例场景	处理用户在使用系统时出现的错误	可靠性	4
	适应系统新的功能需求	可修改性	5
增长场景	适应系统新的功能需求	可修改性	5
	未来的体系结构可重用框架的主体部分	可变性	6
	框架的修改应高效、快速,并在最短的时间内完成	可修改性	7
	框架中的组件通过交互协议交互	功能性	8
	架构预期的整体行为一致	功能性	13
	框架可以向更复杂的方向扩展	可变性	9
	系统可以在不同的环境中运行	可移植性	10
	适当的数据封装和安全的数据结构	安全性	11
	系统的实现方式可灵活使用其他编程语言	可移植性	12
	框架应该是完全清晰的,并且完全按照需求执行	功能性	14
探索性场景	同时将多个应用程序连接到框架	功能性	15
	将交互方式从基于命令行的方式修改为基于窗口的方式	可变性	16

当表 6-3 准备完成时,头脑风暴的场景清单也就已经准备就绪了。下一步是让利益相关者为他们认为重要的情景进行投票。分配给每个利益相关者的票数定义如下。

票数＝30％×情景总数＝0.3×16＝5(到最近的整数)

因此,三个利益相关者每个人都有 5 张投票可供选择。接下来,模拟一个投票活动,每个利益相关者对于他们最感兴趣的情景进行投票。示例投票活动的结果显示在表 6-4 中,其中,所有得到 0 张选票的情况不再显示。最终,根据不同的需求类别对投票结果进行整理统计,统计结果如表 6-5 所示。

表 6-4 示例投票活动的结果

场景编号	场景	质量属性	用户投票	架构师投票	开发人员投票	总票数
14	框架应该是完全清晰的,并且完全按照需求执行	功能性	0	0	3	3
4	处理用户在使用系统时出现的错误	可靠性	2	0	1	3
5	适应系统新的功能需求	可修改性	1	1	0	2
8	框架中的组件通过交互协议交互	功能性	0	2	0	2
1	禁止非法访问系统	安全性	1	0	1	2
2	所有的操作都以最快的速度处理	性能	1	0	0	1

续表

场景编号	场　　景	质量属性	用户投票	架构师投票	开发人员投票	总票数
13	架构预期的整体行为一致	功能性	0	1	0	1
6	未来的体系结构可重用框架的主体部分	可变性	0	1	0	1

表 6-5　示例统计结果

场景编号	场　　景	质量属性
8	框架中的组件通过交互协议交互	功能性
13	架构预期的整体行为一致	
14	框架应该是完全清晰的,并且完全按照需求执行	
4	处理用户在使用系统时出现的错误	可靠性
5	适应系统新的功能需求	可修改性
1	禁止非法访问系统	安全性
2	所有的操作都以最快的速度处理	性能
6	未来的体系结构可重用框架的主体部分	可变性

8. 第 8 步：分析架构方法

这是测试阶段的最后一步。在这一步中,分析上一步中高优先级的质量属性,然后查找处理这些质量属性的架构方法,并检查架构是否支持这些属性。这一步重复"调查和分析"阶段的第 6 步。唯一的区别在于,在步骤 6 中,高优先级质量属性来自效用树,而这一步需要头脑风暴中的质量属性。一些来自步骤 6 的高优先级质量属性可能在这里重复存在,而一些新的场景也可能会出现。最后,分析架构方案的风险、非风险、敏感点和权衡点。

从上一步的投票表中,高优先级的场景包括功能性、可靠性、可修改性、安全性、性能和可扩展性。如果其中一些质量属性已经在步骤 6 中讨论过,在这一步中,只关注新出现的质量属性的情况。这个过程同样和第 6 步中的分析过程一样,可以分为 4 个主要阶段,即调查架构方法、梳理分析问题、分析问题的答案和找出风险、非风险、敏感点、权衡点。

9. 第 9 步：报告 ATAM

这是 ATAM 评估的最后阶段,该阶段的主要步骤和内容即是进行总结生成 ATAM 评估报告。该报告将提供评估进行的过程和评估期间收集的所有信息,以帮助 ATAM 团队将他们的发现呈现给利益相关者群体。通常情况下,ATAM 评估的总结报告可以 ATAM 评估过程的主要步骤为索引组织撰写,其至少包括对效用树、生成的场景、系统架构需要的分析问题、确定的风险和非风险、确定的架构方法的描述。

6.5　以决策为中心的体系结构评估方法

以决策为中心的体系结构评估方法(Decision-Centric Architecture Review,DCAR)是

德国 Capgemini 的软件架构师 Uwevan Heesch 联合多位大学学者提出的一种以决策为中心的体系结构审查的评估方法,是一种相对简单的软件体系结构评估方法[52]。DCAR 一般从架构开始便进行构建,评估过程中支持决策,并允许用户系统地分析和记录架构决策背后的基本原理。

6.5.1 DCAR 的相关概念

DCAR(Decision-Centric Architecture Review,面向决策的架构评审)是一个方法论,旨在帮助架构师在软件系统开发过程中做出有效的架构决策。以下是 DCAR 中的几个重要概念。

决策力:决策力是指对架构问题解决方案的影响度,下文所提到的"力"是决策力的简称。它表示一个决策对系统架构的影响程度。决策力可以是正面的,即支持某个架构决策,也可以是负面的,即反对某个架构决策。架构师必须平衡各种决策力来做出最佳决策。

架构决策:架构决策是架构师在设计软件系统时必须做出的基本选择。它们可以涉及选择适当的架构模式、中间件框架、使用或不使用开源组件等。架构决策通常是相互关联的,如相互依赖、相互支持或相互矛盾等。

决策网络:决策网络指一组相互关联的架构决策,它们共同描述了系统的整体架构。这些决策可以相互影响,一些决策必须结合起来才能实现期望的系统属性,而一些决策可能是为了补偿某些决策的负面影响。

决策评估:在 DCAR 中,架构师需要评估每个架构决策。评估考虑各种因素,包括约束条件、风险、政治或组织考虑、个人偏好、经验和业务目标。决策评估还需要考虑与当前决策相关的其他决策,并将它们视为决策力。通过评估决策背后的决策力和冲突,架构师可以做出更好的决策。

决策的支撑原理:决策的支撑原理是指支持或反对特定决策的根本原因。这些原理可以是技术约束、业务需求、组织政策等。在 DCAR 中,架构师需要检查决策背后的基本原理是否在当前上下文中仍然有效,因为环境的变化可能会导致旧的原理过时或引入新的原理。

DCAR 方法帮助架构师等参与人员通过评估决策力、决策网络和基本原理来做出更明智的架构决策,以确保系统的完整性和稳定性。

6.5.2 DCAR 的参与人员

在 DCAR 评审过程中,主要参与者包括评审者、架构师、开发人员和业务代表。他们通常会在面对面的会议中进行合作和讨论。

评审者:评审者是经验丰富的专家,负责审查和评估架构设计的合理性、可行性和质量。他们通常具有广泛的技术知识和经验,能够提供有关架构决策的专业意见和建议。评审者的角色是确保架构设计满足业务需求、遵循最佳实践并具备可扩展性、可靠性和安全性。

架构师:架构师是负责制定和设计系统架构的专业人士。他们在 DCAR 过程中提供架构设计的方案和决策,并与其他参与者进行讨论和解释。架构师需要理解业务需求,并通过选择适当的技术、组件和模式来满足这些需求。他们还负责解释设计决策的原因和影响,并确保架构设计符合相关标准和指导。

开发人员:开发人员是负责实施架构设计的技术人员。他们根据架构师的指导来开发和编码系统的各个组件。在 DCAR 过程中,开发人员参与讨论以确保他们理解并能够实施架构设计。他们分享他们的技术观点和经验,并提供关于实施细节和可行性的反馈。

业务代表:业务代表是来自业务部门的人员,他们代表业务需求和利益。他们与架构师和开发人员一起参与 DCAR 会议,以确保架构设计符合业务需求并满足组织目标。业务代表提供关于业务流程、数据需求和业务目标的洞察和反馈。他们的参与有助于确保架构设计与业务战略和需求保持一致。

在 DCAR 会议中,这些参与者共同合作,讨论和评估架构设计决策。他们分享各自的专业知识和经验,提供反馈和建议,以确保最终的架构设计满足业务需求、技术要求和可行性考虑。这种面对面的合作有助于提高决策的质量,并确保架构设计在实施过程中得到有效的支持。

6.5.3 DCAR 的评估过程

DCAR 的主要输入是需求描述、业务驱动程序和架构设计描述。图 6-4 描绘了 DCAR 评估方法的 9 个主要步骤,其中每个步骤对应产生的输出。为了获得最佳结果,DCAR 需要评审者、架构师、开发人员和业务代表的参与。

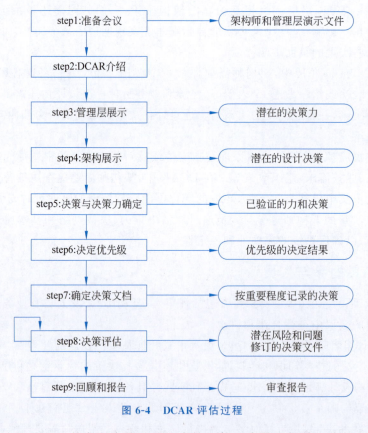

图 6-4　DCAR 评估过程

图 6-4 显示了 DCAR 的主要步骤以及生成的工件。步骤 1 提前于会议进行,其他步骤要求所有参与者聚集在一个房间,并通过评估会议的方式进行。

1. DCAR 步骤 1：准备会议

在此阶段，将会确定 DCAR 会议的日期，并邀请相关人员参加。系统首席架构师需要准备一个演示文稿，其中包括重要的架构需求、架构的高级视图、使用的方法（例如，模式或样式）和技术（例如，数据库管理系统或中间件服务器）。管理和客户需求方面的代表需要准备一个描述软件产品及其领域、业务环境、市场差异以及驱动业务需求和约束的演示文稿。评审小组在评估会议之前收到演示幻灯片，以便为会议做准备。

2. DCAR 步骤 2：DCAR 介绍

评估环节从向所有参与者介绍 DCAR 方法开始。这包括当天的日程安排、对 DCAR 步骤的介绍、评估的范围、可能的结果以及参与者的角色和责任。

3. DCAR 步骤 3：管理层展示

业务代表使用步骤 1 中准备的幻灯片做简短介绍。其主要目的是让审稿人得出在评估期间必须考虑的与业务相关的决策力。审查小组在演示过程中注意到任何潜在的决策力，并提出问题以引出额外的决策力。业务代表不需要在会议的剩余时间演讲或报告，但他们可以在决策分析期间提供额外的见解。

4. DCAR 步骤 4：架构展示

架构师使用步骤 1 中准备的幻灯片向所有 DCAR 参与者介绍体系结构。在一般的工业 DCAR 会议上，会为这个演讲预留 45~60min 时间。其目标是让所有参与者对体系结构有一个良好的印象，并且演示应该是高度互动的。评审小组和其他参与者可以提出问题，以完成并加深他们对系统的理解。在这个步骤中，评审人员修改并完成他们在步骤 1 中确定为准备工作的体系结构决策列表。

5. DCAR 步骤 5：决策与决策力确定

在这个阶段，评审人员已经集合了一个体系结构决策与决策力的初步列表，因此第 5 步的目标是双重的：首先，澄清体系结构决策及其关系。然后，完成并验证与这些决策相关的决策力。为了支持对决策关系的澄清，需要一位审阅者创建一个决策关系图，该图会随着不同的步骤进行不断被修改。图 6-5 显示了这样一个图的摘录。

在上述例子中，每个决策都由一个框表示，其中包含该决策的简短描述性名称。在开始时，审稿人在前一步中收集的每个决策都表示在图中。在所有参与者对决策有了共同的理解之后，可以通过有向线来建立决策之间的关系。如图 6-5 所示，每个决策节点都包含决策的描述性名称。决策之间的关系通过有向线表示，指示了决策之间的因果或依赖关系。决策关系图展示了一系列决策节点之间的因果和依赖关系。

系统整体的架构采用微内核架构，旨在提升系统的灵活性和扩展性。在此基础上，为了确保命名的一致性和通信的简化，引入了名称服务器，进而造成了采用命名基础通信的决策。在建立了基于名称的通信机制之后，为了实现灵活的通信连接管理，决策者引入连接解决器。连接解决器依赖于微内核架构，但与命名基础通信无直接因果联系。

进一步地，为了实现跨不同操作系统的兼容性，支持多操作系统的决策被引入。这一决策也依赖于微内核架构，并满足系统兼容性的需求。支持多操作系统有助于提升系统的可移植性，并增强市场竞争力。除此之外，为了增强系统的安全性和维护性，决策者采纳了地址空间间接的策略，这一策略间接造成需要类型库支持的决策。类型库的出现保证了系统组件间的类型兼容性，这一决策与系统组件设计相关，并影响着系统的可维护性和可移

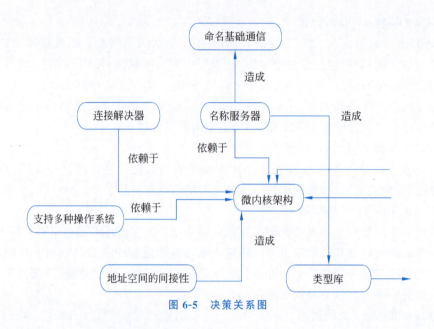

图 6-5　决策关系图

植性。

6. DCAR 步骤 6：决定优先级

在上述步骤中得出的决策往往数量较大，无法全部在审查过程中进行详细讨论，因此参与者需要协商在接下来的步骤中审查哪些决策。需要优先审查的决策包括任务关键性决策、已知承担风险的决策和导致高成本的决策等。

基于此，还可以通过使用以下步骤来确定决策的优先级：每个参与者获得 100 分，根据参与者商定的标准，分配已有决策进行评分，然后总结要点，并讨论每个人评分的合理性。获得最高评分的决策将进入下一个步骤。一般来说，可以在半天时间内有效讨论的决策数量是 7～10 个。

7. DCAR 步骤 7：确定决策文件

架构师和其他公司参与者记录在前一步中获得最高评级的决策集，每个人选择他们所熟悉的两三个决策。决策一般通过描述体系结构解决方案、所解决的问题、已知可选解决方案以及评估决策时必须考虑的因素来记录。利益相关者使用在前面步骤中集合的决策力列表来确保不会遗漏重要的决策力，同时也可以添加新的决策力。

8. DCAR 步骤 8：决策评估

记录决策后的下一步是进行评估，从最高优先级的决策开始。记录当前决策的参与者简要地展示它，然后其他参与者与评审人员一起，通过识别针对所选解决方案的额外决策力来质疑该决策。他们需要依据决策力和决策关系图来理解该决策的上下文。决策和决策关系图的文档在此步骤中不断更新。所有参与者都需要讨论支持决策的力是否大于反对决策的力。最后，所有参与者通过投票决定该决定是良好、可接受还是需要重新考虑。

图 6-6 显示了在 DCAR 会话期间创建的评估决策的结果。交通灯的颜色表示所有参与者的评分：绿色表示良好，黄色表示可以接受，红色表示需要重新考虑。此外，它还显示了每个选民投票的理由。在整个讨论过程中，评审人需要注意被提及的任何潜在问题或风险。每个决定都要讨论大约 15～20min。如果一个决策讨论超过了 20min，它将会被标记

以供未来分析。

Name	Redundancy of controllers			
Problem	The application should run even if the server fails			
Solution or description of decision	The system is deployed to two servers:one is active,the other one is inactive. The active server provides all system services,while the passive one is running in the background.When the active server fails,the inactive server becomes active.During the switch over,the active server tries to update the passive one to make sure that it has the same data and status.Both servers have an identical software configuration.This solution follows the Redundant Functionality Pattern			
Considered alternative solutions	Apply the Redundancy Switch Pattern:Both servers are active;external logic is used to decide which output is actually used in the control.In this case,cyclic data copying could be avoided.However,applying this solution would require major modifications to the system.Even though availability would be increased, it would also cause additional costs.The customers are not prepared for paying more for higher availability.Additionally, the external logic component could become a potential single point of failure.Therefore,this alternative was discarded			
Forces in favor of decision	• Easier to implement than the alternative solution • Scales easily to versions where redundancy is not used • No additional costs			
Forces against the decision	• Slower switch over time than the alternative would have • Hard to offer higher availability than the current 99.99%			
Outcome	Green	Yellow	Yellow	Red
Rationale for out come	Current solution seems to be ok.	I am concerned about the slow switch over time	Widely accepted solution.Availability might become a problem in the future.	We should really reconsider this decision,as the next release is likely to have higher availability requirements.

图 6-6　评估决策结果

9．DCAR 步骤 9：回顾和报告

在评估了所有选择的决策之后，评审小组收集在会议期间产生的输出和文件。这些将作为审查小组在会议后需要编写的评估报告的素材。该报告需要与架构师讨论以进行验证，并由评审团队进行进一步细化。在一般的 DCAR 会议中，评审团队在第二天准备报告，这样做的好处是评审团队和架构师仍然可以较为清晰地记得前一天的讨论。

小结

本章首先介绍了软件体系结构分析与评估的定义和目前软件体系结构评估的主要方法分类。在此基础上，选取了 SAAM、ATAM、DCAR，对具体的软件体系结构评估方法和如何基于该方法进行软件体系结构评估进行了详细的讲述。在项目研发中，读者可以结合自身项目需求，选择合适的软件体系结构评估方法完成对软件系统架构设计方案的分析与验证评估。当软件架构设计方案通过评估之后，项目团队即可以按照该方案进行架构实现。而架构实现之后，软件需求的更新、规模的演化又将带来关于软件架构的另一些问题。

习题

1. 请简要描述 SAAM 评估方法的评估过程。
2. 请简要描述 ATAM 评估方法的评估过程。

3. 请简要描述效用树的结构。

4. 在 ATAM 评估方法中，什么是权衡点、敏感点、风险和非风险？

5. SAAM 评估方法和 ATAM 评估方法的主要区别是什么？

6. 在 ATAM 评估方法中，效用树和头脑风暴产生的高优先级场景不一致，是否属于 ATAM 评估过程中的错误？这种不一致在评估过程中将如何处理？

7. 使用 DCAR 评估方法的优势有哪些？

8. 请简要描述 DCAR 评估方法的评估过程。

9. 请描述在 DCAR 评审过程中，评审者如何确保架构设计满足业务需求和遵循最佳实践？

10. 假设你是一名开发人员，在 DCAR 评审过程中，发现架构设计中存在一个潜在的问题。你应该如何配合 DCAR 的流程提出并解决这个问题？

11. 请简述 DCAR 方法中决策与决策力的区别。决策力在评估过程中有什么作用？

12. 请举例 DCAR 评估完成后应该具有哪些输出结果？

第 7 章

软件体系结构演化

软件体系结构的演化是指在软件开发的不同阶段和不同层面上，对软件的结构设计进行持续的优化和改进，以适应变化的需求和技术环境，提高软件系统的可维护性、可扩展性和复用性的方法。在本章，读者将了解如何有效地维护、演化和复用软件体系结构。学习软件体系结构演化的内容后，读者应能够识别和修正软件架构中的坏味道，利用逆向工程技术理解和改进现有系统，设计能够适应未来需求变化的动态体系结构，有效地复用软件组件和服务，以及在特定领域和产品线中应用这些原则。通过将相关概念和技术应用到实践中，读者将能够设计、维护和演化更加健壮、灵活和可持续的软件体系结构，从而为最终用户提供更高质量的软件产品和服务。

7.1 软件架构坏味道

在软件系统的生命周期中，架构决策扮演着关键的角色。合理的软件架构可以确保系统的可维护性、可扩展性、性能和安全性；不良的架构决策可能导致软件系统质量低、维护困难、性能欠佳或存在安全漏洞等问题，这些问题被称为"架构坏味道"。

本节将详细讨论不同类型的架构坏味道，以及如何在软件系统中识别它们。首先，探讨如何预防架构坏味道的产生，以及如何改进现有系统的架构。通过对软件架构坏味道识别方法的学习，读者将学会识别和解决软件系统中的架构问题，从而提高系统的质量和可维护性。其次，深入探讨不同类型的架构坏味道，以及如何应用最佳实践来构建健康的软件系统架构，这将有助于读者更好地理解和应对复杂软件系统的挑战。

7.1.1 架构异味

1. 架构腐化

架构腐化是指软件架构性能随着时间和版本的迭代而逐渐恶化或可维护性递减的现象[53]。软件系统在生命周期内的演化、维护、升级过程中，由于设计不合理、代码质量下降、需求变更等原因，导致系统的架构质量逐渐降低，产生架构腐化，进而影响系统的可维护性、可扩展性和可靠性。

在软件系统的演化过程中，如果没有得到适当的维护和管理，架构腐化将逐渐发展并对系统产生负面影响[54]。架构腐化的主要原因包括需求变更、技术债务、设计不当等。例如，需求变更可能导致原有架构无法满足新的需求，从而不得不进行临时性的修改和补丁，使得系统架构逐渐失去整体性和一致性；技术债务是指在软件开发过程中为了快速交付而采用的不完美解决方案，这些解决方案可能导致系统架构的混乱和不稳定；设计不当可能导致系统架构的局部优化,而忽视了全局的一致性和可维护性。

架构腐化可能会导致以下问题。首先,架构腐化可能导致代码耦合增加。原本松散耦合的组件逐渐变得紧密,模块之间的依赖关系复杂化,导致修改一个模块可能会对其他模块产生意外影响。其次,架构腐化可能导致逻辑冗余加剧。由于缺乏合理的复用机制,开发人员可能会重复编写相似的代码或存在冗余的逻辑,增加了系统的维护成本和代码复杂度。此外,架构腐化可能导致技术债务增加。为了快速实现功能或满足紧迫需求,开发人员可能采取一些权宜之计或妥协,导致系统中存在低质量的代码和设计,增加了后续维护和演化的困难。最后,架构腐化可能导致系统性能下降。由于架构腐化,系统中可能存在性能瓶颈、资源浪费或低效的操作,导致系统性能下降,响应时间延长。

- 工业界有一些经典的例子可以说明什么是架构腐化。例如,LinkedIn 在其工程博客中提到了系统中的架构腐化问题[55]:由于系统的快速增长和需求变更,原有的系统架构逐渐失去了可扩展性和性能,导致了系统的维护成本大幅增加,甚至需要进行全面的重构;eBay 在其技术博客中提到的架构腐化问题[56]:由于长期的需求变更和技术债务积累,eBay 的系统架构逐渐变得复杂和难以维护,导致了系统性能下降和故障频发。这些例子说明了架构腐化对软件系统产生的负面影响,包括可维护性下降、开发效率降低、代码复杂度增加等。

- 学术界有学者针对工业软件系统,通过对其演化历史进行分析,探究技术债务对软件体系结构侵蚀的影响[57-58]。研究人员通过对该软件系统的版本控制记录和代码库进行分析,发现大部分工业系统存在大量的技术债务,例如,未经充分测试的代码、缺乏文档的接口和不规范的编码实践等。上述技术债务导致了软件体系结构的侵蚀,使得原本松散耦合的模块逐渐变得紧密,模块之间的依赖关系变得复杂,从而增加了系统维护和修改的难度。此外,通过对该系统的代码库进行分析,研究人员发现了一种名为"Broken Modularization"的软件体系结构侵蚀模式。这种模式表现为系统中的模块之间存在大量的交叉依赖和循环依赖,导致了代码的耦合度增加和内聚度降低。上述软件体系结构侵蚀模式恰恰是由技术债务导致的,例如缺乏模块化设计、缺乏接口规范等。

- 实践和研究均表明,需求变更、技术债务、设计不当是导致软件体系结构腐化的主要原因。为了避免架构腐化,开发团队应该注重架构设计、持续演化和合理的维护策略,以确保软件系统能够长期保持良好的质量和可扩展性。

2. 架构异味

前面讲到,在软件系统的演化过程中,随着需求的变化、技术的更新和团队的变动,系统架构可能会逐渐失去原有的设计意图和质量属性,这种现象被称为架构腐化。架构腐化会导致软件系统的性能下降、可维护性降低、扩展性和可靠性减弱等问题[59]。而在架构腐化的基础上,随着系统的演化和维护,在软件系统的架构中可能会出现不符合良好设计原则的特征或问题,导致系统的可维护性、可扩展性和可靠性下降。这些问题虽然并不影响系统整体的功能和性能,但却透露出系统架构存在潜在的问题和不良的设计决策,这些问题被称为架构异味。

架构异味是指那些在软件体系结构中存在的不良特征或模式,它们可能导致系统的可维护性、可扩展性和可理解性下降。架构异味往往是架构腐化的结果,当软件系统在演化过程中受到各种因素的影响时,原本优秀的架构设计逐渐失去其初衷和优势。

架构异味的存在可以给软件系统带来一系列负面后果,如架构异味会增加系统的复杂性,使得代码难以理解和维护;架构异味可能导致模块之间的紧耦合和高度依赖,使得系统难以扩展和重用;架构异味还可能导致性能下降、可靠性问题和增加缺陷密度等质量问题。

为了识别和解决架构异味,软件开发者需要具备对常见的架构异味进行识别和理解的能力,从而保障系统的可维护性和可扩展性,降低系统的维护成本和风险[60]。例如,Twitter软件工程师的维护记录中显示[61]:由于系统的快速增长和需求变更,原有的系统架构逐渐失去了可维护性和可扩展性,导致了系统中出现了大量重复代码、紧耦合的模块等架构异味;Amazon在其技术博客中提到了架构异味问题[62]:由于长期的需求变更和技术债务积累,Amazon系统架构逐渐变得复杂和难以维护,导致了系统中出现了大量重复逻辑、紧耦合的模块等架构异味。这些架构异味虽然并不会导致系统的功能和性能受损,但却增加了系统的维护成本和风险。

学术界和工业界对于避免架构异味的一些尝试包括[63]:设计原则和最佳实践,即采用设计原则和最佳实践,如单一职责原则、开闭原则、依赖倒置原则等,来指导系统架构的设计和实现,从而避免出现架构异味。该方法在软件工程领域得到广泛应用;重构和代码审查,通过重构技术和代码审查来识别和消除架构异味,提高系统的架构质量而不改变其外部行为;自动化测试和持续集成,采用自动化测试和持续集成技术来确保系统的稳定性和可靠性,减少架构异味的引入。

3. 检测架构异味的必要性

在软件系统的生命周期中,随着需求的变化、技术的进步以及开发团队的变动,系统的架构往往会发生腐化。架构腐化会导致系统的可维护性和可扩展性下降,增加系统的维护成本和风险。为了应对架构腐化带来的挑战,检测架构异味变得至关重要。检测架构异味能够帮助开发团队及时发现系统架构中存在的问题,并采取相应的措施进行修复,从而提高系统的质量和可维护性[64]。

检测架构异味的必要性主要体现在以下几个方面:提高系统的可维护性和可扩展性,检测架构异味可以帮助识别系统中存在的紧耦合、低内聚、重复逻辑等问题,及时进行重构和优化,从而提高可维护性和可扩展性;降低维护成本和风险,及时发现并修复架构异味可以降低系统的维护成本和风险,避免架构腐化进一步加剧导致系统难以维护和演化;提升开发效率,消除架构异味可以简化系统的复杂度,提升开发团队的工作效率,加快新功能的开发和发布速度;增强系统的可复用性,通过检测架构异味,可以提高系统中模块的独立性和内聚性,增强模块的可复用性,为系统的演化和复用奠定基础。

为了检测架构异味,软件开发者需要具备对常见的架构异味进行识别和理解的能力[65]。下面将介绍几个工业界和学术界的经典例子,以帮助读者更好地理解什么是检测架构异味以及其必要性。在谷歌公司开发的大型分布式系统中,研究人员通过检测架构异味,发现了大量的"代码坏味道",例如大量的重复代码、过于复杂的类等。Twitter在系统架构演化过程中出现了大量重复代码、紧耦合的模块等架构异味,导致系统的维护成本和风险增加。通过检测架构异味,开发者可以及时发现并解决这些问题,提高系统的可维护性和可扩展性。此外,学术界的研究表明:在软件架构重构过程中,检测架构异味可以帮助开发团队识别系统中存在的架构问题,并指导重构过程,提高系统的质量和可维护性。因此,检测架构异味对于软件系统的质量、可维护性和可扩展性具有重要作用。

7.1.2 架构异味的分类

1. 关注过载

关注过载（Concern Overload）是指模块之间的耦合度增加，一个模块过多地访问另一个模块的数据和方法的现象。当一个模块对另一个模块的关注程度过高，表现为一个模块过多地访问另一个模块的数据和方法，即导致模块之间的耦合度增加。这种关注过载会使系统的职责分配不清晰，模块之间的依赖关系变得复杂。因此，当一个模块对其他模块的关注程度过高时，模块之间的耦合度增加，导致系统的可维护性下降。这可能导致修改一个模块时需要同时修改依赖它的其他模块，增加了系统的复杂性和维护成本。

例如，在电商系统中，订单管理模块过多地依赖库存管理模块的数据和方法。订单管理模块直接访问库存管理模块的私有成员变量或调用大部分公共方法。当库存管理模块发生变化时，需要修改订单管理模块的代码。订单管理模块和库存管理模块之间的耦合度增加，导致系统的可维护性下降。

因此，关注过载的存在会对系统产生的影响包括：增加了模块之间的耦合度，导致系统的可维护性下降；修改一个模块时需要同时修改依赖它的其他模块，增加了系统的复杂性和维护成本；职责分配不清晰，模块之间的依赖关系变得复杂。

为了避免关注过载，架构工程师和开发人员应该尽量减少模块之间的依赖关系，使用接口或抽象类来降低耦合度，同时确保每个模块只关注自己需要的数据和方法。这样可以提高系统的可维护性和灵活性。

2. 循环依赖

循环依赖是指软件系统中的两个或多个模块之间形成相互依赖的环状关系。当模块 A 依赖模块 B，同时模块 B 又依赖模块 A 时，就会形成循环依赖。循环依赖会导致系统的耦合度增加，使得系统的维护和演化变得困难。

同样以电商系统为例，电商系统一般会包括订单管理模块和库存管理模块。订单管理模块需要查询库存信息，而库存管理模块需要更新订单信息，见图 7-1。如果订单管理模块和库存管理模块形成了循环依赖关系，就会出现以下影响。

- 耦合度增加：循环依赖导致订单管理模块和库存管理模块之间的耦合度增加，一方的修改可能会影响到另一方。
- 维护困难：当需要修改订单管理模块时，必须同时修改库存管理模块，反之亦然。这增加了代码维护的复杂性和风险。
- 可测试性下降：循环依赖使单元测试变得困难，因为无法独立测试每个模块，需要同时考虑它们之间的相互影响。

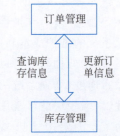

图 7-1　订单管理模块和库存管理模块的循环依赖

因此，循环依赖会导致系统的耦合度增加，使系统的维护和演化变得困难。在循环依赖的模块中，如果某个模块的功能发生了变化，那么它所依赖的模块也会受到影响，需要进行相应的修改。这样的修改会导致系统的复杂度增加，甚至会引起系统的崩溃。另外，循环依赖还会影响系统的可复用性。循环依赖的模块很难被单独抽象出来进行复用,因为它们之间存在相互依赖的关系。如果软件工程师想要复用其中的某个模块,就需要将整个循环依赖的模块一起复用,这会增加系统的复杂度和耦合度。因此,架构师在进行软件设计时,应该尽量避免循环依赖的出现,减少系统的耦合度,提高系统的可维护性和可复用性。

3. 链接过载

链接过载是指软件系统中的模块之间的关联关系过于复杂和紧密,导致系统的耦合度增加的现象。这种过度的链接关系使系统的理解和修改变得困难,进一步导致模块职责不清晰、复杂度高、可维护性差等问题的产生。

举例来说,在电商系统中,订单管理模块可能需要处理以下链接或依赖关系。查询库存信息:订单管理模块需要查询库存模块以确保有足够的库存来满足订单需求。调用支付模块:订单管理模块需要调用支付模块来完成订单支付操作。发送通知:订单管理模块可能需要发送通知给用户或其他相关方,以通知订单状态更新。如果订单管理模块处理过多的链接或依赖关系,就会出现链接过载的问题,见图7-2。

- 职责不清晰,即过多的链接使订单管理模块的职责变得模糊,不容易确定其主要功能和责任。
- 复杂度增加,即处理过多的链接或依赖关系会增加代码的复杂度,使理解和维护订单管理模块变得困难。
- 可维护性下降,即当需要修改订单管理模块时,可能需要同时修改其他相关的模块,增加了修改的难度和风险。
- 可测试性下降,即链接过载使对订单管理模块进行测试变得困难,因为需要考虑多个模块之间的交互关系。
- 可扩展性下降,即链接过载使得订单管理模块难以扩展,因为增加新功能可能需要修改多个相关模块。

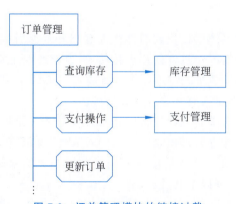

图 7-2 订单管理模块的链接过载

因此,为了避免链接过载,可以考虑通过解耦和重构来简化模块之间的链接和依赖关系,将职责划分清晰,并确保每个模块专注于自己的核心功能。

4. 未使用接口

未使用接口是指软件系统中存在定义了但未被使用的接口,这些未使用的接口增加了系统的复杂度,并可能导致不必要的耦合。未使用接口的直接表现就是接口在模块中被定义,但在系统中没有被任何模块实现或调用。

例如,在电商系统中,支付模块实现了一个支付接口,但是订单管理模块没有使用该接口。那么,支付模块中的支付接口就是未使用接口的一种情况,见图 7-3。未使用接口的存在会导致以下问题。

- 代码冗余,即未使用的接口会增加代码的冗余度,使得代码难以维护。
- 复杂度增加,即未使用的接口会增加代码的复杂度,使理解和维护代码变得困难。
- 可维护性下降,即未使用的接口可能会混淆开发人员的思路,使得代码难以维护。
- 可重用性下降,即未使用的接口可能会使得其他开发人员不知道该接口的存在,从而无法重用该代码。

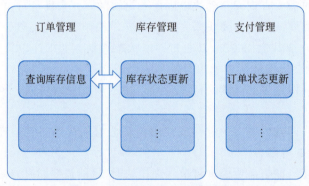

图 7-3　支付模块中的未使用接口

为了避免存在不使用接口,应该在设计和实现时仔细考虑每个接口的必要性,并确保它们被正确地使用。如果发现存在未使用接口的情况,可以考虑删除这些无用代码来简化系统;同时应该确保定义的接口被其他模块或组件正确地使用,并遵循接口隔离原则来设计清晰、可扩展的系统。

5. 草率委托

草率委托是指在软件系统中模块或组件在没有充分考虑后果的情况下,将任务或职责委托给其他模块或组件的情况。过度使用委托模式,会导致委托关系过于复杂和混乱,并可能引入不必要的性能开销。例如,模块 A 将任务委托给模块 B,但没有充分考虑模块 B 是否有能力完成该任务,或者是否有必要委托该任务。

例如,在电商系统中,订单管理模块将库存管理任务委托给库存管理模块。然而,订单管理模块并没有充分考虑库存管理模块的能力和可靠性,也没有评估是否有必要将库存管理任务委托给库存管理模块。这就是草率委托,见图 7-4。如果库存管理模块不能很好地处理库存管理任务,就会出现以下问题。

- 可维护性下降,即当需要修改库存管理模块时,可能需要同时修改订单管理模块和其他相关模块。
- 可测试性下降,即由于订单管理模块和库存管理模块之间存在依赖关系,使测试变得困难。
- 可扩展性下降,即如果需要增加新功能,可能需要修改多个相关模块。

草率委托的存在会导致系统的可维护性下降,因为当出现问题时,可能需要对多个模块进行修改。同时,草率委托还会影响系统的可测试性和可扩展性。为了避免草率委托,应该

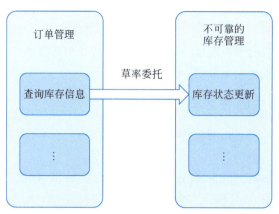

图 7-4 订单管理模块中的草率委托

在选择委托对象之前,仔细评估其能力和可靠性,并确保委托的任务或职责是必要的。

6. 共变耦合

共变耦合是指在软件系统中两个或多个模块之间存在共同变化的关系,即一个模块的变化会导致其他模块也需要相应地进行修改。这种耦合关系会增加系统的脆弱性,降低系统的灵活性和可维护性。例如,两个模块之间通过共享数据结构或接口进行交互,当其中一个模块发生变化时,另一个模块也需要相应地修改以适应变化。

举例来说,在电商系统中,订单管理模块可能直接依赖于库存管理模块来获取商品库存信息。这种依赖意味着如果库存管理模块发生变化(例如修改库存查询逻辑),订单管理模块也需要相应地进行修改以适应新的库存管理逻辑,见图 7-5。由此可以总结共变耦合的影响包括:

- 脆弱性增加,即当一个模块发生变化时,其他依赖于它的模块也需进行修改,增加了系统的脆弱性。
- 可维护性下降,即由于共变耦合,修改一个模块会涉及多个相关模块的修改,使系统维护变得困难。
- 扩展困难,即由于共变耦合,增加新功能或模块可能需要修改多个相关模块,导致系统的可扩展性降低。

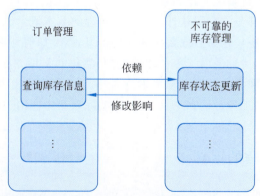

图 7-5 订单管理模块需要进行修改以适应新的库存管理模块的更新逻辑

为了减少共变耦合,可以使用抽象接口,即通过定义抽象接口来解耦模块之间的依赖关系,从而降低共变耦合的影响;或者应用设计原则,即遵循设计原则(如单一职责原则、开闭原则)可以减少模块之间的耦合程度,提高系统的灵活性和可维护性。采取必要的措施降低共变耦合,可以使软件系统更加灵活、可维护和可扩展。

7.1.3 检测架构异味的技术与工具

在软件维护演化时,当架构师进行架构异味的检测时,以下是一些具有明确操作流程的技术和工具。

SonarQube:安装 SonarQube 服务器并启动。配置项目,将项目代码与 SonarQube 服务器连接。运行 SonarQube 扫描,生成报告。分析 SonarQube 报告,查找架构异味问题。

ArchUnit:在项目中添加 ArchUnit 库的依赖。编写 ArchUnit 测试用例,定义期望的架构规则和约束。运行 ArchUnit 测试用例,检查代码是否符合定义的规则和约束。根据测试结果分析是否存在架构异味。

静态代码分析工具(例如 PMD、FindBugs):配置工具,指定要分析的代码目录。运行静态代码分析工具,生成分析报告。分析报告,查找潜在的架构异味问题。

架构评审:组织专家评审会议,确定评审的范围和目标。提供相关文档和资料供专家评审。专家评审会议中讨论架构设计,并记录发现的问题和建议。根据评审结果进行架构调整和改进。

请注意,这些工具和技术的具体操作流程可能因工具版本和项目需求而有所不同。建议在使用之前参考相应的文档和指南,以确保正确使用并获得最佳结果。

7.2 软件架构逆向工程

在软件系统的生命周期中,工程师对于软件架构的理解和维护是至关重要的。然而,随着时间的推移和需求的变化,软件架构可能会逐渐失去清晰性和可维护性。为了解决这个问题,软件架构逆向工程应运而生。软件架构逆向工程是一种通过分析现有软件系统的实现和文档,来恢复或提取出其架构模型的过程。它可以帮助开发人员和架构师理解和维护现有系统的架构,以及进行系统演化和复用。

软件架构逆向工程部分将介绍软件架构逆向工程的基本概念、原理和方法。首先,探讨如何使用静态和动态分析技术来获取系统的结构信息,以及如何利用这些信息来重建、评估和改进软件架构。其次,讨论逆向工程在软件维护、演化和复用方面的实际应用,并提供一些常用的逆向工程工具和技术。通过学习本节内容,读者将能够了解软件架构逆向工程的重要性,掌握常用的逆向工程方法和工具,以及在实际项目中应用逆向工程进行软件架构维护、演化和复用的技巧。

7.2.1 架构逆向工程的定义

1. 逆向工程

逆向工程是指通过对已有软件系统的实现和文档进行分析,实现对目标系统由低层到高层的抽象,描述软件系统的结构、逻辑以及组件之间的相互作用,恢复或提取出其设计架构模型的过程[66]。逆向工程可以帮助开发人员理解和维护现有系统的架构,以及进行系统演化和复用[67]。逆向工程通常首先以一种容易理解和分析的形式收集系统信息,然后逆向恢复到更高抽象层次上的系统模型(如组件图)。这些数据还可以进一步被用于逆向分析,从而获得更高抽象层次上的系统表示,如用于设计模式、系统体系结构等的逆向恢复[68]。

逆向工程的定义可以追溯到 20 世纪 80 年代,当时由于软件开发过程中的文档和设计规范不够完善,导致软件维护和演化的困难,逆向工程因此应运而生。在经典教材中[69-70],逆向工程被定义为"通过分析软件系统已有的实现和文档,来恢复或提取出其设计或架构模型的过程"。在一些经典论文中[71-72],逆向工程被定义为"从现有的代码中提取出设计信息以及其他高层次的抽象概念的过程"。

逆向工程的一个典型应用是对遗留系统进行分析和重构,即软件架构恢复。软件架构恢复实际上属于逆向工程的研究和实践范畴,其主要目的是从工程项目中获取所需的架构信息,恢复出架构的组成元素,即组件元素、连接件元素、架构模式以及架构的配置信息等。软件架构恢复可以为重构提供重要的数据基础和可靠的实现保障。通过对恢复出来的软件体系结构进行分析,开发人员可以快速对其进行必要的评估,在软件设计、编码和测试等多个阶段进行相应的改进,选取最优的改进方案,缩短开发周期,减少缺陷的引入,降低测试的工作量,有效提高软件系统的质量,所以其对软件开发和演化的研究具有广泛的意义。例如,在对一个旧有系统进行维护时,可能会遇到文档不完整、代码难以理解、设计模式不清晰等问题。这时可以使用逆向工程技术,通过分析代码和其他文档来了解系统的结构和设计,从而更好地进行维护和演化。

2. 架构逆向工程

架构逆向工程旨在帮助开发人员理解和评估现有系统的架构,以便进行维护、演化和复用[73]。

经典教材《软件工程:实践者的研究方法》[74]中对架构逆向工程的定义是:"架构逆向工程是通过对现有软件系统的实现和文档进行分析,以恢复或提取出系统的架构模型和设计决策的过程。"这个定义强调了通过分析实现和文档来获取架构模型和设计决策的目标。在经典论文[75]中,对架构逆向工程的定义是:"架构逆向工程是将现有软件系统的实现和相关文档转换为高级抽象模型的过程,以便理解系统的结构、行为和演化。"这个定义强调了将实现和文档转换为高级抽象模型以理解系统的目标。总结而言,学术界对逆向工程的理解从最初的设计和架构提取扩展到了更多领域,而工业界则将逆向工程应用于资产管理、代码重构和创新等方面。这表明逆向工程在理论和实践中都得到了广泛的认可和应用。

举例说明,假设架构师需要分析一个大型商业应用程序,该系统已经存在多年,并且缺乏详细的架构文档。通过架构逆向工程,架构师可以通过分析系统的代码、数据库结构、配置文件等来恢复出系统的架构模型,从而更好地理解系统的组件、关系和行为,进行维护、演化和复用,见图 7-6。

总体来说,架构逆向工程是在软件体系结构维护、演化与复用中的一项关键活动,为理解和改进现有软件系统提供了有力工具。通过系统性的分析和还原,软件工程师可以更好地应对缺乏文档或源代码不完整的挑战,为软件系统的持续发展提供支持。

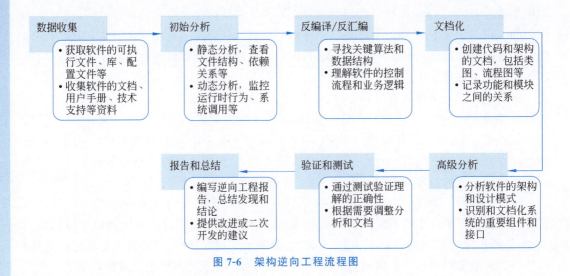

图 7-6　架构逆向工程流程图

7.2.2　架构逆向工程的执行流程

1. 信息收集

信息收集是架构逆向工程的第一步，旨在搜集与软件系统相关的各种信息，包括源代码、文档、用户手册、配置文件等[76]。信息收集的目的在于获取系统的源代码和相关文档，并了解系统的历史、用户需求以及执行环境配置。

在收集信息阶段，逆向工程师可能会通过查阅软件仓库、访问项目文档库，获取系统源代码和相关文档，例如，设计文档、需求规格书等，具体包括：

- 访问软件仓库，获取系统的源代码。
- 查阅项目文档库，获取设计文档、需求规格书等。
- 检查用户手册，了解系统的功能和使用说明。
- 分析配置文件，获取系统的执行环境配置信息。

信息收集阶段为后续的逆向工程提供了基础数据，确保逆向工程团队具有全面的系统背景和资料。这有助于深入理解系统的历史、设计意图和使用场景，为逆向工程的后续步骤奠定基础。信息收集是逆向工程的起点，为分析系统提供了必要的资料，有助于逆向工程团队更好地理解和还原软件系统的架构。

2. 代码分析

代码分析是架构逆向工程的关键步骤，通过深入审查软件系统的源代码，以理解系统的结构、功能、模块之间的关系以及关键算法。代码分析的目的在于获取源代码的结构、模块划分和关键算法，识别模块之间的依赖关系和调用关系。

代码分析涉及静态和动态两方面。静态代码分析主要关注源代码的结构和关系，而动态代码分析关注代码的运行时行为。在代码分析阶段，逆向工程师可能会：

- 使用静态分析工具，如 Lint、SonarQube 等，识别潜在的代码质量问题。
- 通过手动审查源代码，了解模块之间的调用关系和数据流。
- 使用动态分析工具，观察系统在运行时的行为。

代码分析有助于建立对系统内部逻辑的深刻理解，为后续的逆向工程步骤提供基础。

例如，通过分析调用关系，可以了解系统的模块划分，通过分析数据流，可以理解信息在系统中的传递方式。代码分析是逆向工程的核心环节之一，通过深入研究源代码，逆向工程团队能够更好地理解软件系统的实现细节，为后续的架构提取和重构奠定基础。

3. 破解保护

破解保护是架构逆向工程中的关键步骤，旨在解除对软件系统的保护机制，以便更好地分析源代码。破解保护的目的在于绕过或解除对源代码的保护，使得源代码可用于进一步分析。

破解保护阶段涉及使用逆向工程技术，例如反汇编、解密算法，以绕过或解除对源代码的保护。在破解保护阶段，逆向工程师可能会：

- 使用反汇编工具对程序进行逆向分析，以还原源代码。
- 破解加密算法，使得源代码能够被正常阅读。
- 绕过或破解授权检查，确保能够获取完整的源代码。

破解保护阶段是确保逆向工程团队能够全面分析系统源代码的关键步骤。通过解除保护，逆向工程师能够获取完整、未受限的源代码，为后续分析提供了必要的材料。破解保护阶段的重要性在于确保逆向工程团队能够深入地分析系统的源代码，从而更好地理解软件系统的实现细节和架构。

4. 架构提取

架构提取是架构逆向工程的关键步骤之一，其目标是从已有的信息和代码中提取系统的架构信息，包括模块、组件、关系和数据流。通过架构提取，软件架构师可以还原系统的整体结构，包括模块和组件的关系，以及提取关键的数据流和交互方式。

架构提取关注于从源代码和其他信息中提炼出系统的高层结构和组成部分。这包括模块划分、组件关系以及数据流分析。在架构提取阶段，逆向工程师可能需要：

- 通过源代码分析，识别系统中的关键模块和组件。
- 建立模块之间的依赖关系和调用关系。
- 分析数据流，理解数据在系统中的传递和处理方式。

架构提取是逆向工程的关键步骤，通过架构提取，逆向工程师能够还原系统的整体结构，为进一步地分析和改进提供基础。因此，架构提取有助于逆向工程团队理解系统的架构，包括模块划分、组件关系和数据流，为后续的架构重构提供指导，提高系统的可维护性和性能。

5. 架构重构

架构重构是架构逆向工程的阶段之一，旨在根据对系统的深刻理解，重新设计和重构系统的架构，以改进系统的可维护性、性能等方面的质量属性。通过架构重构，软件架构师可以优化系统的架构，使其更清晰、灵活、易于理解和维护。

架构重构关注于根据提取的架构信息和对系统的理解，重新设计和组织系统的结构，以提高系统的整体质量。假设有一个遗留的软件系统，该系统已经存在多年，源代码庞大而复杂。逆向工程团队在进行架构逆向工程的过程中发现了一些问题，如模块之间的紧耦合、性能瓶颈等。为了提高系统的可维护性和性能，逆向工程师往往需要：

- 根据架构提取的结果，识别当前系统存在的问题，如紧耦合、性能瓶颈等。
- 制定具体的架构重构策略，例如，模块解耦、性能优化、引入新技术等。

- 设计和实现新的组件,确保系统能够更灵活地适应变化。
- 验证系统在重构后的版本中是否达到了预期的性能和可维护性水平。

架构重构是将逆向工程的结果应用于实际的改进过程,通过调整和重新设计系统的结构,提高系统的可维护性、可扩展性和性能。架构重构有助于将对系统的深入理解转换为实际的系统改进。通过重新设计系统的结构,可以解决逆向工程中发现的问题,提高系统的质量和可维护性。

7.2.3 架构逆向工程的工具

1. 信息收集工具

信息收集是逆向工程的起点,为分析系统提供了必要的资料,有助于逆向工程团队更好地理解和还原软件系统的架构。信息收集工具的发展历史可以追溯到计算机诞生之初。最初的信息收集工具主要用于硬件和低级别的软件反汇编。随着计算机技术的发展,信息收集工具逐渐涵盖了更广泛的领域,在过去几十年中,逆向工程领域涌现出许多信息收集工具,不断推动着信息安全、软件分析等领域的发展。在此,介绍以下信息收集工具。

1) **CFF Explorer**

CFF Explorer 是一款用于可执行文件的文件分析工具,由 Daniel Pistelli 开发,首次发布于 2005 年。CFF Explorer 可以提供对可执行文件结构的详细分析,包括文件头、导入表、导出表等,并支持二进制文件的静态分析。CFF Explorer 适用于 Windows 平台的可执行文件分析,查看和修改可执行文件的结构信息,检查文件的签名、导入/导出函数等。CFF Explorer 逻辑清晰,学习成本不高,可以提供对可执行文件结构的详细解析,但功能相对专一,适用于对可执行文件进行静态分析的场景。

2) **API Monitor**

API Monitor 是由 Rohitab Batra 创建的工具,最早于 2008 年发布,用于监视和分析 Windows 应用程序的 API 调用。API Monitor 可以实时跟踪应用程序与系统 API 之间的交互,捕获参数和返回值。

API Monitor 适用于动态分析 Windows 应用程序,包括逆向工程、调试、发现 API 调用的行为等。其优势在于不仅可以捕获 API 调用的名称,还能捕获其参数和返回值,提供了更为详细的分析数据;API Monitor 相对易于使用,适合初学者入门。

然而,API Monitor 依赖于目标应用程序的运行状态,因此对于一些需要静态分析的场景,其效果可能有限。API Monitor 主要适用于 Windows 操作系统,不支持其他操作系统,限制了其在跨平台应用程序的适用性。

3) **Fiddler**

Fiddler 是由 Eric Lawrence 创建的 HTTP 调试代理工具,首次发布于 2003 年。用于 HTTP/HTTPS 流量捕获和分析。Fiddler 可以截获网络请求和响应,允许用户查看和修改 HTTP 流量。

Fiddler 允许用户捕获和分析应用程序与服务器之间的 HTTP/HTTPS 通信,有助于理解和调试网络协议。Fiddler 可以用于捕获和分析 API 调用的 HTTP 请求和响应,有助于理解 API 的工作机制和调试相关问题,并提供关于 HTTP 请求和响应时间的详细信息,有助于进行性能优化和网络性能分析。

但 Fiddler 主要关注 HTTP/HTTPS 层面的网络分析，对于二进制文件的静态分析能力相对较弱。Fiddler 需要在应用程序运行时捕获流量，对于一些静态分析的场景效果可能有限。此外，Fiddler 专注于 HTTP/HTTPS，不适用于其他协议的逆向工程需求。

2. 代码分析工具

代码分析工具的发展历史可以追溯到计算机科学和软件工程的早期，随着计算机技术的不断进步和软件复杂性的增加，代码分析工具逐步演进。初始的代码分析工具主要集中在静态分析，通过词法分析和语法分析等技术检查源代码的结构和语法。这些工具帮助程序员在编写代码时发现语法错误和结构问题。随着软件工程的发展，静态分析工具逐渐扩展到更复杂的代码分析，包括数据流分析、控制流分析、依赖分析等技术，以更全面地了解代码的行为和结构。随着 IDE 的普及，代码分析工具被集成到开发环境中，提供实时的反馈和建议。这使得开发者能够在编写代码的同时进行静态分析，减少错误并提高生产效率。随着软件系统的复杂性增加，动态分析工具变得越来越重要。这类工具通过运行时监测和分析程序的行为，帮助发现运行时错误、内存泄漏等问题。目前，较为经典的代码分析工具主要有以下两个。

1）IDA Pro

IDA Pro 由 Ilfak Guilfanov 创建，首次发布于 1997 年。它一直是逆向工程领域中最知名和广泛使用的反汇编工具之一。IDA Pro 能够对二进制文件进行静态分析，提供反汇编和众多辅助功能，帮助逆向工程师理解程序的结构和逻辑。

IDA Pro 主要用于逆向工程任务，包括分析恶意软件、破解软件、理解未知二进制文件等。IDA Pro 提供强大的反汇编和静态分析功能，支持多种处理器体系结构，并保有丰富的插件系统，可以通过插件扩展其功能。但是其学习曲线较陡峭，学习成本较高，初学者可能需要一定时间适应。

2）Hex-Rays

Hex-Rays 是一个 IDA Pro 的插件，由 Ilfak Guilfanov 创建。Hex-Rays 的主要组件是其反编译器（Decompiler），旨在将汇编代码转换为高级语言表示。Hex-Rays 的主要功能是提供高质量的反编译器，将汇编代码转换为 C 语言等高级语言，帮助理解和分析代码。

Hex-Rays 在逆向工程任务中特别适用于帮助分析和理解汇编代码，提供更高层次的抽象。Hex-Rays 提供强大的反编译功能，有助于将汇编代码转换为可读性更强的高级语言。Hex-Rays 可以被集成到 IDA Pro 平台中，无缝衔接，方便用户使用。

但需注意，在处理一些复杂的、高度优化或混淆的代码时，Hex-Rays 反编译器可能产生不准确的结果。这可能需要逆向工程师进行手动调整和纠正。此外，Hex-Rays 的反编译结果取决于输入的汇编代码的质量，如果源汇编代码本身存在问题或者被故意混淆，反编译结果可能不够准确或无法理解。

3. 破解保护工具

破解保护的目的在于绕过或解除对源代码的保护，使得源代码可用于进一步分析。逆向工程破解保护工具的发展一直是信息安全领域中一个动态而复杂的过程。软件保护工具的目标是防止未经授权地访问、复制或修改软件。逆向工程破解保护工具的发展主要涉及两个主要方面：保护技术和破解技术。

除了使用 Hex-Rays 出品的二进制代码分析工具以深入了解二进制代码的结构和逻辑

之外，典型的破解保护工具还包括 Lighthouse。Lighthouse 是一个开源的工具，用于对 Web 浏览器进行安全性分析。Lighthouse 通过模拟浏览器访问页面，评估页面的性能、可访问性和最佳实践等方面的安全性。因此，它是一个集成在 Chrome 浏览器开发者工具中的工具，也可通过命令行使用。但是，由于 Lighthouse 是一个浏览器工具，它的能力受到浏览器的限制。某些安全问题可能需要使用其他专门的工具进行检测和分析。Lighthouse 提供的结果和建议需要谨慎解释，因为某些 audits 的警告可能并不总是等同于真正的安全威胁。用户需要具备一定的安全知识，以正确理解和解释工具的输出。

4. 架构提取工具

架构提取是架构逆向工程的关键步骤之一，其目标是从已有的信息和代码中提取系统的架构信息，包括模块、组件、关系和数据流。架构提取工具的发展经历了从静态到动态、从文本到图形、从单一度量到多维度度量的演变过程。

早期的架构提取工具主要集中在静态分析领域，通过对源代码和二进制代码进行分析，提取软件系统的结构信息。这些工具主要关注模块、类、函数等高层次的结构。随着对软件质量和复杂性关注的增加，一些度量工具被引入用于量化和测量软件的各种属性，包括代码规模、复杂性、耦合性等。这些度量工具间接提供了对系统架构的认识。随着静态、动态分析技术的不断进步，静态分析工具能够更准确地提取系统的架构信息，并生成结构化的表示；动态分析工具开始利用动态分析和运行时信息来提取系统架构，这种方法能够更好地捕捉系统的实际执行流程和交互关系。目前，较为经典的架构提取工具主要包括如下几种。

1）BinDiff

BinDiff 是一款由 Zynamics（现在是 Google 的一部分）开发的二进制文件比较工具，主要用于逆向工程和分析二进制文件之间的差异。BinDiff 专注于比较不同版本的二进制文件，它使用强大的分析引擎来识别相似的代码块，然后显示它们之间的差异。该工具旨在帮助分析人员理解软件版本之间的变化，从而在逆向工程和恶意软件分析中提供支持。

BinDiff 的分析引擎能够处理复杂的二进制代码，识别函数、基本块、控制流图等，从而支持更细粒度的比较，帮助分析人员比较两个二进制文件，识别代码中的变化，了解软件的演变过程。对于架构提取的任务，BinDiff 的分析引擎能够提供细粒度的比较，识别基本块和函数级别的差异，有助于深入了解二进制文件的结构。当用于处理大型项目时，BinDiff 能够有效地比较复杂的二进制文件，提供可靠的结果。但是，对于初学者来说，BinDiff 可能有一定的学习难度，因为它涉及复杂的逆向工程概念和技术。同时，BinDiff 的效果取决于其分析引擎的质量，有时可能无法完全理解高度优化或混淆的代码。

2）IDA-x86emu

IDA-x86emu 是 IDA Pro 的一个插件，用于模拟和执行 x86 指令。IDA-x86emu 允许逆向工程人员在 IDA Pro 界面中模拟执行二进制代码，帮助他们理解代码的行为，查看可能的执行路径，以及分析代码的动态行为。

IDA-x86emu 对逆向工程人员非常有用，特别是在分析恶意软件或不熟悉的二进制文件时。通过模拟执行指令，分析人员可以更好地理解代码的行为。在分析可能包含漏洞的程序时，IDA-x86emu 可以帮助逆向工程人员模拟执行潜在问题区域的代码，以更好地理解可能的漏洞情况。作为 IDA Pro 的插件，IDA-x86emu 与 IDA Pro 紧密集成，使得逆向工程人员可以在同一环境中执行静态和动态分析。

然而，在处理复杂、高度优化或混淆的代码时，动态分析工具的帮助可能有限，因为动态分析可能无法捕获所有复杂的执行路径。IDA-x86emu 提供的是指令级的模拟执行，而不是真实的运行环境。这意味着可能无法捕获一些与真实运行环境相关的动态行为。

5．架构重构工具

架构重构关注于根据提取的架构信息和对系统的理解，重新设计和组织系统的结构，以提高系统的整体质量。架构重构工具的发展经历了从手动到自动、从简单模式到复杂模型、从局部到全局的演变过程。

早期的架构重构主要是通过手动方法和一些简单的工具进行的。软件开发者开始认识到系统的结构问题，通过重构来改善系统的可维护性、可理解性和扩展性。随着《重构：改善已有代码的设计》(Martin Fowler 著)等书籍的出版，提出了许多常见的代码和架构重构模式，帮助工程师更系统地进行结构性重构。为了支持更大规模和更复杂的架构重构，一些专用的架构重构工具开始涌现，通过自动分析和变换源代码，提供更强大、自动化的架构重构支持。随着领域特定语言（DSL）和元模型的发展，一些架构重构工具开始采用这些技术来更精确地描述和执行架构重构操作，提高了工具的灵活性和适应性。当前，较为经典的架构提取工具主要有以下两个。

1）JArchitect

JArchitect 是一款专注于 Java 项目的架构重构工具。它提供了代码分析、可视化和重构建议的功能。JArchitect 的主要目标是帮助开发人员改进代码的结构和质量，减少复杂性，提高可维护性。

JArchitect 主要用于分析和改进 Java 项目的结构。它适用于大型 Java 项目，可以帮助团队识别潜在的问题、改进代码的组织结构、减少代码复杂性。JArchitect 提供了可视化工具，可以直观地呈现项目的架构，帮助开发人员更好地理解和管理项目的结构。JArchitect 可以用于持续监控代码质量，通过定义规则和指标，帮助开发人员追踪项目的健康状况，及时发现和解决潜在的问题。

但相对于通用性更强的工具，JArchitect 在支持多语言和广泛集成方面有所欠缺。同时，新用户可能需要一些学习和适应时间，才能使用。此外，JArchitect 在自动化重构方面有所不足，需要更多手动干预。

2）Structure101

Structure101 是一个面向大型软件项目的架构可视化和重构工具，支持多种编程语言。Structure101 由 Headway Software 公司开发，首次发布于 2004 年，为开发人员提供了更好的代码组织和可视化工具。

Structure101 主要用于可视化大型软件项目的架构。通过图形化展示项目的组织结构、依赖关系和模块化情况，开发人员能够更直观地理解整个系统。Structure101 可以帮助开发团队管理项目的复杂性。通过分析项目结构，识别耦合度高的模块，开发人员可以有针对性地进行重构，减少系统的复杂性。Structure101 还可以提供重构建议，帮助开发人员改进项目的结构，优化代码的组织，并提高系统的可维护性和可扩展性。然而，相较于通用性更强的工具，可能在自动化重构方面有所不足，需要更多手动干预。对于小型项目而言，Structure101 功能稍显冗余，使用成本较高。

7.3 动态软件体系结构

在软件工程领域,软件体系结构的维护、演化与复用是构建稳健、可维护系统的关键因素。前两节已经深入探讨了架构坏味道和架构逆向工程,分析了如何在软件生命周期中适应变化,提高系统的可靠性和可持续性。动态软件体系结构部分将聚焦于系统在运行时的适应性和灵活性,不仅关注于系统的初始设计和构建,更加关心系统在应对不断变化的需求、环境以及用户期望时的实时响应能力。

动态软件体系领域的研究与实践已经取得了显著的进展,为软件系统在运行时实现结构的调整和优化提供了新的可能性。本节将深入探讨动态软件体系结构的概念、原理和应用,剖析运行时对系统进行改变的动机、方法和技术,并深入研究动态软件体系结构对系统可维护性、可演化性和复用性的影响。

7.3.1 概念

1. 发展动机

随着网络和许多新兴软件技术的发展,软件系统对架构提出了许多更高的要求,如架构的可扩展性、复用性、适应性等,而传统的静态体系结构已难以满足这些要求。尤其对于需要长期运行且具有特殊使命的系统(如航空航天、生命维持、金融、交通等),如果系统需求或环境发生了变化,此时停止系统运行进行更新或维护将会产生高额的费用和巨大的风险,对系统的安全性也会产生很大的影响。静态体系结构缺乏表示动态更新的机制,很难用其分析、描述这样的系统,更不能用它来指导系统进行动态演化。因此,动态演化架构的研究应运而生。

动态软件体系结构的发展动机源于对传统静态软件体系结构的限制和对日益复杂、变化迅速的软件系统的需求。架构的动态演化主要来自以下几类需求。

- **动态性**:为了满足软件系统在运行时需要动态适应变化的需求,动态软件体系结构具备在系统运行时调整自身结构的能力,以适应变化的需求和环境。
- **柔性**:提高软件系统的灵活性,使其能够轻松应对新功能的引入、业务策略的变更,能够容纳和适应系统结构的改变,而不影响系统的整体性能和功能。
- **自定义性**:满足用户对软件系统个性化定制的需求,以适应不同用户或用户群体的特定需求,并根据特定需求定制系统行为和外观。
- **可扩展性**:适应系统规模的变化,支持系统在不同层次上的扩展,以应对不断增长的需求,并能够有效地处理系统规模的变化,保持性能和功能的可靠性。
- **可演化性**:使软件系统能够持续演化,适应不断变化的技术、业务和用户需求,并能够在生命周期内进行逐步、可控的演化和改进,而不引入不必要的风险。

2. 概念及特点

动态软件体系结构是指在软件系统运行时具有适应性、灵活性和演化性的体系结构。动态软件体系结构允许系统在运行时动态调整其组件、服务和连接关系,以适应变化的需求、环境和用户行为。

软件体系结构的动态性通常可以分为三个主要级别:交互式动态性、结构化动态性和体系结构动态性,它们分别反映了软件系统在运行时的不同变化程度和能力。下面进行分别描述。

交互式动态性指的是软件系统能够在运行时与外部环境、用户或其他系统进行实时动态交互和调整,即软件系统支持实时响应、用户参与、与外部实体动态交互。

结构化动态性指的是软件系统在运行时以有序、结构化的方式调整其组件、服务和连接关系,系统能够有序变化、保持整体结构的一致性。

体系结构动态性指的是整个软件体系结构在运行时能够动态调整,包括组件的添加、删除、替换,以及整体结构的演化,支持长期演化。

以上三个级别的动态性逐级递进,反映了系统的变化程度和复杂度。在不同的应用场景中,软件系统可能需要不同级别的动态性,取决于系统的需求和设计目标。例如,在线购物系统具有交互式动态性,能够根据用户的购物行为实时更新推荐商品、调整价格或提供促销信息。系统通过与用户的实时交互来适应购物环境的变化。同时,电子商务平台的结构化动态性可体现在系统能够根据产品种类的变化、供应商的加入或退出等因素有序地调整其组件,以保持系统的结构一致性。而大规模的分布式系统,如云计算平台,其体系结构动态性体现在,系统可以根据用户需求、负载变化等因素调整整体系统的架构,包括增加服务器节点、引入新的服务或改变系统的部署结构。因此,动态性的不同级别提供了对软件系统变化管理的灵活性和可调节性。

7.3.2 动态体系结构模型

1. 基于构件的动态系统结构模型

基于构件的动态系统结构模型是一种软件体系结构的设计范型,强调系统的构件在运行时能够动态地连接、组合和调整,以适应变化的需求和环境。这种模型允许系统在运行时演化其结构,提供了灵活性、可扩展性和可维护性。

基于构件的动态系统结构模型的发展源于对传统静态软件体系结构模型的挑战。传统模型通常在设计时定义了系统的结构,而动态结构模型提供了一种更灵活、适应变化的方式。随着分布式系统和服务导向架构的兴起,基于构件的动态系统结构模型逐渐得到了更广泛的应用。总结而言,基于构件的动态系统结构模型的实际意义在于:

- 提高系统的灵活性,允许系统在运行时根据需求变化动态调整。
- 提高系统的可维护性,系统结构的动态演化降低了维护成本。
- 提高系统的可扩展性,新的构件可以动态地添加到系统中,以支持新的功能。

考虑一个电子商务系统,基于构件的动态系统结构模型可以允许在运行时动态添加新的支付服务构件,以适应新的支付方式的接入。这使得系统能够更灵活地应对支付环境的动态变化。显然,基于构件的动态系统结构模型为软件系统提供了一种更灵活、适应性更强的设计方法。它允许系统在运行时根据变化的需求和环境动态演化,为面向服务的架构、微服务架构等提供了理论支持。总体而言,这一模型有助于构建更具弹性和可维护性的软件系统。

2. 微服务架构模型

微服务架构是一种软件设计和开发的架构风格,其中,软件系统被拆分为一组小型、自治的服务,每个服务都专注于执行特定的业务功能。这些服务可以通过轻量级的通信机制进行协同工作,形成一个松耦合、高度可扩展的系统。

微服务架构的发展是为了解决传统单体应用难以维护、难以扩展、部署困难等问题。随着云计算和容器技术的兴起,微服务架构得到了更广泛的应用。Martin Fowler 等人在其著作中对微服务进行了详细的介绍,进一步推动了其发展。结合业界经验和学术界研究,可以总结微服务架构的实际意义如下:

- 促进系统的独立开发与部署,允许团队独立开发、测试和部署各个微服务,提高开发效率。
- 提高系统的灵活性和可扩展性,每个微服务都可以独立扩展,系统更容易适应变化和增加负载。
- 帮助系统进行故障隔离,即单个微服务的故障不会影响整个系统,提高系统的容错性。
- 强化技术异构性,允许使用不同的技术栈和编程语言,以满足各种业务需求。

如图 7-7 所示,现以双十一购物平台应用为例,分析以微服务架构模型为平台的高并发、大规模流量以及复杂业务逻辑提供的有效解决方案。以下是在双十一购物平台上应用微服务架构模型的系统结构:用户管理服务,用于处理用户注册、登录、个人信息管理等功能,可独立扩展和升级,用户体验更流畅;订单处理服务,完成管理用户下单、支付、订单状态更新等功能,该服务可以独立处理订单,提高并发处理能力,减少单点故障;支付服务,用于处理用户支付请求,管理支付状态和交易记录,提供了可扩展的支付服务,支持多种支付方式,降低支付处理风险;商品服务,负责管理商品信息、库存和价格,独立管理商品数据,便于新增商品和动态调整价格;推荐服务,提供个性化推荐、热销商品推荐等功能,仅需基于用户行为和平台数据进行实时推荐,提高销售转化率;库存服务,管理商品库存,防止超卖和库存不足,可独立处理库存,减少对整体系统的影响;物流服务,处理订单的物流信息、配送和运输,提供实时物流信息,提高订单配送效率;用户评价服务,管理用户对商品的评价和评分,独

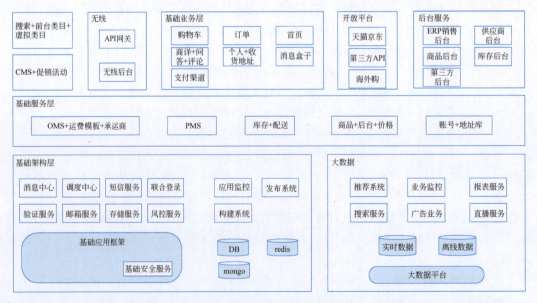

图 7-7 购物平台中的微服务架构

立管理用户评价，提供更准确的商品反馈。总体而言，微服务架构模型在双十一购物平台上的应用有助于提高系统的弹性、可维护性和可扩展性，从而更好地适应购物狂欢节期间的挑战。

微服务架构模型为构建灵活、可维护、可扩展的软件系统提供了一种先进的方法。然而，引入微服务也需要仔细地设计和管理，以确保微服务之间的通信、一致性和监控等方面的有效性。在适当的情境下，微服务架构模型为构建敏捷、可扩展和高可用系统提供了有力支持。

7.3.3 动态体系结构描述语言

1. 进程代数方法

进程代数是一种形式化的数学方法，用于描述系统中并行运行的进程及其交互。在软件工程领域，进程代数被引入用于描述动态软件体系结构中组件的行为、通信和状态的变化。

在进程代数中，通常会定义一些基本的代数运算，如并行组合、顺序组合、选择、循环等。这些代数运算可以用来描述系统中不同进程之间的并发执行、顺序执行、选择执行等行为。此外，进程代数还会定义一些规则来描述进程之间的通信和同步关系，如同步通信、异步通信、互斥访问等。这些规则可以用来描述系统中不同进程之间的交互关系，以及它们之间的并发控制和同步机制。

考虑一个电子商务系统，包含以下两个组件：订单服务和支付服务。使用进程代数描述时，可以定义两个进程代数表示 OrderProcess 和 PaymentProcess。对其行为和交互描述如下。

1）OrderProcess

初始状态：

```
WaitingForPayment#
```

可能的状态迁移：

```
WaitingForPayment → PaymentReceived(当支付服务通知支付成功时)
WaitingForPayment → Cancelled(当订单被取消时)
OrderProcess =
  | WaitingForPayment ->PaymentReceived ->OrderProcess
  | WaitingForPayment ->Cancelled ->OrderProcess
```

2）PaymentProcess

初始状态：

```
Idle
```

可能的状态迁移：

```
Idle → PaymentReceived(当收到订单服务的支付通知时)
PaymentProcess =
  | Idle ->PaymentReceived ->PaymentProcess
```

现在，考虑系统在运行时可以动态连接这两个组件。动态连接的行为可以用一个 DynamicConnect 进程代数表示：

```
DynamicConnect =
  |Connect(OrderProcess, PaymentProcess) ->DynamicConnect
  |Disconnect(OrderProcess, PaymentProcess) ->DynamicConnect
```

这里，Connect 表示两个组件的连接，Disconnect 表示它们的断开连接。

进程代数描述能够清晰地表示系统中组件的动态连接和状态迁移。这种形式化的描述有助于理解系统的行为，提高对动态体系结构变化的建模和分析能力。在实际应用中，可以进一步扩展和细化这种描述，以涵盖更多的组件、更复杂的状态和更多的动态性。

2. 图形化方法

图形化方法是一种使用图形符号和图形表示来描述系统结构、行为和交互的建模技术。在描述动态体系结构时，图形化方法通常关注系统中组件的演化、连接和状态变化。这有助于工程师更直观地理解和设计具有动态性质的软件系统。

在描述动态体系结构方面，Pierre Le Métayer 在其论文"Describing Software Architecture Styles Using Graph Grammars"中提出了一种形式化的图形化方法，结合了形式化方法，用于描述软件系统动态体系结构的演化和变化。

软件体系结构实例是由一组构件、连接子以及构件的端口和连接子的角色之间的绑定而构成的一个拓扑。此外，CHAM(Concurrency History-based Access Matrix)是一种描述并发系统访问控制的方法，主要用于建模并发系统的安全性。CHAM 更加关注系统的访问控制和并发性。假设有一个简单的系统，其中包含两个并发执行的组件：用户界面(UI)和数据库(DB)。访问控制规则规定了 UI 和 DB 之间的操作。用 CHAM 描述二者关系的步骤如下。

首先，定义 CHAM 规则，表示 UI 和 DB 之间的并发操作。例如，可以使用状态转换图来表示不同的访问状态。

```
UIState--(RequestAccess)-->DBState
DBState--(GrantAccess)-->UIState
```

其次，定义并发操作：使用 CHAM 定义并发操作，包括请求访问和许可访问的操作。

```
RequestAccess = UIState, DBState |->UIState', DBState' {UIState ≠ UIState' ∧ DBState ≠ DBState'}
GrantAccess = DBState, UIState |-> DBState', UIState' {DBState ≠ DBState' ∧ UIState ≠ UIState'}
```

最后进行图形化表示，使用图形工具(如状态图或流程图)将 CHAM 规则图形化，以更清晰地展示状态和操作之间的关系，该过程如图 7-8 所示。

3. 逻辑化方法

逻辑化方法是一种用逻辑表达式和形式化推理描述和分析动态体系结构的方法。它通常使用数学逻辑、模型检测和定理证明等技术来捕捉系统的动态行为。逻辑化方法在计算机科学和软件工程领域得到了广泛的应用，被用于描述和验证系统的动态特性，以确保软件系统的正确性和可靠性。逻辑化方法的发展经历了多个阶段，包括模型检测、定理证明、模型驱动工程等。

模型检测是一种逻辑化方法，用于检查系统模型是否满足某些性质。例如，使用模型检

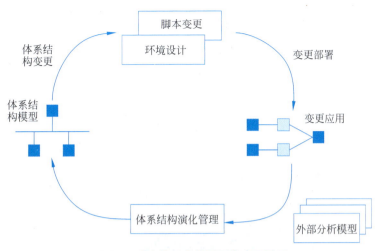

图 7-8　动态体系结构图形化表示图示

测工具如 SPIN，可以描述系统的状态转换，并通过 LTL（线性时序逻辑）或 CTL（计算树逻辑）等形式化规范检查系统是否满足特定的时序性质。

定理证明是一种基于逻辑推理的方法，通过使用数学逻辑来证明系统的性质。例如，使用形式化规范语言如 Event-B，并通过使用定理证明工具来证明系统的一致性和正确性。

模型驱动工程采用了逻辑化方法，通过使用形式化建模语言如 UML 或 SysML 来描述系统的动态结构和行为。这些模型可以通过模型变换和代码生成等技术转换为实际的系统实现。

逻辑化方法的优势在于提供了形式化的手段来描述系统的动态性质，帮助开发人员在设计和实现过程中更好地理解和验证系统的行为。然而，这些方法通常需要较高的专业知识，并且在实际应用中可能会面临复杂性和可扩展性的挑战。

在诸多逻辑化方法中，Gerel 方法能够严格基于逻辑推理和形式化方法，通过建立一系列逻辑公式来描述系统的状态和行为，并通过模型检查等技术来验证系统的正确性。Gerel 方法的核心思想是将系统的状态和行为抽象成一些基本的逻辑公式，然后通过组合这些公式来描述系统的整体状态和行为。这些公式可以包括系统的属性、约束条件、事件触发条件、状态转移条件等，通过建立这些公式的逻辑关系，可以形成一个完整的系统模型。

例如，考虑一个简单的电梯系统，可以用 Gerel 方法来描述其动态体系结构。首先，可以定义电梯的状态，如电梯的位置、开关门状态等，然后定义电梯的约束条件，如电梯不能在运行时开门等。其次，可以定义电梯的事件触发条件，如当电梯到达某一楼层时触发开门事件等。最后，可以定义电梯的状态转移条件，如当电梯到达某一楼层时转移为开门状态等。

这些公式可以包括系统的属性、约束条件、事件触发条件、状态转移条件等，通过建立这些公式的逻辑关系，可以形成一个完整的系统模型，如图 7-9 所示。

通过组合这些逻辑公式，架构师可以建立一个完整的电梯系统模型，并通过模型检查等技术来验证其正确性。例如，可以验证电梯是否能够在运行时开门等不符合约束条件的情况，从而提前发现和解决可能存在的问题。

Gerel 方法是非常有效地描述动态体系结构的方法，可以帮助架构师建立准确、完整的系统模型，并通过模型检查等技术来验证系统的正确性，从而提高系统的可靠性和安全性。

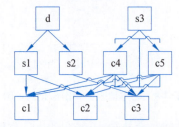

图 7-9　动态体系结构逻辑化表示图示

7.4　软件体系结构复用

在软件工程领域,软件体系结构的复用是一种旨在提高开发效率、降低成本以及增强系统可维护性的关键实践。随着软件系统规模和复杂性的不断增加,设计和构建每个新系统的成本逐渐变得更为昂贵。软件体系结构复用作为一种策略,旨在通过在不同系统之间共享、重用组件、模块或整个体系结构,来实现更高效、可靠的软件开发过程。

软件体系结构复用部分将深入研究软件体系结构复用的关键概念、方法和最佳实践。首先,探讨复用的各种形式,从简单的代码级别到更高层次的模块和服务,以及整个体系结构的复用。其次,通过引入复用的战略性和战术性应用,探索如何在不同项目、组织和上下文中有效地实施软件体系结构复用。通过学习本节的内容,读者将了解软件体系结构复用的重要性,以及如何在实际项目中应用这一概念以提高开发的效率和质量。

7.4.1　概念

软件体系结构复用是一种软件工程实践,旨在通过在不同的软件系统之间共享、重用组件、模块或整体体系结构,以提高软件开发效率、降低成本、加速交付并增强系统质量。复用的理念是基于将先前构建和验证过的结构化设计元素应用于新的上下文中,从而最大程度地减少冗余工作和提高系统的可维护性。

软件体系结构复用可定义为,通过将已有的软件体系结构元素(包括组件、模块、接口等)应用于新的软件系统,以提高系统开发的效率和质量的软件工程实践。软件体系结构复用可以有如下的形式化表示:设已有系统的体系结构为一个集合 A,里面包含所有的组件和连接器 $A=\{C_1,C_2,\cdots,C_n,L_1,L_2,\cdots L_m\}$。其中,$C_i$ 表示组件,L_i 表示连接器,待开发系统的体系结构为 $B=\{C'_1,C'_2,\cdots,C'_p,L'_1,L'_2,\cdots,L'_q\}$,复用操作可表示为映射 $F:A\rightarrow B$。例如,如果架构师意图复用已有系统中的组件 C_2 和 C_3,以及连接器 L_1,复用操作表示为

$F(\{C_2, C_3, L_1\}) = \{C_5', C_6', L_3'\}$，这意味着已有系统中的组件 C_2 和 C_3 被复用为待开发系统中的 C_5' 和 C_6'，连接器 L_1 被复用为 L_3'。

软件体系结构复用的概念最早在软件工程领域的早期阶段就已经涌现，但真正的大规模应用始于 20 世纪 80 年代。从最初的代码复用逐渐演变到更高层次的体系结构和设计模式的复用。近年来，随着微服务架构和容器技术的兴起，软件体系结构复用进入了一个新的阶段。现今，软件体系结构复用已经成为软件工程中的一项重要实践。开源社区的贡献、软件架构模式的发展和领域特定语言的广泛应用都推动了复用的实践。然而，仍然存在挑战，如合适的复用度量、复用文档的维护，以及组件适应性等问题需要进一步研究。以开源项目中的模块复用为例，许多成功的项目如 Apache 软件基金会下的项目（例如 Tomcat 和 Hadoop），通过在不同项目中复用核心模块，实现了高度的代码共享和开发效率提升。

7.4.2 基于度量的重构方法

1. 度量指标分类

基于度量的重构方法主要依赖于软件度量指标来评估和指导系统重构的过程。这些指标可以根据不同的属性进行分类，主要包括尺度性指标和结构性指标[60]。

尺度性指标用于衡量软件系统的规模、大小或复杂度。常见的尺度性指标包括：行数（Lines Of Code，LOC），代码行数是一种度量代码规模的简单指标；圈复杂度，通过统计代码中的决策点数量来度量代码的复杂性；功能点，通过考虑软件提供的功能、输入、输出等来度量软件的大小。

尺度性指标在软件度量中有着长期的应用历史。随着软件规模和复杂性的增加，人们对于度量软件系统规模的需求也变得更为迫切。尺度性指标在软件开发过程中仍然是一个重要的度量维度。

结构性指标关注软件系统的内在结构和组织，主要包括：耦合度，用于度量模块之间相互依赖的程度，低耦合度表示模块独立性较高；内聚度，衡量模块内部元素之间相关性的程度，高内聚度表示模块内元素彼此关联较紧密；代码重复率，通过度量代码中的重复部分来评估代码的质量和可维护性。

随着软件工程的不断发展，对于软件结构的质量要求也越来越高[80]。结构性指标作为度量软件内在结构特征的手段，在软件设计和重构中发挥着关键作用。以圈复杂度为例，高圈复杂度可能意味着代码中存在过多的条件判断，增加了代码的复杂性和难以维护性。在重构过程中，通过减小圈复杂度，可以提高代码的可读性和可维护性。

2. 重构方法

基于度量的重构方法是一种通过测量软件系统的各种性质（如规模、复杂度、性能等）来评估系统质量，并通过调整系统结构和代码来优化系统的方法。基于度量的重构方法将度量和重构紧密结合，使得软件系统的优化更为有针对性[81]。

一般来说，基于度量的重构方法需要遵循两个原则：系统度量原则，基于度量的重构应该以系统度量为基础，包括尺度性指标（如代码行数、圈复杂度）和结构性指标（如耦合度、内聚度）；连续改进原则，将度量和重构作为一个连续改进的过程，而不是一次性的任务，通过定期度量系统并根据度量结果进行适当的重构，实现系统的持续优化。

基于度量的重构方法的发展可以追溯到软件度量和软件重构的早期阶段。随着软件工程领域的发展,越来越多的研究关注如何通过度量数据指导重构操作,以提高系统的质量、可维护性和性能。此后,基于度量的重构方法在软件工程实践中得到了广泛应用。各种度量工具和框架能够帮助开发人员实时监测系统的性能,并提供有针对性的重构建议。随着机器学习和人工智能技术的发展,基于度量的重构方法也在不断演进,以更智能、自适应的方式进行系统优化。如今,基于度量的重构方法一般表现为以下流程。

提炼方法:主要包括选择代码块,识别复杂的计算逻辑或条件判断,确定提炼的范围;创建新方法,将选中的代码块提炼为一个独立的方法;方法命名,给新方法一个能清晰表达其功能的名字,确保方法的职责单一。考虑以下基于度量的重构实例,通过代码的圈复杂度度量和重构来提高系统的可维护性。假设有一段用于计算并输出一个订单的总价的代码。

```python
#原始代码
def print_order_summary(order):
    total_price = 0
    for item in order['items']:
        total_price += item['price'] * item['quantity']
    print(f"Total price: {total_price}")
```

重构后,提炼出计算总价的方法见图 7-10。

```python
#重构后的代码
def calculate_total_price(order):
    total_price = 0
    for item in order['items']:
        total_price += item['price'] * item['quantity']
    return total_price

def print_order_summary(order):
    total_price = calculate_total_price(order)
    print(f"Total price: {total_price}")
```

图 7-10　提炼方法

引入临时变量:包含的步骤主要有分析复杂表达式,即查找复杂的条件判断或计算表达式,确定引入临时变量的位置;引入临时变量,创建临时变量存储计算结果,提高代码可读性。假设有一行复杂的计算表达式,用于决定一个订单是否免运费。

```python
#原始代码
def is_free_shipping(order):
    return order['base_price'] > 200 and order['destination'] == "local"
```

重构后,由图 7-11 可知引入临时变量来解释表达式的意图。

```python
# 重构后的代码
def is_free_shipping(order):
    is_large_order = order['base_price'] > 200
    is_local_destination = order['destination'] == "local"
    return is_large_order and is_local_destination
```

图 7-11　引入临时变量

提炼类：主要执行的步骤有评估类的独立性，检查是否有独立的逻辑块可以提炼为一个独立的类；创建新类，即如果发现独立的逻辑块，就创建一个新的类，并将相关的逻辑移到新类中。假设有一个包含多种职责的类，例如，一个处理订单详情和打印订单摘要的类。

```python
#原始代码
class Order:
    def __init__(self, items, destination):
        self.items = items
        self.destination = destination

    def print_order_summary(self):
        total_price = 0
        for item in self.items:
            total_price += item['price'] * item['quantity']
        print(f"Total price: {total_price}")
```

重构后，将打印订单摘要的职责提炼到一个新的类中，见图7-12。

```python
#重构后的代码
class Order:
    def __init__(self, items, destination):
        self.items = items
        self.destination = destination

    def calculate_total_price(self):
        total_price = 0
        for item in self.items:
            total_price += item['price'] * item['quantity']
        return total_price

class OrderPrinter:
    @staticmethod
    def print_order_summary(order):
        total_price = order.calculate_total_price()
        print(f"Total price: {total_price}")
```

图 7-12 提炼类

这些步骤是基于度量的重构方法的常见实践，通过逐步拆解复杂的代码逻辑，提高代码的可读性、可维护性，降低系统复杂度。这些操作在软件工程实践中得到了广泛应用，有助于提高软件系统的质量。

考虑电商平台的订单管理模块，该模块在系统演化过程中累积了大量的功能和业务逻辑，导致代码复杂度较高。开发团队希望通过度量和重构操作来提高该模块的代码质量。该团队首先会使用静态分析工具，对该模块进行圈复杂度的度量。结果显示，该模块的圈复杂度为30，超过了团队设定的阈值。而后，分析出高圈复杂度可能导致代码难以理解、测试和维护。因此，团队决定通过重构来减小圈复杂度，提高代码的可读性和可维护性，通过将该模块拆分成多个小模块，重构代码逻辑，简化复杂的条件判断，以此成功降低了圈复杂度。然后再次使用静态分析工具对重构后的代码进行圈复杂度度量，结果显示，圈复杂度降低到

15,符合团队的优化目标。最后,通过基于度量的重构成功提高了模块的代码质量,使其更易于理解和维护。

总结而言,基于度量的重构方法通过以系统度量为基础,可以有针对性地改善软件系统的结构和性能,从而提高系统的可维护性和可读性。在实际应用中,通过度量发现问题,有选择性地进行重构,可以更有效地优化软件系统。

7.4.3 面向模式的重构方法

1. 架构模式

面向模式的重构方法以软件设计中常见的设计模式为基础,通过对代码进行结构性和模式化的改变,以提高系统的可维护性、可扩展性和复用性。架构模式可以被定义为在软件架构层次上提供通用解决方案的设计模板,它描述了一个系统的整体结构和组件之间的相互关系[82]。

架构模式作为设计模式的一类,是用于解决软件架构层次上的问题的通用设计模板。具体架构模式如下。

单例模式确保一个类只有一个实例,并提供一个全局访问点,适用于需要在系统中有且仅有一个实例的情景,如日志记录器、配置管理器等。通过私有构造函数、静态方法和静态变量实现,单例模式能够确保在整个应用程序生命周期内只存在一个对象。

观察者模式定义了一种一对多的依赖关系,当一个对象的状态发生改变时,所有依赖于它的对象都得到通知并自动更新。观察者模式可用于构建对象之间的松耦合关系,同时维护一组观察者,在状态变化时通知观察者更新。

策略模式定义了一系列算法,并将算法封装起来,使它们可以相互替换,保证算法的变化不会影响使用算法的客户。策略模式允许客户选择算法的实现方式,使算法与使用算法的客户解耦,即将算法封装为策略类,客户通过上下文类选择具体的策略。

这些架构模式是设计模式中常用的模式,在软件设计中,这些架构模式能够提高系统的灵活性、可维护性和可扩展性。

2. 重构过程

架构重构是通过对软件系统的架构进行调整、优化和重新设计,以提高系统质量、性能、可维护性和可扩展性的过程。在面向模式的重构方法中,架构重构过程强调利用设计模式、架构模式等模式化的解决方案进行重构。

在重构过程中,设计模式的引入和应用是关键步骤之一。通过合理选择和应用设计模式,可以优化系统结构,提高代码的可维护性,降低耦合度,增强系统的灵活性和可扩展性。架构重构的发展过程主要伴随着软件工程领域的不断发展和成熟。随着设计模式、架构模式等概念的提出和逐渐深入人心,架构重构作为一种重要的软件开发实践逐渐得到重视和应用。

在面向模式的重构方法中,架构重构过程强调利用设计模式、架构模式等模式化的解决方案进行重构。其优势在于:

- 提高可维护性。架构重构通过模块化、设计模式的引入等手段,提高了系统的可维护性,使得系统更容易理解和修改。
- 增强灵活性。通过架构重构,系统的组件变得更加独立,降低了耦合度,增强了系统的灵活性，便于应对变化和需求调整。
- 降低风险。架构重构有助于降低软件开发和维护的风险，通过模块化和设计模式的应用，系统更容易进行单元测试和集成测试。
- 满足新需求。随着业务的变化，架构重构使得系统更容易适应新的需求和业务场景，保持系统的可持续发展。

7.5 特定领域软件体系结构

特定领域软件体系结构旨在通过深入研究特定行业或应用领域的需求和特征，提供一种更为定制和优化的软件体系结构设计。这一领域特定的方法在不同行业和应用场景中取得了显著的成功，为软件工程师提供了解决复杂问题的有效工具。

特定领域软件体系结构部分将深入探讨特定领域软件体系结构的关键概念、设计原则以及实际应用。首先，探讨如何通过深入理解特定领域的需求，构建具有高度适应性和性能优势的软件体系结构。特定领域软件体系结构的开发不仅关注通用性和灵活性，更注重在特定行业或领域内实现卓越的软件性能。其次，从概念、设计策略、实际案例等多个角度进行深入剖析，以期为读者提供全面而深入的了解，使其能够在实际项目中灵活应用特定领域软件体系结构的知识和技术。

7.5.1 基础概念

1. 架构模式

软件体系结构作为软件设计的高层抽象，关注系统的组成和预先定义的组件交互模式，它为软件系统的构建提供了蓝图[83]。而特定领域软件体系结构则进一步在此基础上，针对特定领域的需求和特性，构建出更为精细和优化的结构框架[84]。近期论文[85]提出，特定领域软件体系结构是在特定应用领域中，通过抽象和综合领域内部的共通性和可变性，以形成可复用的设计和实施模式。这种体系结构旨在通过领域专业化来提高软件系统的开发效率和质量。

特定领域软件体系结构的背景可以追溯到软件工程领域对于提高软件复用性和降低开发成本的长期追求。特定行业和领域（如金融、医疗、航空航天等）技术的快速发展促使了特定领域软件体系结构研究的兴起。在定义上，特定领域软件体系结构不仅是一种架构风格或模式，更是一种面向领域的软件工程方法，旨在捕获领域知识，提炼出领域内部的共通性和差异性，从而设计出可适应该领域变化的软件体系结构[86]。

软件体系结构作为软件工程的一个关键分支，它的发展和应用贯穿于各个特定的领域，不仅为软件设计提供了基础框架，也为后续的软件维护和升级奠定了基础。例如，在企业信息系统领域，随着企业规模的扩大和业务需求的多样化，面向服务的架构（Service-Oriented Architecture，SOA）逐渐流行起来。该架构通过将功能单元设计成可复用的服务，实现了系统的灵活性和可扩展性，极大地促进了企业应用的集成与协作。在云计算领域，微服务架构因能够将应用程序分解为一组小型、独立的服务而受到青睐，每个服务运行在自己的进程中，并通过轻量级的通信机制相互协作，这种架构提高了系统的可伸缩性和容错性。在嵌入式系统领域，由于硬件资源的限制和对实时性能的高要求，时间触发架构（Time-Triggered

Architecture，TTA）得到了广泛应用。TTA通过严格的时间管理和调度策略，确保了系统的可预测性和同步性，这对于安全关键的应用（如汽车电子和航空电子控制系统）至关重要。这些软件体系结构的发展不仅展现了技术的进步，也反映了不同领域对软件系统的特定需求和挑战，它们的应用成果为软件工程师提供了丰富的研究案例和实践经验。

这些特定领域的软件体系结构研究和实践不仅推动了技术的进步，而且在商业和社会层面产生了深远的影响。通过对这些架构的深入理解和应用，企业能够构建更加健壮和灵活的系统，以适应不断变化的市场需求和技术挑战。同时，这些架构的研究也为软件工程领域提供了宝贵的理论基础和实践经验，为未来软件系统的设计和优化指明了方向。总之，特定领域软件体系结构的研究和实践不仅是技术创新的催化剂，也是推动行业发展和社会进步的重要力量。

2. 参与者

在软件体系结构领域，参与者是指那些对系统有直接或间接利益的个人或组织。他们可能是系统的用户、开发者、业务所有者、项目经理或其他利益相关者。参与者的需求和期望对软件体系结构的设计有着重要的影响。

软件体系结构作为软件工程的一个子领域，在20世纪90年代初期开始获得重视。随着软件系统的不断增长和复杂化，需要一种方法来描述大型系统的高层结构。Mary Shaw 和 David Garlan 在他们的开创性著作"Software Architecture：Perspectives on an Emerging Discipline"中[87]，将软件体系结构定义为系统的组件、组件之间的关系以及它们与环境的关系的集合。在 IEEE Std 1471—2000 "IEEE Recommended Practice for Architectural Description of Software-Intensive Systems"中，参与者被定义为对系统的成功有影响的任何个人、团队、组织或职能部门，或者对系统的构造和运行有兴趣的任何个人、团队、组织或职能部门。

以电子商务平台为例，参与者可能包括：用户/顾客，他们关心系统的易用性、性能和安全性；业务所有者，他们关心系统是否能满足业务需求，如市场扩张、销售目标等；开发者，他们关心系统的可维护性、可扩展性和技术栈；系统管理员，他们关心系统的可靠性、监控和故障恢复；合作伙伴（如支付网关提供商），他们关心系统的集成接口和数据交换格式。以嵌入式系统的软件体系结构为例，该领域的参与者通常包括系统工程师、硬件工程师、软件工程师、测试工程师和最终用户等。在这样一个特定领域中，软件体系结构必须考虑到与硬件的紧密交互、对实时性能的高要求以及可能的资源限制等因素。因此，参与者的内涵在这里体现为他们对系统的不同关注点和需求，例如，系统工程师可能更关注系统整体的性能和可靠性，而最终用户可能更关注系统的易用性和响应速度。

综上所述，特定领域软件体系结构中的参与者是多元化的，其需求和关注点直接影响着体系结构的设计和实现。参与者的需求通常通过需求工程过程来识别和记录，并转换为系统设计的输入。软件体系结构设计的目标是满足这些不同参与者的需求，同时平衡他们之间可能存在的冲突，而理解并满足这些参与者的需求是实现高效软件体系结构的关键。

3. 模型生命周期

模型生命周期是指在软件开发过程中，从需求收集到模型设计、实现、验证、部署直至维护的整个过程。但在特定领域软件体系结构中，模型生命周期更侧重于模型的抽象、设计模式及其在特定领域中的应用[88]。模型生命周期的概念起源于传统的软件开发生命周期

(Software Development Life Cycle，SDLC)，它是软件工程领域的一个基本概念，描述了软件从概念化到退役的整个过程。

随着模型驱动工程(Model-Driven Engineering，MDE)的兴起，模型在软件开发过程中的作用日益重要，这使得模型的生命周期管理成为一个值得关注的话题。在 MDE 范式下，模型不仅是文档或者设计工具，它们成为软件开发过程中的一等公民。模型生命周期的管理包括模型的创建、维护、分析、验证、转化以及退役等多个阶段。随着云计算、大数据等技术的发展，模型生命周期管理在处理复杂性、提高自动化水平方面展现出更大的潜力。模型生命周期通常包含以下几个阶段。

- **需求分析**：理解并定义系统需求，形成需求模型。
- **设计**：即根据需求模型，设计系统的高层结构和行为，形成设计模型。
- **实现**：将设计模型转换为可执行代码。
- **验证与测试**：确保模型和代码的正确性，满足需求规格。
- **维护**：对模型和软件进行必要的更改以适应环境变化。
- **退役**：当软件不再需要时，进行数据迁移和资源回收。

以电子健康记录(Electronic Health Record，EHR)系统为例，这是一个医疗行业的特定领域软件体系结构。EHR 系统的模型生命周期可能会涉及：根据医疗行业的规范和法规定义需求；设计一个能够处理患者数据、医疗历史记录和处方信息的模型；实现一个符合隐私标准的软件系统；对系统进行彻底的测试，以验证其准确性和安全性；在医疗机构中部署系统，并确保它能够与其他系统集成；根据新的医疗法规或技术进步对系统进行更新；当系统过时或被更先进的技术替代时，安全地迁移数据并退役旧系统。

总体来说，模型生命周期的内涵在于对软件系统从概念到废弃的全过程进行管理和优化。在特定领域软件体系结构中，这意味着要在整个生命周期中考虑到该领域的特殊性，确保模型能够适应该领域的变化和演进。

7.5.2 基本活动

1. 领域模型与领域设计

在软件工程的实践中，特定领域软件体系结构是一个重要的概念，它关注于特定应用领域的软件开发。领域模型和领域设计是构建特定领域软件体系结构的基础[89]。

领域模型与领域设计的概念起源于软件工程对于提高软件开发效率和质量的追求。在 20 世纪 80 年代，随着面向对象编程的兴起，软件工程界开始关注如何将现实世界的复杂性映射到软件系统中。这一时期，Grady Booch、Ivar Jacobson 和 James Rumbaugh 等人提出了 UML(统一建模语言)和面向对象分析与设计的相关理念，为领域模型与领域设计奠定了理论基础。到了 20 世纪 90 年代，随着市场的需求多样化和技术的快速发展，软件系统的规模和复杂度急剧增加。为了应对这一挑战，软件工程师开始探索如何在特定领域内复用设计和代码，从而提高开发效率。这种需求催生了领域特定语言(Domain-Specific Languages，DSLs)和特定领域软件体系结构的概念。

领域模型是对特定问题领域内概念及其关系的抽象表示。它不仅包括数据的结构，还包括领域内的规则和逻辑。领域模型的目的是更好地理解和沟通问题领域，为软件设计和实现提供依据。领域设计则是基于领域模型，对软件系统的结构和行为进行设计的过程。

它涉及将领域模型转换为软件组件、接口和交互方式，确保软件系统能够满足特定领域的需求。

以电子商务系统为例，电子商务领域涉及商品展示、购物车管理、订单处理、支付、物流等多个子领域。在这个特定领域中，领域模型会包括商品、用户、订单等实体及它们之间的关系。例如，一个订单包含多个商品，每个商品有其价格和库存量。在领域设计阶段，软件工程师会根据领域模型来设计系统架构。例如，工程师可能会设计一个购物车服务来管理用户的购物车操作，设计一个订单服务来处理订单的创建和支付流程，以及设计一个库存服务来管理商品库存。再以医疗信息系统为例，领域模型可能包括患者、医生、诊断、治疗等概念，以及这些概念之间的关系；领域设计则会将这些概念转换成软件中的类、接口和服务，如患者记录管理服务、预约调度系统等。

综上，领域模型与领域设计是特定领域软件体系结构中不可或缺的部分。领域模型有助于架构师理解和抽象现实世界的复杂性，而领域设计则指导架构师将这些抽象转换为实际的软件解决方案。领域模型与领域设计的内涵在于将深入理解的领域知识系统化，并应用到软件系统的设计之中，以便创建出更为精准、高效且易于维护的软件产品。

2. 应用系统设计与实现

在软件工程的早期，开发者通常采用一种通用的方法来设计和实现软件系统。随着时间的推移，人们开始认识到特定领域的知识对于创建有效的软件解决方案至关重要。这种认识催生了领域特定的软件体系结构，其中包括对领域模型的深入理解和这些模型在软件设计中的应用。应用系统设计与实现是指在特定领域软件体系结构的框架下，针对某一应用系统进行的设计工作和后续的实现过程。

应用系统设计与实现往往指根据特定领域的需求和规则，通过软件工程的方法和技术来设计和构建软件系统。这一概念的定义包括对系统功能、性能、可维护性、可扩展性等方面的考量，并且涉及从需求分析、系统设计、编码实现到测试验证的全过程。

- 需求分析与领域建模：理解业务领域的需求，并建立一个反映这些需求的领域模型。
- 系统架构设计：根据领域模型来设计系统的高层架构，包括定义软件组件和它们之间的交互。
- 细化设计：将高层架构进一步细化为可实现的设计，使用设计模式来解决特定问题。
- 编码与实现：根据设计文档编写代码，实现系统功能。
- 测试：验证软件的功能和性能是否符合需求。
- 部署与维护：将软件部署到生产环境，并进行持续的维护和更新。

应用系统设计与实现通常需要遵循以下原则。

- 领域驱动：即设计和实现应以业务领域的需求和规则为导向。
- 模块化：即系统应该被划分为模块化的组件，以支持复用和独立发展。
- 分层架构：即应用系统应该具有明确的分层架构，以隔离不同关注点。
- 持续集成：即应用系统的设计和实现应支持持续集成和自动化测试。
- 可扩展性和可维护性：即系统应设计为易于扩展和维护。

例如，在线银行系统设计与实现的过程包含以下步骤：需求收集与分析，与银行业务分析师合作,收集用户和业务需求,分析安全性和合规性需求;系统架构设计,设计一个能够处理高并发交易的分布式系统架构,确保系统能够与其他银行和支付网关安全地集成;细化设计与实现,设计一个安全的用户认证和授权机制,实现交易处理和数据存储的各个组件;测试与部署,进行压力测试和安全性测试,部署到银行的生产环境,并监控其性能。上述系统必须遵循的原则主要是:安全性原则,即银行系统的设计和实现必须将安全性作为首要考虑;可伸缩性原则,即系统应对高并发交易有良好的伸缩性。

由此可见,在实际的"应用系统设计与实现"过程中,需要遵循一系列步骤和原则。首先,需求分析是基础,它确定了系统设计的方向和目标。随后,系统架构设计应当基于特定领域的最佳实践来构建,确保系统的高效性和可靠性。编码实现阶段需要遵循代码规范,保证软件质量。最后,系统测试不仅要覆盖功能性测试,还要包括性能测试、安全测试等,确保系统在各方面都能满足预定的标准。

7.6 软件产品线

在软件开发复杂和多样性的背景下,软件产品线的概念和方法日益成为业界的焦点。随着市场需求的不断变化和软件系统的不断演化,传统的单一产品开发模式逐渐显得不够灵活和高效。软件产品线的引入为解决这一问题提供了一种创新性的解决方案,旨在通过提炼和管理共享的核心资产,实现在多个相关产品中的复用和演化。

软件产品线部分将深入研究软件产品线的关键概念、设计原则以及在实际应用中的方法。首先,探讨软件产品线的本质,即通过组合可复用的构件、模块和服务,构建出适用于一系列相关产品的通用架构。其次,学习软件产品线的理论和实践,读者将能够更好地理解如何在面对快速变化的市场需求时,通过构建灵活的产品线来提高软件开发的效率和质量。最后,通过案例研究、实际经验分享等方式,为读者提供全面的知识体系,帮助其在实际项目中应用软件产品线的策略和技术,提升软件开发的整体水平。

7.6.1 背景与定义

软件产品线(Software Product Lines,SPL)的概念最早可以追溯到20世纪90年代,当时软件工程界开始寻求一种更为高效的软件开发和维护方法。随着市场对软件产品的个性化和多样化需求的增长,传统的"一次性"软件开发模式已经无法满足效率和成本的要求。因此,软件产品线作为一种基于共享资产的软件开发方法应运而生。软件产品线方法论的核心在于从一个共同的平台出发,开发一系列具有共同特征和变异点的相关软件产品。这种方法可以显著提高软件开发的效率,降低成本,并提升产品的质量[91]。

软件产品线是一种软件开发的方法论,是一组具有共同管理的、定制化的、基于一组共享的软件资产开发的软件系统。软件产品线在核心功能上具有高度的共通性,但又能够满足不同市场或用户的特定需求。软件产品线方法的核心在于识别和管理这些共享资产,以实现有效的重用和快速的产品定制[92]。软件产品线的定义包含几个关键要素:共享的软件资产、软件产品系列和特定的市场或用户需求。

共享的软件资产可能包括代码库、架构设计、组件、测试用例等。这些资产的共享使得新产品的开发可以在现有的基础上进行,显著降低了成本和时间。软件产品系列是指由共享资产衍生出的不同软件产品,它们在保持核心功能的同时,可以根据不同的配置或定制来满足特定的需求。特定的市场或用户需求则是推动软件产品线发展的主要动力,它促使企业不断创新,以适应市场的变化和用户的多样化需求。

软件产品线背后的关键思想是利用共享资产实现软件复用,提高开发效率,如图 7-13 所示。这种方法不仅适用于产品的初始开发,还适用于产品的维护和演化。通过对共享资产的持续投资和管理,软件产品线可以适应市场和技术的变化,从而保持竞争力。

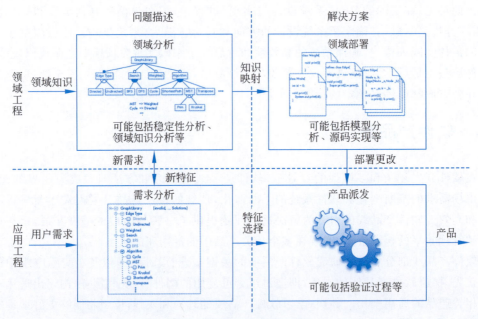

图 7-13 软件产品线概念图示

7.6.2 关键技术

1. 核心资产开发

在软件产品线中,核心资产的开发是至关重要的。核心资产不仅包括可复用的软件组件,还包括架构设计、设计模式、接口规范、配置管理、构建系统、测试框架等。这些资产的开发需要考虑到未来产品的需求和变化,因此通常需要有前瞻性和灵活性。核心资产开发的步骤如下。

- **域分析**:识别和分析产品线中的共性和变异性,确定哪些功能是所有产品共有的,哪些功能是特定产品特有的。
- **资产建模**:为共性功能建立模型,并定义变异点和变异机制。
- **资产实现**:根据模型实现核心资产,包括架构设计、组件编码等。
- **资产验证**:测试核心资产以确保质量和可重用性。
- **资产维护**:随着市场和技术的变化,不断更新和维护核心资产。

下面通过汽车娱乐系统实际案例来解析软件产品线核心资产开发的步骤。汽车娱乐系统随着汽车市场的多样化需求而不断演进。制造商希望为不同级别的车型提供定制化的娱乐系统,同时又希望在各个系统之间保持一定的共性,以降低开发和维护成本。在这个案例中，核心资产是那些可以在多个汽车娱乐系统产品中共享和重用的资源，例如，软件组件、系统架构、用户界面元素和测试套件。核心资产的开发步骤如下。

- 分析领域并建立特征模型。首先，需要分析汽车娱乐系统领域，识别哪些功能是所有系统共有的，哪些是特定车型特有的。例如，音频播放可能是所有系统的基本功能，而语音控制可能只在高端车型中提供。通过这些信息，建立特征模型结构化的表示，用于描述产品线中各个产品的共性和可变性。
- 设计产品线体系结构。设计灵活的体系结构，用来支持特征模型中定义的所有功能。这个体系结构需要能够适应不同的配置，以支持从基本到高端的多种产品。
- 识别和开发通用组件。开发可以跨多个产品重用的软件组件。例如，开发一个通用的音频播放组件，它可以在所有的娱乐系统中使用。
- 开发支持资产。除了软件组件之外，团队还需要开发一些支持资产，例如，测试框架、文档模板、构建脚本等。这些资产有助于保持产品线的一致性和质量。
- 验证和验证核心资产。验证和验证核心资产的质量，包括使用测试框架对组件进行测试，确保它们满足所有预期的需求。

实际上，许多汽车制造商，如比亚迪、大众和丰田，都采用了软件产品线方法来管理复杂的车载软件系统。通过定义共享的软件架构和组件库，能够在不同车型之间实现高度的软件复用，同时保持了产品的多样性和个性化。

2. 架构实例化与定制

架构实例化与定制是软件产品线实践中的两个关键步骤。架构实例化是指从软件产品线的通用架构中创建特定产品的架构的过程。定制则是指根据特定产品的需求调整和修改这个架构的过程。架构实例化与定制是为了响应将软件产品线的通用架构调整为特定产品的需求。架构实例化与定制的步骤如下。

- 领域分析与建模：分析目标市场和领域内的产品需求，识别共性和变异点，建立特性模型。
- 核心资产开发：基于领域分析的结果，开发可重用的组件和框架，形成软件产品线的核心资产。
- 架构设计：设计软件产品线的架构，确保它能够支持所有已识别的共性和可变性。
- 产品定制：根据客户需求或市场机会，从核心资产中选择和组合特性，进行产品的实例化和定制。
- 产品开发和测试：开发定制的产品，并进行充分的测试以确保质量。
- 维护与演化：随着时间的推移，根据市场和技术的变化，维护和更新软件产品线的核心资产和产品。

上述架构实例化与定制的步骤可以通过一个具体的实际案例来说明，例如在汽车行业的信息娱乐系统中，信息娱乐系统是现代汽车中的一个关键软件组件，它提供了音乐播放、导航、车辆状态显示、智能手机集成等功能。不同的汽车制造商和车型可能需要不同的信息娱乐系统功能和界面。综上，总结汽车信息娱乐系统架构实例化与定制的步骤如下。

- 领域分析与建模：对市场进行调研，确定不同车型和消费者对信息娱乐系统的需求。确定共性功能，如音乐播放、蓝牙连接等。确定可变性功能，如导航系统、语音控制、车辆性能监控等。建立特性模型，将上述功能分为必选和可选特性。

- **核心资产开发**：开发基本的信息娱乐系统框架，包括用户界面、音频管理、设备连接等核心功能。创建可插拔的模块或服务，以支持导航、语音控制等可变性功能。确保核心资产的高可靠性和可测试性。
- **架构设计**：设计软件架构，以支持所有确定的共性和可变性。架构需要灵活，以便于添加新的特性和模块。架构应该允许不同级别的定制，以适应不同市场和客户需求。
- **产品定制**：根据特定车型的需求，从核心资产中选择适当的特性进行组合。例如，高端车型可能需要高级导航系统，而经济型车型可能不需要。对用户界面进行定制，以符合品牌形象和用户体验要求。
- **产品开发和测试**：开发定制的信息娱乐系统，并集成到特定车型中。进行系统测试，包括单元测试、集成测试和用户验收测试。对硬件和软件的兼容性进行测试。
- **维护与演化**：根据客户反馈和市场趋势，不断更新和维护信息娱乐系统。在核心资产中添加新特性和模块，以支持新的需求和技术。保持软件架构的灵活性，以便于未来的演化和扩展。

上述案例揭示了软件产品线的架构实例化与定制方法论的意义在于：提高开发效率，通过重用核心资产，减少重复工作，加快开发速度；降低成本，共享核心资产减少了开发和维护成本；提高质量，核心资产的重用意味着经过多次使用和测试，质量更有保证；快速响应市场，快速定制新产品以适应市场变化。

总结来说，软件产品线的架构实例化与定制为软件开发提供了一种高效的复用机制，不仅加快了产品的上市速度，还提高了软件产品的质量和可维护性。通过实例化和定制，企业能够灵活地为不同客户提供定制化的解决方案，同时保持了产品线内部的一致性和可管理性，这对于在激烈的市场竞争中保持竞争力具有重要意义。

3. 产品线管理

软件产品线管理（Software Product Line Management，SPLM）是指在软件产品线的范畴内，对共享资产的规划、开发、维护和控制的过程。这包括对产品线中所有产品的共性和可变性特性的管理。在当今多变的市场环境下，软件产品线管理已成为企业持续创新和保持竞争优势的关键策略。

产品线管理在汽车软件系统的开发和维护中扮演着至关重要的角色。它不仅能够确保产品的一致性和质量，而且对于加快产品上市时间、降低成本以及增强客户满意度具有显著影响。例如，德国大众汽车集团在其车载信息娱乐系统的开发中就实施了严格的产品线管理策略。通过采用模块化设计和共享平台，大众能够在其多个车型之间快速地实现软件功能的复用和迭代，显著提高了开发效率和资源利用率[93]。此外，通用汽车公司通过其全球A级车型的电子架构产品线管理，实现了软件组件的高度标准化和可配置性，这不仅缩短了开发周期，还降低了维护成本，增强了产品的竞争力[94]。由此可见，产品线管理通过优化产品开发流程，提升软件系统的复用性，为汽车制造商带来了显著的经济效益和市场优势。

总结来说，软件产品线管理的意义在于它通过优化资源配置和加强产品的可持续开发，提升了企业的市场适应性和经济效益。通过有效的产品线管理，企业可以在保证质量的前提下，加快产品上市的速度，满足不断变化的市场需求，从而在激烈的市场竞争中脱颖而出。

小结

软件体系结构演化部分深入探讨了软件体系结构的维护、演化与复用的核心概念与策略,这些内容对于理解和实施有效的软件体系结构实践至关重要。对软件架构坏味道、架构逆向工程、动态软件体系结构、软件体系结构复用、特定领域软件体系结构以及软件产品线的详细讨论,为读者提供了一套全面的理论基础和实践策略,以支持他们在软件开发过程中面对的各种挑战。

通过本章的学习,读者应该对软件体系结构的维护、演化和复用有了全面的了解。这为第 8 章的综合架构设计案例分析奠定了基础。随着综合应用案例分析的引入,读者将有机会将本章学到的理论知识和实践策略应用到具体的案例中。通过分析真实世界的案例,读者将能够更好地理解如何将本章的概念和方法应用于实际的软件开发项目中,从而设计出更加健壮、灵活和可持续的软件体系结构。

习题

1. 请列举并解释三种常见的软件架构坏味道,并讨论它们对软件系统的可维护性和可扩展性的影响。
2. 什么是软件架构逆向工程?它在软件维护和演化中有什么作用?
3. 动态软件体系结构与传统的静态软件体系结构有何区别?动态软件体系结构的应用场景有哪些?
4. 特定领域软件体系结构如何促进软件复用?请结合一个具体的领域,说明特定领域软件体系结构的复用机制。
5. 软件产品线与传统的软件产品开发有何不同?软件产品线的关键特征是什么?
6. 软件产品线中的核心资产是什么?请给出三个例子说明。
7. 软件架构复用的主要方式有哪些?请分别说明它们的优缺点和适用场景。
8. 假设你是一家汽车制造商的软件架构师,负责为新一代电动汽车设计软件系统。该系统需要支持多种车型和配置,并提供远程升级和诊断功能。请设计一个满足这些需求的软件架构,并说明设计决策。

第 8 章

综合应用案例

软件体系结构就像一棵大树。在阅读完前面章节的内容之后,软件体系结构这棵大树的树干和枝叶应该都逐渐丰满。本章将以人们熟知的电商系统、基于大模型的知识问答系统,以及万物互联时代下的物联网系统这三个软件系统为实际案例,以实践验证的方式一起再次回顾软件体系结构这棵大树的构建过程。

8.1 电商系统

互联网时代下,如淘宝、京东等电商系统无处不在。电子商务系统的出现极大地便利了生产者和消费者的供销渠道,节约了消费者的时间,提高了市场的备货效率。因此,本节选取电商系统这一人们极为熟悉的软件系统作为第一个综合应用案例,一起学习如何完成这个系统的架构设计。

8.1.1 需求分析

1. 功能需求

电商系统的核心需求即为销售方提供商品展示、库存管理等可以支持商品销售的服务,为购买方提供浏览商品、订购商品等购买商品的服务。电商系统主要用户为管理员和用户(买家和卖家)。

如图 8-1 所示,管理员的主要需求包括:管理公告,能够发布、修改、撤销公告;管理用户,能够通过修改信息、重置密码、删除用户、检索、发送通知、封禁用户来实现用户管理;管理商品,能够检索商品、下架违规商品;管理订单,能够通过检索、修改、取消订单来实现订单管理。

如图 8-2 所示,用户(卖家)的主要需求包括:注册账号,卖家能够注册、登录账号;查看和修改个人信息,能够修改个人信息,如昵称、头像、密码等;商品管理,能够通过发布、修改、撤回来实现商品管理。

如图 8-3 所示,用户(买家)的主要需求包括:注册账号,卖家能够注册、登录账号;查看和修改个人信息,能够修改个人信息,如昵称、头像、密码、地址信息等;商品管理,能够检索商品、添加商品到购物车、订阅商品、购买商品;购物车管理,购物车能移除商品、选择购买;订单管理,能够查询自己的订单、删除订单,并进行交易评价。

除此之外,如果用户订阅的产品售罄,系统需要向用户发一条消息进行提醒;若商家进行补货,系统向订阅者发消息进行提醒。若商家在预定日期 1~3 天未发货,则向商家发出警示;若商家超过预定日期 3 天未发货,则扣除商家信誉分。

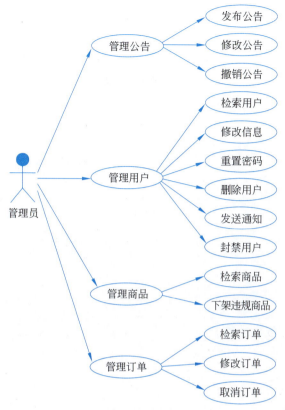

图 8-1　管理员用户需求分析

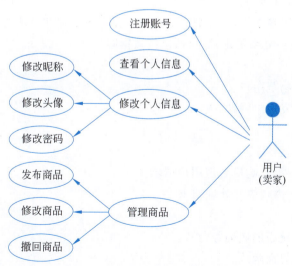

图 8-2　卖家需求

2. 质量属性需求

该电商系统的主要非功能性包括可用性需求、性能需求、安全性需求等,采用质量属性场景的描述方式对该系统的质量属性需求进行描述。质量属性场景并没有规定的描述方式,只需表达清楚质量属性的 6 个主要元素即可。因此,在本章的案例中,也分别用了文字

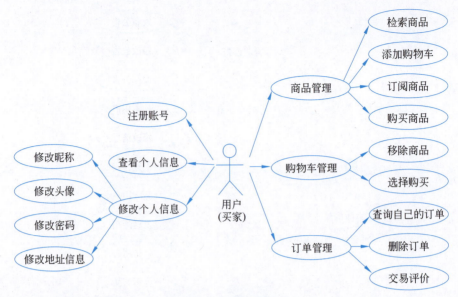

图 8-3 买家用户需求

表述、表格等不同方式进行描述。

1）可用性需求

刺激源：系统数据。

刺激：数据库故障。

制品：电商系统。

环境：系统正常运行时。

响应：显示系统正在维护，并在规定时间内恢复系统数据和系统访问。

响应度量：1h 内恢复系统正常运行，保持数据同步。

2）性能需求

刺激源：大型购物节用户。

刺激：大量高并发用户网购。

制品：电商系统。

环境：系统超载运行。

响应：加载购物界面，响应处理用户请求。

响应度量：在 2s 内响应并处理请求。

3）可修改性需求

刺激源：电商系统中的店铺经营者。

刺激：修改店铺界面版式。

制品：电商系统。

环境：系统正常运行。

响应：按实际情况开发新界面，且不影响其他功能的运行。

响应度量：完成界面设计后直接上线运行，对 99.99% 的其他功能不造成影响。

刺激源：系统中的管理员。
刺激：大型购物节期间修改交易发货时间。
制品：电商系统。
环境：系统正常运行。
响应：修改交易的发货规则，且不影响其他功能的运行。
响应度量：1min 内可以完成修改，直接上线运行，对 99.99% 的其他功能不造成影响。

4）安全性需求

刺激源：买家用户。
刺激：修改个人敏感数据。
制品：电商系统。
环境：系统正常运行。
响应：数据更新成功，数据加密传输、存储。
响应度量：数据加密级别为秘密级。

刺激源：黑客、病毒。
刺激：试图修改交易数据。
制品：电商系统。
环境：系统正常运行。
响应：检测并抵抗攻击与入侵。
响应度量：系统数据安全入库，攻击被化解。

刺激源：非授权用户。
刺激：通过 SQL 注入登录系统，访问数据库，获取用户信息。
制品：电商系统。
环境：系统正常运行。
响应：系统拒绝访问。
响应度量：不影响合法用户正常使用系统数据。

5）可测试性需求

刺激源：单元测试人员。
刺激：执行黑盒测试。
制品：电商系统。
环境：系统实现完成时。
响应：模拟用户网上购物。
响应度量：3s 内实现用户下单处理，报告过程中可能出现的故障。

6）易用性需求

刺激源：初次使用的系统用户。
刺激：用户希望迅速了解并使用系统。
制品：电商系统。
环境：系统正常运行。

响应：增加对应指示按钮和操作说明，提高导向性。

响应度量：用户按照说明步骤可以流畅地使用系统。

8.1.2 架构设计

1. 基于风格的架构设计

基于对电商系统的需求分析，结合各软件体系结构风格的特点，作为架构师，首先分析出该系统可以采用层次系统体系结构风格进行系统架构设计。具体来说，对于普通的电商系统，如图 8-4 所示，可以把该系统划分为三层：表示层、业务逻辑层和数据层。层次的划分有利于增加系统的可修改性，降低层间的耦合。表示层为用户提供与系统交互的界面，它可以是网页、App 或者客户端。业务逻辑层用于实现具体的业务处理逻辑。数据层即存储了商品、订单、用户等电商系统数据的数据库管理系统。

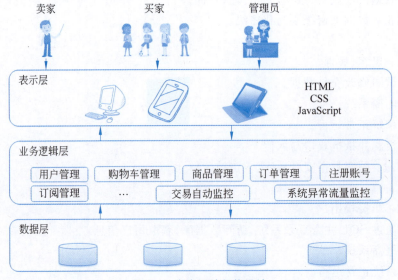

图 8-4　电商系统架构设计

在此基础上，关注业务逻辑层内部的设计。业务逻辑层用于如用户管理、购物车管理、商品管理、订单管理、订阅管理、交易自动监控等具体的业务处理。因此，既可以把这些业务逻辑封装成服务，采用 SOA 的架构设计方案，设计用户管理服务、购物车管理服务、订阅管理服务等，也可以设计用户、商品、订单等对象，通过对象和对象间的交互实现业务逻辑处理。

除此之外，这里特别分析一下系统对交易的自动监控业务逻辑的实现。根据系统功能需求和系统的可修改性需求。系统需实现若商家在预定日期 1~3 天未发货，则向商家发出警示；若商家超过预定日期 3 天未发货，则扣除商家信誉分。同时，系统的可修改性需求需要在大型购物节期间可以在 1min 内完成交易发货时间规则的修改。作为架构师，可以发现这是典型的系统中的可变业务逻辑与固定业务逻辑。而规则系统体系结构风格可以帮助分离系统需求中的可变部分和固定部分，以增加系统响应需求变化的能力。因此，可以采用规则系统架构风格，将交易发货时间定义为规则。在大型购物节期间可以随时根据需要修改规则。

2. 面向质量属性的架构设计

1）可用性需求设计

该系统可用性需求是关于数据库故障的,并且要求在 1h 之内恢复故障,并实现数据同步。因此,从架构角度出发,要实现该可用性需求,首先需要可以检测出故障,并在检测出故障的基础上,进行故障恢复。结合前面可用性及提升策略章节讲解的内容,作为架构师,可以采取心跳策略来实现故障检测。同时,考虑到恢复时间和数据同步的要求,如果在资源充足的条件下,可以设置冗余数据库服务器,并且采用主动冗余的策略进行故障恢复。其工作的过程为系统包含两个数据库服务器,即主数据库和备份数据库,当系统数据更新时,两个数据库服务器时刻同步更新。在正常情况下,电商系统从主数据库读取数据。当主数据服务器检测出故障时,立刻切换到备用服务器,以保证系统可以从数据库故障中迅速恢复。

2）性能需求设计

该系统性能需求关注的是系统在高并发事件产生时,系统对事件的响应时间的需求。结合前面性能及提升策略章节讲解的内容,作为架构师,应该关注当高并发事件到来时,系统资源不足的问题。因此,可以结合增加服务器、数据库等资源,并且在高并发事件到来时,通过负载均衡策略将事件分发到多个节点进行响应,以保证系统的响应时间和性能需求。同时,随着主流电商系统的用户量不断增大,如何提升系统性能,保证系统在极高用户事件并发的情况下响应用户请求是电商系统项目团队一直关注的问题。在后面的架构演化章节内容中,会专门关注我国的电商系统是如何针对该问题,进行架构演化和不断优化进行讲解。

3）可修改性需求设计

在系统的架构风格选择中,采用了层次系统体系结构风格将系统的表现层、业务逻辑层和数据层进行了分离。因此,关于店铺界面的修改,仅关系到系统的表现层,保证了该可修改性需求。关于另一个可修改性需求,在架构设计中,可以通过采用规则系统体系结构风格来实现该需求,将交易规则外化为规则,视为系统的可变部分,与系统的固定业务逻辑分离。因此,当交易规则需要修改时,可以较为容易地实现。

4）安全性需求设计

该系统的安全性需求关注的是数据加密和抵御非授权用户访问电商系统。结合前面安全性及提升策略章节讲解的内容,关于数据加密,架构师可以设计哈希算法对数据进行加密传输和加密存储,满足该安全性需求。关于抵御非授权用户非法访问系统,作为架构师可以采用设置层级防火墙来抵抗入侵。同时,采用参数化查询、安全测试、安全审计等防止 SQL 注入的安全性策略来避免电商系统的非授权用户通过 SQL 注入登录系统,非法访问、获取数据。

5）可测试性需求设计

该系统的可测试性需求重点关注的是黑盒测试,并且在测试过程中报告可能出现的故障。因此,结合前面可测试性及提升策略章节讲解的内容,可以采用黑盒测试设计中常见的思路,提供输入并捕获输出。这里的输入为模拟的用户网上购物请求,需要记录的输出为请求处理的过程中产生的异常情况。

6）易用性需求设计

该系统的易用性需求主要关注的是新用户使用系统的难易程度。因此,结合前面易用性及提升策略章节讲解的内容,该需求较为容易实现。作为架构师,可以采用易用性设计中的运行时策略,包括给用户适当的反馈,如提示上传文件所需的剩余时间、浏览器打开页面的进度;支持撤销操作,减少误操作的影响;猜测用户要完成的任务,如下一步指引、输入法联想、搜索引擎联想等。通过上述设计的考虑,保证系统的易用性需求。

8.1.3 架构评估

软件架构的评估是软件架构设计阶段中的重要一环。架构评估的方式也有很多种,在电商系统案例中,采用最为经典的基于场景的 ATAM 架构评估方法对该系统的架构设计进行评估。

ATAM 评估方法主要包含 4 个阶段:准备阶段、调查与分析阶段、测试阶段和总结阶段。下面重点对调查与分析阶段、测试阶段是如何进行的进行讲解。

1. 调查与分析阶段

在调查与分析阶段中,项目团队依次进行了 ATAM 方法表述、商业动机表述、架构设计方案描述、体系结构方法表述、生成质量属性效用树、分析架构设计方案方法。其中,ATAM 方法表述可以参考 ATAM 章节内容进行,商业动机表述和架构设计方案描述即该案例中的需求描述与架构设计描述。体系结构方法表述步骤中需对评估小组成员讲解该电商系统架构设计方案中用到的层次系统体系结构风格、规则系统体系结构风格、面向服务的软件架构风格等软件体系结构风格,以及在质量属性设计中用到的如心跳策略、主动冗余、资源管理等不同质量属性的提升策略。下面重点讲解评估过程中生成的质量属性效用树和架构设计方案分析步骤中的结论。

根据该电商系统需求,评估小组可以生成如图 8-5 所示的效用树,并且根据评估小组的分析为效用树中每一个质量属性需求给出了对应的优先级。随后,在分析架构设计方案方法的步骤中,根据 ATAM 评估中重点关注的架构设计中的敏感点、权衡点、风险决策和非风险决策,评估小组对应系统需求和每一个架构设计方案,可以分析出目前电商系统的架构设计方案中,数据库故障恢复、数据加密、防止 SQL 注入、抵御非法入侵、修改业务逻辑均为重要性程度为 H 的高优先级需求,其对应的架构设计方案需要重点关注,是系统架构设计中的敏感点。与此同时,架构设计中存在一个权衡点,即系统的高并发用户响应的性能需

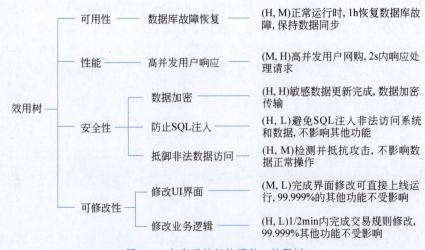

图 8-5 电商系统架构评估:效用树

求,与数据加密级别的安全性权衡。除此之外,目前的架构设计方案中,不存在风险决策。

2. 测试阶段

下面关注测试阶段是如何进行的。在 ATAM 评估中,效用树的生成主要是从架构师的角度来理解质量属性。而在测试这一阶段中,目标是让更多的利益相关者参与其中。因此,该阶段会在效用树的基础上,让更多电商系统的利益相关者对用例场景、增长场景和探索性场景进行头脑风暴,列出所有可能的场景,并基于投票的方式来补充高重要性优先的场景。

在电商系统的评估中,利益相关者通过投票增加了高并发用户需求响应为另一个重要性程度为 H 的高优先级需求。因此,在该阶段分析架构设计方案方法的步骤中,在调查与分析阶段的结论基础上,高并发用户需求响应对应的性能设计方案也成为系统的敏感点决策。

8.1.4 架构演化

随着主流电商系统的用户量不断增大,以及如双 11、双 12 等购物节的诞生,电商系统一直面临着需要不断优化系统性能的苛刻挑战。因此,系统架构层面的优化就成为保证系统能够响应不断增长的高并发用户请求的关键[95]。下面详细分析一下电商系统是如何一步一步进行架构演化以不断满足这个挑战的。这里可以将电商系统的架构演化分成如下几个阶段。

1. 单机架构

如图 8-6 所示,在电商系统运行最初时,应用数量与用户数都较少,可以把 Tomcat 和数据库部署在同一台服务器上。例如,浏览器向 www.onlineshop.com 发起请求时,首先经过 DNS 服务器(域名系统)把域名转换为实际 IP 地址 10.102.4.1,浏览器转而访问该 IP 对应的 Tomcat。该阶段的架构就和目前所设计的三层架构基本类似。

图 8-6　电商系统架构演化:单机架构

2. Tomcat 与数据库分开部署

随着用户数的增长,Tomcat 和数据库之间竞争资源,单机性能不足以支撑业务。这时,如图 8-7 所示,架构师团队将架构更新为 Tomcat 和数据库分别独占服务器资源,显著提高两者各自的性能。

3. 引入本地缓存和分布式缓存

随着用户数的增长,并发读写数据库成为瓶颈。这时候架构优化的重点即解决此问题。如图 8-8 所示,架构师在 Tomcat 同服务器上或同 JVM 中增加本地缓存,并在外部增加分布式缓存,缓存热门商品信息或热门商品的 HTML 页面等。通过缓存能把绝大多数请求

图 8-7　电商系统架构演化：Tomcat 与数据库分开部署

在读写数据库前拦截掉，大大降低了数据库压力。

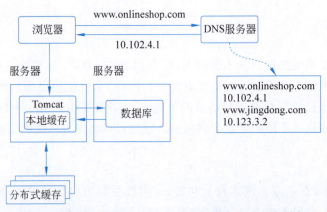

图 8-8　电商系统架构演化：引入本地缓存和分布式缓存

4. 引入反向代理实现负载均衡

虽然缓存扛住了大部分的访问请求，但是随着用户数的不断增长，并发压力主要落在单机的 Tomcat 上，响应逐渐变慢。因此，如图 8-9 所示，架构进一步优化为在多台服务器上分别部署 Tomcat，使用反向代理软件（Nginx）把请求均匀分发到每个 Tomcat 中。假设 Tomcat 最多支持 100 个并发，Nginx 最多支持 50 000 个并发，那么理论上 Nginx 把请求分发到 500 个 Tomcat 上，就能扛住 50 000 个并发。

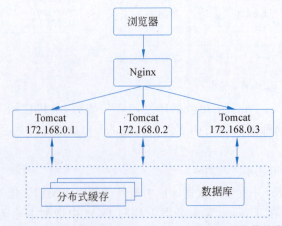

图 8-9　电商系统架构演化：引入反向代理实现负载均衡

5. 数据库读写分离

反向代理使应用服务器可支持的并发量大大增加，但并发量的增长也意味着更多请求穿透到数据库，单机的数据库最终成为瓶颈。因此，如图 8-10 所示，架构优化方向将数据库划分为读库和写库，读库可以有多个，通过同步机制把写库的数据同步到读库，对于需要查询最新写入数据的场景，可通过在缓存中多写一份，通过缓存获得最新数据。

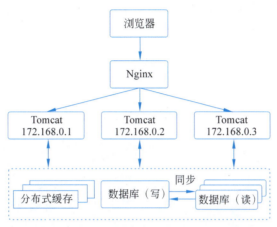

图 8-10　电商系统架构演化：数据库读写分离

6. 把大表拆分为小表

业务逐渐变多，不同业务之间的访问量差距较大，不同业务直接竞争数据库，相互影响性能。因此，如图 8-11 所示，在架构层面引入数据分表。比如针对评论数据，可按照商品 ID 进行 Hash，路由到对应的表中存储；针对支付记录，可按照小时创建表，每个小时表继续拆分为小表，使用用户 ID 或记录编号来路由数据。只要实时操作的表数据量足够小，请求能够足够均匀地分发到多台服务器上的小表，那数据库就能通过水平扩展的方式来提高性能。

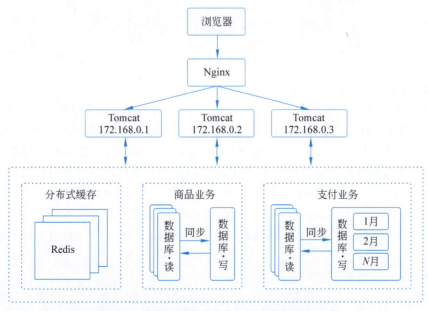

图 8-11　电商系统架构演化：把大表拆分为小表

7. 使用 LVS 或 F5 来使多个 Nginx 负载均衡

数据库和 Tomcat 都能够水平扩展，可支撑的并发大幅提高。但是，随着用户数的增长，最终单机的 Nginx 会成为瓶颈。因此，架构需要优化。如图 8-12 所示，架构团队使用 LVS 或 F5 来使多个 Nginx 负载均衡。LVS 和 F5 是工作在网络第四层的负载均衡解决方案，LVS 运行在操作系统内核态，可对 TCP 请求或更高层级的网络协议进行转发，因此支持的协议更丰富，并且性能也远高于 Nginx，可假设单机的 LVS 可支持几十万个并发的请求转发；F5 是一种负载均衡硬件，与 LVS 提供的能力类似。

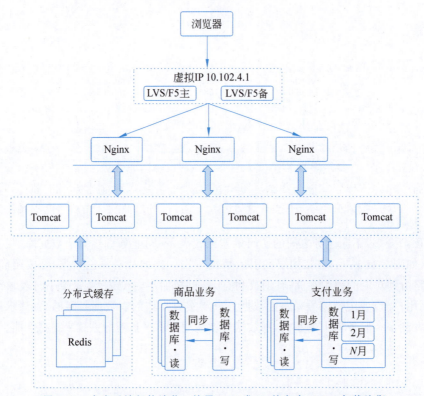

图 8-12　电商系统架构演化：使用 LVS 或 F5 使多个 Nginx 负载均衡

8. 通过 DNS 轮询实现机房间的负载均衡

由于 LVS 也是单机的，随着并发数增长到几十万时，LVS 服务器最终会达到瓶颈，此时用户数达到千万甚至上亿级别，用户分布在不同的地区，与服务器机房距离不同，导致了访问的延迟会明显不同。因此，在此基础上，如图 8-13 所示，电商系统的架构被优化为在 DNS 服务器中可配置一个域名对应多个 IP 地址，每个 IP 地址对应到不同的机房里的虚拟 IP。当用户访问 www.onlineshop.com 时，DNS 服务器会使用轮询策略或其他策略，来选择某个 IP 供用户访问。此方式能实现机房间的负载均衡，至此，系统可做到机房级别的水平扩展，千万级到亿级的并发量都可通过增加机房来解决，系统入口处的请求并发量不再是问题。

9. 以云平台承载系统

随着数据的丰富程度和业务的发展，检索、分析等需求越来越丰富，单单依靠数据库无法解决如此丰富的需求。因此，如图 8-14 所示，可将电商系统全部部署到公有云上，利用公

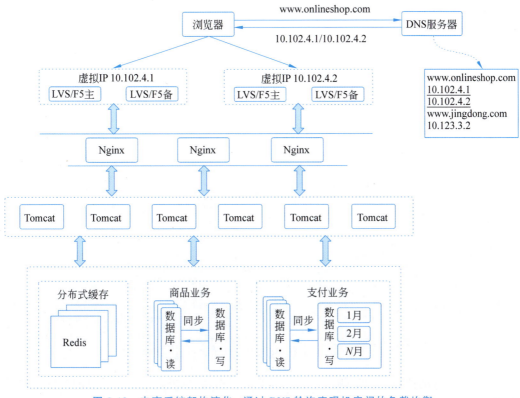

图 8-13 电商系统架构演化：通过 DNS 轮询实现机房间的负载均衡

有云的海量机器资源，解决动态硬件资源的问题，在大促的时间段里，在云平台中临时申请更多的资源，结合 Docker 和 K8S 来快速部署服务，在大促结束后释放资源，真正做到按需付费，资源利用率大大提高，同时大大降低了运维成本。

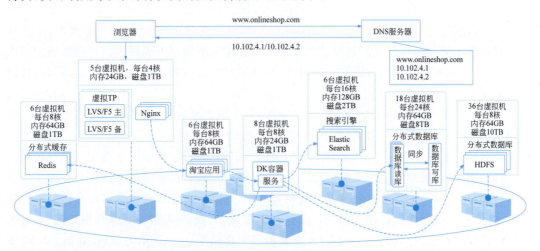

图 8-14 电商系统架构演化：以云平台承载系统

8.1.5 案例小结

结合第 2 章讲解的软件体系结构的构建过程，阅读图 8-15，一起回顾一下该电商系统是如何从需求分析开始,逐步完成系统的软件体系结构设计的。

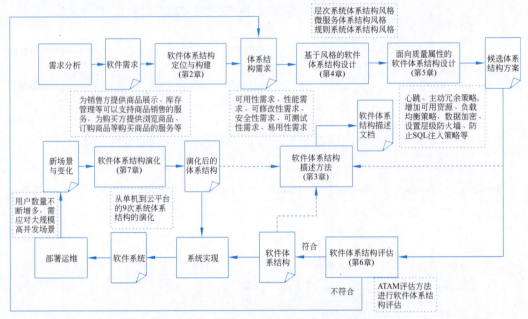

图 8-15　电商系统软件架构的设计过程

如果读者对电商系统的架构设计和实现非常感兴趣,也可以在本书学习的基础上,继续阅读《淘宝技术这十年》这本书,书中对于淘宝这一电商平台的巨头在 10 年间的发展进行了详细的描述,对于读者来说是一个不错的课外阅读资料。

8.2　基于大模型的知识问答系统

大语言模型(Large Language Model,LLM)借助其先进的自然语言处理技术,正推动人工智能技术的革命性发展。这些模型在理解和生成人类语言方面展现出卓越的能力。然而,它们在生成回答时面临着固有的局限性,尤其是在事实性和实时性方面。这些局限性使得大模型难以直接应用于要求精确答案的领域,如客户服务和知识型问答场景。因此,关键在于如何使大模型能够利用外部工具和知识库,以生成更准确、更可靠的回复。解决这一问题,将使大模型在需求精准信息的应用场景中发挥更大的作用。

针对这一现状,本节给出一个基于大模型的知识问答系统,该系统支持用户上传包括文本、表格、图片、音视频等多种素材进行针对性问答分析。同时,系统可协助用户基于模板撰写文档,利用大模型提供参考内容以提高撰写效率。此外,系统自动整合多源文档资料构建知识库,依据用户问题提供相关文档片段和答案摘要。它还能分析多数据库表数据,通过大模型理解用户意图,提供自然语言答案摘要和可视化结果。融合异构数据(表格、文本、图片、视频等),构建融合知识空间,以回答用户问题并提供综合答案。最后,系统提供问答结果的图表可视化,包括数据统计和结果分析,以增强信息呈现效果。

8.2.1 需求分析

1. 功能需求

基于大模型的知识问答系统的核心需求是通过自然语言问答的形式对用户提出的问题予以解答。传统的大模型知识问答系统由于缺乏通用知识之外的领域知识和实时信息,在问答过程中往往会导致回答内容在事实上的不准确,因此知识库检索增强生成技术成为系统优化的最佳选择。知识库检索增强的大模型问答系统能够访问特定领域的专业知识,利用知识库检索技术使得系统能够更精确地定位和提取相关信息,在准确性、全面性、实时性等方面相较传统大模型问答系统表现更为出色,更符合复杂多样的用户需求。

基于大模型的知识问答系统需要满足如图8-16所示的功能需求。

(1) 素材上传。用户可以上传需要分析的材料,从而实现针对特定内容的问答活动。上传内容不仅可以包含 PDF、文档等文本文件,还可以上传 CSV 等表格文件、图片、音频、视频等原始知识组件,从而实现对特定知识的问答。

(2) 文档生成。用户上传需要填写的文档模板,系统以向导方式协助用户进行报告填写。针对每项需要填写的内容,通过接入大模型,以对话方式为用户提供可参考的内容,帮助用户聚焦填写内容,提高文档撰写效率。

(3) 文档问答。将多种来源和类型的文档自动载入文档库,自动提取文档中的文字、图片和表格信息,构建文档知识库。用户对知识库进行提问,系统在理解用户意图的基础上,在知识库中自

图 8-16 基于大模型的知识问答系统需求

动匹配一个或多个相关文档片段,从中总结、提炼相应的回答提供给用户,并附上参考文档和具体页码。

(4) 表格问答。用户可以对多个异构数据库表的数据进行问答,大模型在理解用户意图的基础上,自动查询异构数据库得到初步结果,并对结果进行加工处理后,得到自然语言描述的答案摘要和多种可视化呈现结果。

(5) 融合问答。大模型理解海量异构表格、文字、图片、视频等多模态异构数据,构建融合知识空间。支持用户对领域相关问题进行提问,在知识空间中识别出与问题相关的关键信息和上下文,自动生成一段融合多种数据来源的详细答案。

(6) 问答结果可视化分析。当用户在获取问题的答案之后,可以向系统请求答案的可视化分析,包括图表组织、数据的统计信息可视化等方面的答案直观呈现与结果分析等。

2. 质量属性需求

基于大模型的知识问答系统的主要质量属性需求包括可用性、性能、可修改性、安全性、可测试性和易用性6个方面。针对每个质量属性,采用基于质量属性场景的描述方式,对该系统的质量属性需求进行描述,见表8-1~表8-6所示。

1）可用性需求

表 8-1　可用性质量属性描述

质量属性场景组成部分	描述
刺激源	系统访问用户
刺激	用户在系统中提交一个问题
制品	基于大模型的问答系统
环境	系统正常运行,用户端系统连接稳定
响应	系统能够正常响应用户请求,并返回结果
响应度量	可用性达到 99.9%

2）性能需求

表 8-2　性能质量属性描述

质量属性场景组成部分	描述
刺激源	多个系统访问用户
刺激	多个用户同时在系统中提交问题
制品	基于大模型的问答系统
环境	系统正常运行,系统负载在峰值
响应	问答系统应在高负载下及时回答用户提出的问题
响应度量	平均响应时间不超过 5 秒

3）可修改性需求

表 8-3　可修改性质量属性描述

质量属性场景组成部分	描述
刺激源	系统访问用户
刺激	系统运行时发生错误或漏洞
制品	基于大模型的问答系统
环境	开发和测试团队准备好进行修复工作
响应	系统应该在漏洞发现后的短时间内发布修复程序
响应度量	平均错误修复时间不超过 24h

4）安全性需求

表 8-4　安全性质量属性描述

质量属性场景组成部分	描述
刺激源	系统访问用户
刺激	用户提交问题包含个人敏感信息
制品	基于大模型的问答系统

续表

质量属性场景组成部分	描述
环境	系统正常运行,需要确保数据传输的安全性
响应	系统使用加密协议保护用户隐私信息
响应度量	系统符合相关安全标准,确保数据传输加密,加密级别为秘密级,用户身份受到有效保护

5）可测试性需求

表 8-5　可测试性质量属性描述

质量属性场景组成部分	描述
刺激源	问答系统测试人员
刺激	执行黑盒测试
制品	基于大模型的问答系统
环境	系统正常部署并处于测试模式
响应	模拟用户提交问题
响应度量	系统正常返回结果,并记录运行过程日志

6）易用性需求

表 8-6　易用性质量属性描述

质量属性场景组成部分	描述
刺激源	初次使用问答系统的用户
刺激	用户在系统中进行首次查询
制品	基于大模型的问答系统
环境	系统正常运行
响应	系统在用户初次访问系统时提供直观的帮助文档和操作说明,辅助用户理解系统功能,并在问题提交框内给予用户一定的输入提示
响应度量	用户在首次使用系统时能够在 5min 内完成基本操作

8.2.2　架构设计

1. 基于风格的架构设计

基于对知识问答系统的需求分析,结合各软件体系结构风格的特点,在架构风格设计方面搭建一套基于大模型的知识问答系统的链路,可以把该系统划分为三个部分：向量库构建模块、向量检索模块和大模型生成模块,如图 8-17 所示。

基于上述架构,对相关的组件进行详细介绍。

文本处理组件：用户的原始知识库格式各异,文本通常需要经过仔细的清洗与处理才适合传入向量库中用于检索。此外,考虑到大模型输入有长度限制,而且要为切分提取出关键信息,需要将清洗后的文本按语义切分为短文本块(chunk),或从中提取出问答对,再进

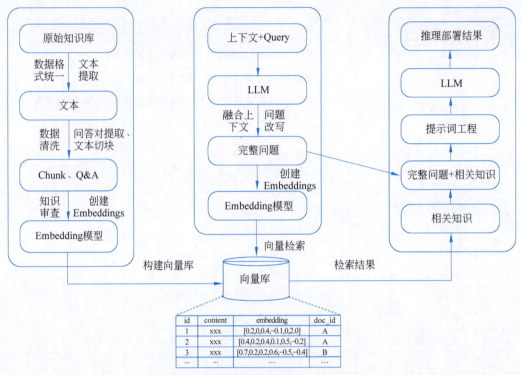

图 8-17 基于大模型的知识问答系统体系结构

行后续的向量化。

数据清洗组件：如果知识库文本不规范，则需要先做些数据清洗，如将 PDF 文件内容提取为 TXT 文本文件，将文本中的超链接提取出等。处理代码需要根据具体文本形式定制，例如，原始知识库如果是 HTML 格式，需要首先按 HTML 标题进行切分，保证内容完整性，并对部分文档类别如常见问题、产品简介、发布记录等进行筛选和单独处理。

文本切分组件：对于非结构化文档，可通过文本分割方法将文本切分为固定大小的短文本块，这些短文本块将被作为不同的知识条目用于辅助大模型生成回答。

嵌入模型组件：由于大模型大多只负责检索后的"语句组织与整合"，因此检索结果本身是否与检索条件强相关将直接决定最终的生成效果。即一个好的嵌入模型，对最终结果带来的影响是决定性的。这部分根据切分的短文本块或提取出的问答对，调用开源的嵌入模型，以短文本块标题或问题生成的嵌入向量作为索引键，短文本块或答案生成的嵌入向量作为检索值。

向量库组件：不同向量库性能上存在差异，对于不同规模的外部知识库，可以选择与之适应的本地或云上存储方案。当用户文档数较多且有高并发低延时等检索要求时，可以使用云上存储的方式对生成向量进行存储，如 Hologres、AnalyticDB 等。而当用户文档数较少、非高频场景，可以考虑使用 FAISS 等本地数据库方案，轻量级且易于维护。

模型指令微调：该系统中大模型大多只负责检索后的"语句组织与整合"，如根据检索与相关检索结果的拼接，生成针对检索和检索结果的通顺回复。不同种类和规模的大模型，其语句组织能力差异明显，大模型选择时需要平衡模型大小（效果）与推理延迟（性能），可选择大模型包括通义千问、ChatGLM 等开源大模型。

同时考虑是否需要在领域数据上对模型进行微调,以提升领域内泛化回复的效果,一般如果领域内有批量的问答数据,可以选择对大模型进行领域相关的精调,如使用 DeepSpeed-Chat 开源框架进行微调训练。一方面,SFT 可以提升大模型在领域内的知识能力,使其能更好地理解和处理领域相关的知识、术语和上下文,同时对一些检索库中没有相关内容的问题,具有一定的泛化回复能力。另一方面,SFT 可能在一定程度上损害大模型本身的文本组织生成能力,使其基于检索结果的生成效果变差。

提示词工程:大模型无视检索条件与检索结果"自由发挥",或无法精准复现出检索结果中的关键信息,如超链接、代码等,都是大模型生成时常见的问题。通过精心设计的提示词工程,可以很大概率缓解此类问题。对于不同的专业垂直领域,可以采取不同的提示词策略,以最大化外部知识对大模型的辅助作用。

推理部署:大模型生成速度慢是一大瓶颈,在部署为在线推理服务时,可以通过流式输出、Blade 大模型加速等技术,加快推理速度,提升用户体验。

2. 面向质量属性的架构设计

1) 可用性需求设计

用户上传素材后,需要能够在有限时间内实现问答,并保持长久的系统可用性。因此可以使用负载均衡、备份服务器、自动故障切换等技术,实现高可用性架构,包括冗余和故障恢复机制,以确保系统在部分故障情况下仍能提供问答服务。还需要进行负载测试,验证系统在大规模用户同时访问请求问答时的性能和可用性,确保系统在高负载时仍能保持可用。此外,可以将系统部署在云服务上,利用弹性计算资源,确保系统可在需要时自动扩展。

2) 性能需求设计

该系统性能需求关注的是系统在高并发问答产生时,系统对事件的响应时间的需求。可以优化查询处理算法,采用缓存机制,合理使用索引,以提高系统响应速度,使用分布式计算、异步处理等技术来提高系统的处理能力。此外,可以优化模型推理速度,使用模型压缩技术,以提高系统对复杂查询的响应速度,利用深度学习加速库、模型量化等技术,降低模型计算的复杂度。

3) 可修改性需求设计

为了实现系统的可修改性,可以搭建一套检索增强生成的大模型知识问答系统的链路,依据功能对大模型模块进行服务化封装与隔离,保证该核心模块可以实现独立演化与替换。

4) 安全性需求设计

该系统的安全性需求关注用户敏感信息、隐私信息的处理和黑客、病毒攻击。一方面,系统设计了使用可信的加密算法,实时保护系统访问用户的信息安全,定期进行模型数据安全审查,确保系统不受到恶意攻击;另一方面,定期进行安全漏洞扫描、渗透测试,确保系统对常见攻击具有足够的抵御能力。

5) 可测试性需求设计

该系统的可测试性需求重点关注的是问答系统的黑盒测试,并且在测试过程中报告可能出现的故障。因此,设计提供模拟用户输入问题的测试工具,实施自动化测试框架,确保系统的可测试性。编写全面的测试用例,包含尽可能多的问答场景,确保系统对各种情况的响应正确。同时在系统设计时,要求记录系统针对输入问题的处理过程中产生的异常情况并可反馈给开发人员。

6）易用性需求设计

该系统的易用性需求主要关注的是新用户使用系统的难易程度。因此，系统采用用户友好的界面设计，提供智能查询建议和提示，简化用户与系统的交互。设计用户反馈窗口进行用户体验研究，根据用户反馈优化界面。在用户第一次访问系统时为其提供详细的帮助文档，并在用户问题输入窗口设计问题输入提示以方便用户组织问题。

8.2.3 架构评估

在基于大模型的知识问答系统案例中，采用基于场景的ATAM架构评估方法对该系统的架构设计进行评估。

1. 调查与分析阶段

在调查与分析阶段中，重点讲解评估过程中生成的质量属性效用树和架构设计方案分析步骤中的结论。

根据系统的需求，评估小组可以生成如图8-18所示的效用树，并且根据评估小组的分析为效用树中每一个质量属性需求给出了对应的优先级。经过分析可以得出目前基于大模型的知识问答系统的架构设计方案中，系统故障恢复、高并发用户访问、数据加密、抵御攻击等均为重要性程度为H的高优先级需求，其对应架构设计方案需要重点关注，是系统架构设计中的敏感点。与此同时，架构设计中存在一个权衡点，即系统的高并发用户响应的性能需求与数据加密级别的安全性权衡。除此以外，目前的架构设计方案中，不存在风险决策。

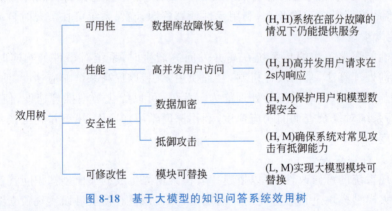

图8-18 基于大模型的知识问答系统效用树

2. 测试阶段

在效用树生成步骤中，主要结果是从架构师的角度来理解质量属性。而在测试这一阶段中，目标是让更多的利益相关者参与其中。因此，该阶段会在效用树的基础上，让更多的利益相关者对用例场景、增长场景和探索性场景进行头脑风暴，列出所有可能的场景，并基于投票的方式来补充高重要性优先的场景。

在基于大模型的知识问答系统的评估中，利益相关者通过投票增加了"大模型需要能够同时响应多个用户访问请求"作为一个重要性程度为H的高优先级需求。因此，在该阶段分析架构设计方案方法的步骤中，在调查与分析阶段的结论基础上，这一需求对应的性能设计方案也成为系统的敏感点决策。

8.2.4 架构演化

随着生成式人工智能（Generative AI, GenAI）在各行业中的广泛应用，需要提供高效、准确、安全和可追溯的模型。然而,ChatGPT 类模型的原始架构在满足这些关键要求方面存在差距。在早期的 GenAI 模型中,检索被用作事后的思考,以解决依赖于参数记忆的模型的缺陷。

目前该系统采取的体系结构模型在这个问题上取得了进展,通过使用检索增强生成(Retrieval-Augmented Generation,RAG)技术来增强解决方案平台,以允许提取模型外部的信息。从演化的角度需要重新思考生成式 AI 的架构,并从检索增强生成体系结构转向以检索为中心的生成(Retrieval-Centric Generation,RCG)的体系结构,从而围绕检索作为信息访问的核心而构建。

RAG 和 RCG 都可以使用相同的检索器方法,在推理期间从动态策划的语料库中提取相关知识,它们的不同之处在于 GenAI 系统存储信息的方式以及对以前未见过的数据的解释期望。对于 RAG,模型本身就是主要的信息源,并得到检索数据的帮助。相比之下,对于 RCG,绝大多数数据都驻留在模型参数内存之外,这使得对看不见的数据的解释成为模型的主要任务。从 RAG 体系结构到 RCG 体系结构的转变对信息在训练中的作用提出了挑战。在 RCG 体系结构中,模型的功能不再既是信息存储库又是响应提示的信息解释器,而是主要成为检索到的信息的上下文解释器。相较于 RAG,RCG 明确地分离了大模型和检索在上下文解释和知识记忆中的角色,会使得检索效果更好。

模型需要通过结合复杂的检索和微调,智能化地将广泛的数据转换为有效的知识。随着模型变得以检索为中心,创建和使用模式的认知能力将成为舞台的焦点。因此,基于 RAG 的大模型问答系统架构演化为基于 RCG 的大模型问答系统架构将是未来大模型问答系统的主流趋势。具体来说,图 8-19 给出了一个基于 RCG 的大模型问答系统体系结构。

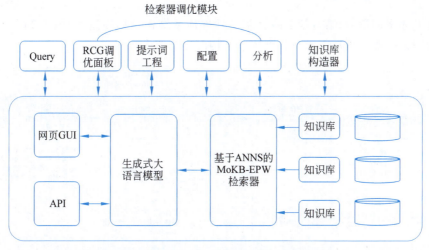

图 8-19 基于 RCG 的大模型问答系统体系结构

体系结构的主体是一个大模型和一个基于近似最近邻搜索(ANNS)的知识检索器。网页 GUI 使用的是 Gradio,它拥有一个简单而直观的布局,提供了一个聊天机器人界面且附带用户控制功能,用于管理检索器的运行模式、提示词工程和配置工具。此外,GUI 还具有一个全面的 RCG 调优面板,包含来自多个原始知识库的手动知识库选择和知识库混合模型(MoKB)设计。还使用检索的显示提示词加权(EPW)来调整检索器的影响水平。

以检索为中心的调整面板实现了对 RCG 的轻量级和简单化访问。通过使用手动知识库选择模式,用户可以同时构建多个私有知识库并将其导入该工具。为每个任务选择最相关的知识库的能力允许用户保持对选择过程的控制,同时避免任何意外结果。而 MoKB 模式能够根据查询和知识库功能描述之间的相似性自动选择最合适的知识库。使用嵌入空间的语义余弦相似性来计算这些分数,为知识库的自动选择提供了一种高效、轻量级的方法。通过更新配置文件中的功能描述,用户可以进一步提高选择算法的准确性。此外,显示提示词加权功能允许手动调整检索器对语言模型的影响程度,从而实现对检索器和大模型之间的平衡的自定义控制。通过及时的工程或 token 权重调整,用户可以根据自己的具体需求调整工具,确保最佳性能。通过在提示词工程中引入 EPW,可以微调要在提示词中使用的 token 在检索到的 token 中的百分比。

私人知识库构造器可以使用用户的文档创建本地和个性化的知识库。该构造器使用了一个可扩展的文档加载器,可以通过分块和流式处理加载、拆分和知识库创建过程来处理大量文档,从而实现高效的文档处理。在生成知识库的原始知识后,使用密集编码器将文本转换为可用于语义搜索和检索的数字嵌入。为了适应大规模的知识库,还可以利用 ANNS 进行高效的语义检索,而 Index Constructor 函数自动创建语义搜索所需的索引文件。

总之,随着 GenAI 在各行各业的企业中大规模部署,对高质量专有信息以及可追溯性和可验证性的要求发生了明显的转变。这些需求旨在解释本地数据从而实现本地化,而这些数据在预训练过程中大多是看不见的。通过使用 RCG 并指导预训练和微调过程来创建反映认知结构的概括和抽象,可以在理解模式和理解检索中看不见的数据的能力方面取得飞跃,这也势必成为大模型知识问答系统未来的重要发展方向。

8.2.5 案例小结

经过上述案例学习,结合第 2 章介绍的软件体系结构的构建过程,图 8-20 给出了基于大模型的知识问答系统从需求分析到体系结构演化的整个过程。

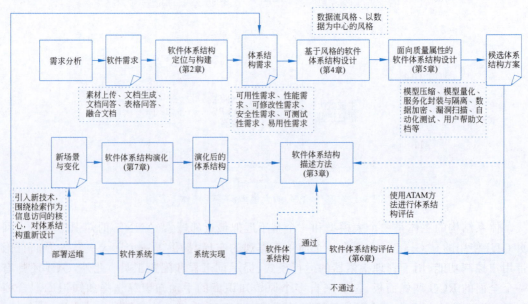

图 8-20 基于大模型的知识问答系统设计过程

基于大模型的知识问答系统在构建知识库的基础上,能够有效利用大语言模型的文本理解和生成能力,通过问答的形式对用户提出的问题予以解答,并提供自然语言形式的答案摘要和可视化结果。该系统涉及的技术目前处于起步阶段,还没有系统性介绍的教科书可以参考,读者有兴趣可以在互联网上自己搜索相关学习资料,开展进阶学习。

8.3 物联网系统

物联网时代对于更灵活、高效、智能的物联网解决方案有了更高的要求。物联网环境中存在异构设备的集成难题、实时性需求、数据安全和隐私处理等亟须解决的难题。物联网系统采用开放性架构,使得各类边缘设备能够轻松集成,同时将计算能力推向边缘节点,本地数据本地分析,实现了实时性、安全性和隐私性。因此,本节选取了一个经典物联网系统综合应用案例,来一步步完成系统的架构设计。

8.3.1 需求分析

1. 功能需求

物联网系统的核心需求是与设备、传感器、执行器和其他物联网对象的物理世界进行交互,为使用者提供设备管理、数据采集等服务。物联网系统的主要用户为设备管理员和系统管理员。

如图 8-21 所示,设备管理员的主要需求包括:核心服务,如数据持久化存储与管理服务、控制驱动请求的服务、连接计算系统的对象的元数据存储及管理服务、提供系统内相关服务信息和配置属性;支持服务,如规则引擎服务、调度服务、警报与通知服务;设备服务,如注册核心元数据、装载与管理物理设备、监控设备状态、采集设备数据;应用服务,如数据准备、数据整理。

如图 8-22 所示,系统管理员的主要需求包括:统安全服务,如初始化安全组件、设置安全服务运行环境、管理用户访问控制、管理系统机密存储(令牌、密码、证书);系统管理服务,如启动/停止/重新启动系统服务、获取服务的配置/运行状态、获取系统服务的指标。

2. 质量属性需求

该物联网系统的主要非功能性包括可用性需求、性能需求、安全性需求等,本节采用质量属性场景的描述方式对该系统的质量属性需求进行描述。如表 8-7～表 8-15 所示。

1) 可用性需求

表 8-7 可用性需求

质量属性场景组成部分	描述
刺激源	系统数据
刺激	数据库故障
制品	物联网系统
环境	系统正常运行时
响应	显示系统正在维护,并在规定时间内恢复系统数据和系统访问
响应度量	10min 内恢复系统正常运行,保持数据同步

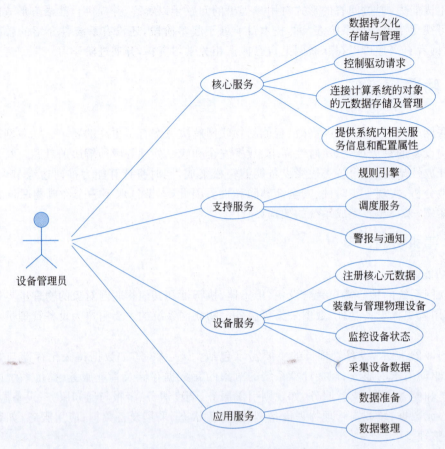

图 8-21　设备管理员的主要需求

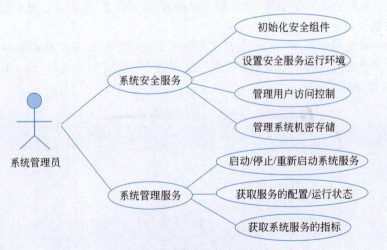

图 8-22　系统管理员的主要需求

2）性能需求

表 8-8　性能需求

质量属性场景组成部分	描　述
刺激源	大量边缘设备
刺激	边缘设备业务增加
制品	物联网系统
环境	系统超载运行
响应	加载管理界面，响应处理设备请求
响应度量	在 30s 内响应并处理请求

3）可修改性需求

表 8-9　可修改性需求

质量属性场景组成部分	描　述
刺激源	设备管理员
刺激	修改设备配置文件
制品	物联网系统
环境	系统正常运行
响应	按实际情况更新配置文件，且不影响其他功能的运行
响应度量	完成更新后直接上线运行，对 99.99％的其他功能不造成影响

表 8-10　可修改性需求

质量属性场景组成部分	描　述
刺激源	设备管理员
刺激	增加或删除边缘设备
制品	物联网系统
环境	系统正常运行
响应	修改设备注册表，且不影响其他功能的运行
响应度量	1min 钟内可以完成修改，直接上线运行，对 99.99％的其他功能不造成影响

4）安全性需求

表 8-11　安全性需求

质量属性场景组成部分	描　述
刺激源	设备管理员
刺激	修改设备隐私数据
制品	物联网系统
环境	系统正常运行
响应	数据更新成功，数据加密传输、存储
响应度量	数据加密级别为秘密级

表 8-12 安全性需求

质量属性场景组成部分	描述
刺激源	黑客、病毒
刺激	试图修改设备数据
制品	物联网系统
环境	系统正常运行
响应	检测并抵抗攻击与入侵
响应度量	设备数据安全上传,攻击被化解

表 8-13 安全性需求

质量属性场景组成部分	描述
刺激源	非授权用户
刺激	通过 SQL 注入登录系统,访问数据库,获取设备信息
制品	物联网系统
环境	系统正常运行
响应	系统拒绝访问
响应度量	不影响设备正常使用系统数据

5）可测试性需求

表 8-14 可测试性需求

质量属性场景组成部分	描述
刺激源	单元测试人员
刺激	执行黑盒测试
制品	物联网系统
环境	系统实现完成时
响应	模拟采集设备数据
响应度量	3s 内实现数据采集处理,报告过程中可能出现的故障

6）易用性需求

表 8-15 易用性需求

质量属性场景组成部分	描述
刺激源	初次使用的设备管理员
刺激	设备管理员希望迅速了解并使用系统
制品	物联网系统
环境	系统正常运行
响应	增加对应指示按钮和操作说明,提高导向性
响应度量	管理员按照说明步骤可以流畅地使用系统

8.3.2 架构设计

1. 基于风格的架构设计

基于对物联网系统的需求分析,结合各软件体系结构风格的特点,作为架构师首先分析出该系统可以采用层次系统体系结构风格进行系统架构设计。具体来说,对于微服务架构的物联网系统来讲,如图 8-23 所示,可以把该系统划分为 4 层,即边缘层、核心服务层、支持层和应用层。层次的划分有利于增加系统的可修改性,降低层间的耦合。核心服务层为该系统实现业务处理逻辑的层次,它包含事务的连接、传感器数据收集以及物联网系统的配置信息。支持层用于分析和调度,该层负责执行系统在物联网的外部设备。应用层类似于管道的作用,用于提供数据发送前的准备工作(如格式化、压缩、加密等)。边缘层则是负责与物联网中外部设备(例如传感器等)交互,提供一些合适的通信方式(如 REST、MQTT 等通信协议)。

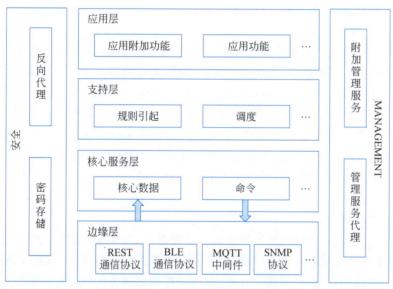

图 8-23 物联网案例系统架构图

在此基础上,应该关注核心服务层内部的设计。核心服务是物联网系统上下层之间的中介,是物联网系统功能的核心。核心服务包含事务的连接、传感器数据收集以及物联网系统的配置信息。其主要由 4 个微服务构成:核心数据服务,从设备服务收集到的数据持久性存储库以及相关管理服务;命令服务,一种从上层到下层方便地控制驱动请求的服务;元数据服务,关于连接到物联网系统的对象的元数据的存储库和相关管理服务,元数据提供了新设备并将其与自己的设备服务配对的能力;注册和配置服务;为其他物联网系统中的微服务提供系统内相关服务的信息和微服务配置属性。

除此之外,可以看到在架构图的两侧有没有提到的安全和管理层。它们并不属于之前提到的层次,这两个层是独立的,它们负责与每个层进行对接,提供额外的便利。安全层可保护物联网系统管理的设备、传感器和其他物联网对象的数据和控制。系统管理层用于启动/停止/重新启动物联网系统中的服务、获取服务的状态/运行状况或获取服务的指标(如内存使用情况),以便可以监控物联网系统中的服务。主要由系统管理代理和系统管理执行器构成。

2. 面向质量属性的架构设计

1）可用性需求设计

该系统的可用性是关于通信节点故障的,并要求在 1h 内恢复,实现通信正常。因此,从架构角度出发,要实现可用性需求,首先需要可以检测出故障,并在检测出故障的基础上,进行故障恢复。结合前面可用性及提升策略章节讲解的内容,检测故障需要监控,在系统中可进行的监控主要分为主动跟踪和被动跟踪。主动跟踪是指通过对系统进行干预,从而强化链路信息特征;被动跟踪是指在对系统无侵入的前提下,被动采集链路信息。故障诊断目前主要是通过挖掘故障与故障影响因素的相关性,构建关联模型,可视化故障发生的因果关系,在此基础上,利用图论、概率统计和博弈论相关算法准确定位故障发生位置,识别故障起因。故障预测则是利用软件监控获取的系统状态数据和基于软件故障分析建立的关系模型,建立故障预测算法,对目标潜在的软件故障发生进行概率计算。最后,尝试进行故障恢复,系统会利用现有的自愈手段重启、消除故障。

2）性能需求设计

该系统性能需求关注的是系统资源请求多时,系统对资源合理分配的需求。结合前面性能及提升策略章节讲解的内容,作为架构师,应该关注当高并发事件到来时,系统资源不足的问题。因此,通过资源管理、资源分配来保障当多请求来临时合理地利用资源对有效服务进行扩容,削减空闲服务的资源负载。在系统中,通常资源管理包括处理计算资源、存储资源和网络资源等。这可能涉及部署和扩展微服务实例,通常情况下,物联网系统使用容器化技术(如 Docker),自动伸缩适应负载变化以及监控和优化资源使用情况。资源分配即在系统运行中根据需求和负载将资源分配给不同的微服务,通过使用负载均衡策略来分发请求,以确保每个微服务实例都能平衡地处理请求。

3）可修改性需求设计

在系统的架构风格选择中,系统采用了核心服务层、应用层、支持层和边缘层分离。因此,如果要对系统核心功能点进行修改,仅关系到系统的核心服务层,保证了该可修改性需求。另一个可修改性需求,在架构设计中,系统可以延迟绑定时间,具体来说就是将修改的决策推迟,尽可能地应对需求和环境的变化。

4）安全性需求设计

该系统的安全性需求关注的是服务之间存在的信任机制问题,结合前面安全性及提升策略讲解内容,可以想到如何抵制非授权的用户访问核心服务,作为架构师,可以采用之前提到的层级防火墙技术来抵制侵入,并且需要额外关注通信认证,使用加密算法传递信息。

5）可测试性需求设计

该系统的可测试性需求重点关注的是通信测试,并且在测试过程中报告可能出现的通信问题,而该系统中通信测试是黑盒的。因此,结合前面可测试性及提升策略章节讲解的内容,可以采用黑盒测试设计中常见的思路,提供输入并捕获输出。这里的输入为模拟的服务发出信息采集请求,需要记录的输出为请求处理的过程中产生的异常情况。

6）易用性需求设计

该系统的易用性需求主要关注的是用户使用系统的操作难度。因此,结合前面易用性及提升策略章节讲解的内容,该需求可以实现。作为架构师,可以采用易用性设计中的运行时策略，包括为每个服务提供具体的文档与示例，用清晰、易懂的描述让用户明白如何使用，此外，提供适当的音频和视频用于辅助用户理解其主要功能。通过上述设计的考虑，保证系统的易用性需求。

8.3.3 架构评估

前面章节提到了很多评估软件架构的方法，在物联网系统案例介绍中，采用基于场景的ATAM架构评估方法对该案例系统的架构设计进行评估。

ATAM评估方法主要包括4个阶段：准备阶段、调查与分析阶段、测试阶段和总结阶段。本节将重点对调查与分析阶段、测试阶段的开展情况进行分析。

1. 调查与分析阶段

系统评估小组针对物联网系统进行了效用图描述，并且为效用树中每一个质量属性需求给出了对应的优先级。基于效用树（见图8-24），识别可能影响系统性能、可修改性、可用性和安全性的风险点，为每个识别的风险制定缓解策略，如通过技术改进、流程优化或协议调整。通过以上步骤，为物联网系统的ATAM架构评估奠定了基础。接下来的评估阶段将深入分析系统架构的各个方面，以确保系统能够满足既定的质量属性要求。

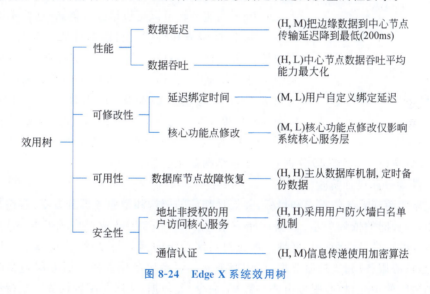

图8-24 Edge X系统效用树

2. 测试阶段

在深入学习ATAM架构评估方法的基础上，考虑到在效用树构建阶段，架构师需要从自身的角度出发，全面理解系统的质量属性。在之后的测试阶段，为确保更广泛的利益相关者参与，通常会在已有的效用树基础上，组织边缘端系统的利益相关者进行头脑风暴。这一过程涉及对用例场景、增长情景以及探索性场景的全面讨论，目的是列出所有潜在的场景。通过投票机制，可以筛选出那些被认为具有高重要性的优先场景。

在对物联网系统进行评估时，利益相关者特别强调了高并发设备快速响应的重要性，并将其提升为一个高优先级的需求（标记为H）。这一决策在架构设计方案的分析阶段显得尤为关键，因为它直接影响到系统性能的敏感点。

为了确保系统能够满足这一高优先级需求，需要在调查与分析阶段的基础上，深入探讨并制定相应的性能设计方案。其中包括优化微服务的并发处理能力、提高系统资源的利用率，以及确保快速的网络通信等。通过这些措施，物联网系统将能够更好地应对高并发环境下的挑战，为边缘计算场景提供更加稳定和高效的服务。

8.3.4 架构演化

随着物联网、物联网的发展，越来越多的边缘设备需要接入互联网，包括智能家居、智能汽车等，物联网系统面临着持续不断的挑战。因此，系统架构层面的优化就成为保障系统能够适应大量边缘设备请求的必由之路。下面，本节将详细介绍利用 DevOps 更新系统以解决面临的不同挑战。DevOps 的核心方法主要包括以下 6 个方面：版本控制、持续集成（Continuous Integration，CI）/持续部署（Continuous Deployment，CD）、配置管理、基础设施及代码、持续监控、持续迭代。

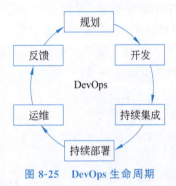

图 8-25 DevOps 生命周期

DevOps 的生命周期是一系列迭代式、自动化的开发流程，旨在优化高质量软件的快速交付，如图 8-25 所示，通常可以归为 6 个类别：规划、开发、持续集成、持续部署、运维、反馈。DevOps 的优势主要体现在组织层面的协助和沟通上，DevOps 高速运转可以更快地进行创新、适应不断变化的环境。例如，微服务和持续交付能够让团队充分掌控服务，更快地发布更新。DevOps 提高了发布的频率和速度，以便更快地进行创新并完善产品。同时，DevOps 确保应用程序更新和基础设施变更的品质，以保证用户的优质体验。

DevOps 可以用于大规模运行、管理软件的基础设施及开发流程，自动化和一致性可在降低风险的同时有效管理复杂或不断变化的系统。结合物联网系统，本节将从以下 6 个阶段分别介绍体系结构演化过程。

1. 系统规划和设计阶段

团队需要明确系统的需求和目标，并设计相应的架构和微服务拆分方案，这包括确定系统的功能、服务间的依赖关系、数据存储方案等。DevOps 团队成员应该参与规划和设计，以确保系统的可维护性和可扩展性。经过对系统功能的拆分与设计，将从以下 4 层进行设计，分别是核心服务层、支持服务层、应用服务层与设备服务层。核心服务层是物联网系统南北两侧之间的中介，核心服务由核心数据、命令、元数据、注册与配置构成。支持服务层主要执行日志记录、调度和数据清理等正常任务，支持服务包括规则引擎、调度、日志记录以及告警和提示。应用程序服务是从物联网系统提取、处理/转换感知数据并将其发送到选择的端点或进程的方法。设备服务是与"事务"交互的边缘连接器，设备服务可以同时为一个或多个事务或设备（传感器、执行器等）提供服务，设备服务管理的设备可以是简单的单个物理设备以外的设备。系统服务层主要包括安全基础设施和系统管理两部分内容。

2. 持续集成阶段

开发人员将物联网系统的源代码托管在 Git 上，采用分支管理策略，保证不同组件的协同开发。使用 Git 子模块来管理各个核心组件的代码。持续集成服务器会自动触发构建和测试流程，例如，编译代码、运行单元测试和静态代码分析。开发人员需要及时修复构建和测试中发现的问题，以确保代码质量。

3. 持续交付阶段

一旦代码通过了持续集成阶段,物联网系统将被打包成可部署的软件包。持续交付阶段涉及自动化部署到目标环境(例如开发、测试、预生产环境),并进行进一步的集成测试和验收测试。这可以通过使用容器化技术(如 Docker)和自动化部署工具(如 Kubernetes)来实现。

4. 自动化测试和持续部署阶段

通过自动化流程将通过持续交付阶段构建的物联网系统软件包自动部署到生产环境。利用灰度发布或蓝绿部署等策略,以确保平滑的系统更新和最小化对用户的影响。同时,还需要监控和报警系统来实时监测物联网系统的性能和可用性。

5. 运维和监控阶段

一旦系统部署到生产环境,运维团队负责监控物联网系统的运行状况、处理故障和性能优化。运维团队可以利用自动化工具来监控系统指标、收集日志和进行容量规划。同时,运维人员需要与开发团队密切合作,共同解决生产环境中的问题和改进系统的稳定性。

6. 反馈和改进阶段

DevOps 的关键是持续地反馈和改进。物联网系统团队应该定期回顾系统的性能和运维过程,并根据反馈结果进行改进。这可能涉及优化自动化流程、改进测试覆盖率、修复系统漏洞等。持续改进是 DevOps 文化的核心,鼓励团队学习和创新,并不断提高软件交付的速度、质量和可靠性。

8.3.5 案例小结

结合第 2 章讲解的软件体系结构的构建过程,如图 8-26 所示,一起来回顾一下本章是如何从需求分析开始,逐步完成了物联网系统的软件体系结构的设计的。

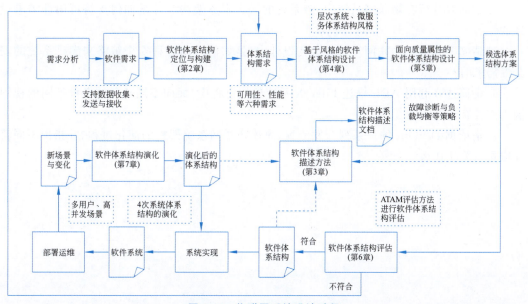

图 8-26 物联网系统设计过程

如果读者对于物联网系统的架构设计和实现感兴趣,也可以在此基础上,继续学习《物联网系统应用技术及项目开发案例》，该书中对于物联网系统的开发与实战项目进行了详细描述，对于读者来说是一本很好的学习资料。

小结

本章是全书的最后一章，从三个实际的项目案例出发，面向实际的软件系统需求，综合应用书中讲解的软件体系结构风格、软件体系结构描述、质量属性设计、软件体系结构分析与评估、软件体系结构演化等知识内容，逐步完成了软件体系结构中构件与构件连接交互方式的设计、质量属性的设计、体系结构设计方案的评估和体系结构演化的软件体系结构的构建过程。通过学习，读者不仅能够获取到软件体系结构的相关专业知识，同时也能够真正具备针对软件系统需求完成软件体系结构设计的工程实践能力。

习题

1. 请简要分析在电商系统的架构设计中，层次系统架构风格的设计是如何支持系统的可修改性的？

2. 请简要解释在电商系统的架构设计中，是如何应用各种质量属性设计策略来满足系统的质量属性需求的？

3. 从本质上看，基于大模型的知识问答系统的体系结构主要采用了数据流的体系结构风格，请对图 8-16 进行深入分析，从处理流程的灵活性、各个模块的可替换性、系统性能等多个维度对这种体系结构的优缺点进行评估，并思考还可以采用哪种体系结构风格实现这个系统，画出对应的体系结构。

4. 请简要分析在物联网系统中，该系统的层次服务架构设计是如何支持可用性需求设计的？

5. 请简要分析在物联网系统的架构设计中，是如何应用各种安全策略来满足系统的安全性需求的？

6. 请简述在利用 ADL 描述 Edge X 系统架构过程中，面向不同角色的三种不同的视图侧重点各有什么区别？

7. 请依据 DevOps 的一系列开发流程，简述物联网系统架构的演化过程，并指出不同流程应重点关注什么？

参 考 文 献

[1] Garlan D,Shaw M.（1993）. An Introduction to Software Architecture. Advances in Software Engineering and Knowledge Engineering，1(1)，1-39.

[2] Perry D E,Wolf A L.（1992）. Foundations for the study of software architecture. ACM SIGSOFT Software Engineering Notes，17(4)，40-52.

[3] 李必信,廖力. 软件架构理论与实践[M]. 北京：机械工业出版社，2021.

[4] Vestal S.（2012）. Designing Software Architectures：A Practical Approach. Addison-Wesley.

[5] Electrical I，Electrical I. ISO/IEC 42010 IEEE Std 1471-2000 First edition 2007-07-15-ISO/IEC Standard for Systems and Software Engineering-Recommended Practice for Architectural Description of Software-Intensive Systems[C]//IEEE.IEEE，2007.

[6] Gacek C，Abd-Allah A，Clark B. On the definition of software system architecture[C]//Proceedings of the First International Workshop on Architectures for Software Systems. Seattle，Wa，1995：85-94.

[7] 梅宏,申峻嵘.软件体系结构研究进展[J].软件学报,2006,17(6)：19. DOI：CNKI：SUN：RJXB.0.2006-06-003.

[8] Le P C. Using constraint propagation in blackboard systems：a flexible software architecture for reactive and distributedsystems[J]. Computer，1992，25(5)：60-62.

[9] 郭广义,李代平,梅小虎. Z 语言与软件体系结构风格的形式化[J]. 计算机技术与发展,2009,19(5)：140-142.

[10] 吴小兰,王忠群,刘涛,等. 基于 Petri 网的软件架构演化波及效应分析[J]. 计算机技术与发展，2007，17(12)：99-102.

[11] Sousa J P，Garlan D. Formal modeling of the enterprise javabeans™ component integration framework[C]//International Symposium on Formal Methods. Berlin，Heidelberg：Springer Berlin Heidelberg，1999：1281-1300.

[12] Kleppe A G，Warmer J B，Bast W. MDA explained：the model driven architecture：practice and promise[M]. Addison-Wesley Professional，2003.

[13] Shaw M，Garlan D. Software architecture：perspectives on an emergingdiscipline[M]. USA：Prentice-Hall，1996.

[14] Erman L D，Hayes R F，Lesser V R，et al. The Hearsay-II Speech-Understanding System：Integrating Knowledge to Resolve Uncertainty[J]. ACM Computing Surveys，1980，12（2）：213-253.

[15] 江焯林,黎绍发,高东发.基于黑板模式的人体检测系统设计与实现[J].计算机工程,2008,34(2)：4.DOI：10.3969/j.issn.1000-3428.2008.02.065.

[16] Offutt J. Quality attributes of Web software applications[J]. IEEE Software，2002，19(2)：25-32.

[17] Glinz M. On Non-Functional Requirements[C]. IEEE International Requirements Engineering Conference，2005.

[18] Kazman R，Klein M，Barbacci M，et al. The Architecture Tradeoff Analysis Method[C]. 4th International Conference on Engineering of Complex Computer Systems（ICECCS'98），1998，Monterey，CA，USA.IEEE，1998.

[19] Clements P，Kazman R，Bass L. Software architecture in practice[M]. USA：Addison-

Wesley, 2003.

[20] Lamport L. Paxos MadeSimple[J]. Acm Sigact News, 2016, 32(4): 51-58.

[21] Ongaro D, Ousterhout J. In search of an understandable consensus algorithm[C]. USENIX Annual Technical Conference, 2014.

[22] Zheng J, Harper K E. Concurrency design patterns, software quality attributes and their tactics[C]. In Proceedings of the 3rd International Workshop on Multicore Software Engineering, 2010.

[23] Montagud S, Abrahão S, Insfran E. A systematic review of quality attributes and measures for software productlines[J]. Software Quality Journal, 2012, 20: 425-486

[24] 张莉,高晖,王守信. 软件体系结构评估技术[J]. 软件学报, 2008, 19(6): 12. DOI: 10.3724/SP.J.1001.2008.01328.

[25] Clements P, Kazman R, Klein M. Evaluating Software Architecture[M]. 2nd ed., Addison Wesley, 2002.

[26] Kazman R, Bass L, Abowd G, et al. SAAM: A method for analyzing the properties of software architectures[C]//Proceedings of 16th International Conference on Software Engineering. IEEE, 1994: 81-90.

[27] Lassing N H, Rijsenbrij D B B, van Vliet H. On software architecture analysis of flexibility, complexity of changes: Size isn't everything[C]//Proceedings of the second Nordic Software Architecture Workshop (NOSA'99) Ronneby, Sweden, 1999.

[28] Molter G. Integrating SAAM in domain-centric and reuse-based development processes[C]//Proceedings of the 2nd Nordic Workshop on Software Architecture, Ronneby. 1999: 1-10.

[29] Clements P, Kazman R, Klein M. Evaluating softwarearchitectures[M]. Beijing: Tsinghua University Press, 2003.

[30] Lung C H, Bot S, Kalaichelvan K, et al. An approach to software architecture analysis for evolution and reusability[C]//Proceedings of the 1997 conference of the Centre for Advanced Studies on Collaborative research. 1997: 15.

[31] Bengtsson P O, Lassing N, Bosch J, et al. Architecture-level modifiability analysis (ALMA)[J]. Journal of Systems and Software, 2004, 69(1-2): 129-147.

[32] Bengtsson P, Bosch J. Architecture level prediction of software maintenance[C]//Proceedings of the Third European Conference on Software Maintenance and Reengineering (Cat. No. PR00090). IEEE, 1999: 139-147.

[33] Zhu L, Babar M A, Jeffery R. Mining patterns to support software architecture evaluation[C]//Proceedings. Fourth Working IEEE/IFIP Conference on Software Architecture (WICSA 2004). IEEE, 2004: 25-34.

[34] Tekinerdogan B. ASAAM: Aspectual software architecture analysis method[C]//Proceedings. Fourth Working IEEE/IFIP Conference on Software Architecture (WICSA 2004). IEEE, 2004: 5-14.

[35] Folmer E, Bosch J. Case studies on analyzing software architectures for usability[C]//31st EUROMICRO Conference on Software Engineering and Advanced Applications. IEEE, 2005: 206-213.

[36] Dobrica L, Niemela E. A survey on software architecture analysis methods. IEEE Trans. on Software Engineering, 2002, 28(7): 638-653.

[37] Williams L G, Smith C U. PASASM: A method for the performance assessment of software architectures. In: Proc. of the 3rd Int'l Workshop on Software and Performance. New York: ACM

Press，2002. 179-189.

[38] Williams L G, Smith C U. Performance evaluation of software architectures. In: Proc. of the 1st Int'l Workshop on Software and Performance. New York: ACM Press，1998. 164-177

[39] Van Gurp J, Bosch J. Automating software architecture assessment. In: Proc. of the 9th Nordic Workshop on Programming and Software Development Environment Research. Lillchammer，2000.

[40] Van G J, Bosch J. SAABNet: Managing qualitative knowledge in software architecture assessment. In: Proc. of the 2000 IEEE Conf. on Engineering of Computer Based Systems. 2000. 45-53.

[41] Tvedt R T, Lindvall M, Costa P. A process for software architecture evaluation using metrics. In: Proc. of the 27th Annual NASA Goddard/IEEE Software Engineering Workshop (SEW-27 2002). 2002. 191-196.

[42] Nakamura T, Basili V R. Metrics of software architecture changes based on structural distance. In: Proc. of the 11th IEEE Int'l Software Metrics Symp. (METRICS 2005). 2005. 8-17.

[43] Knodel J, Lindvall M, Muthig D, et al. Static evaluation of software architecture. In: Proc. of the Conf. on Software Maintenance and Reengineering (CSMR 2006). IEEE Computer Society，2006.

[44] Yacoub S M, Ammar H H. A methodology for architecture-level reliability risk analysis. IEEE Trans. on Software Engineering，2002,28(6)：529-547.

[45] Babar M A, Gorton I. Comparison of scenario-based software architecture evaluation methods. In: Proc. of the 11th Asia-Pacific Software Engineering Conf. 2004. 600-607.

[46] Kruchten P, Zhou B S, Wu C Y, et al, Trans. The Rational Unified Process: An introduction. Beijing: China Machine Press/ Addison Wesley，2002 (in Chinese).

[47] Selic B, Gullekson G, Ward P. Real-Time Object Oriented Modeling. New York: John Wiley and Sons，1994.

[48] Honeywell Company. Domain-Specific software architectures for GN&C (DSSA). 1993.

[49] Honeywell Technology Center. MetaH user's manual version 1.27. 1998.

[50] Kenney J J, Luckham D C. Specifyng and testing conformance to reference architectures. 1993.

[51] Riva C, Selonen P, Systa T, et al. UML-Based reverse engineering and model analysis approaches for software architecturemaintenance. In: Proc. of the 20th IEEE Int'l Conf. on Software Maintenance (ICSM 2004). IEEE Computer Society，2004. 50-59.

[52] Van Heesch U, Eloranta V P, Avgeriou P, et al. Decision-centric architecturereviews[J]. IEEE software，2013，31(1)：69-76.

[53] 郑人杰，马素霞，麻志毅. 软件工程[M]. BEIJING BOOK CO. INC.，2009.

[54] Williams B J, Carver J C. Characterizing software architecture changes: A systematic review[J]. Information and Software Technology，2010，52(1)：31-51.

[55] https://engineering.linkedin.com/blog/2016/07/keeping-the-linkedin-network-up-and-running.

[56] https://tech.ebayinc.com/engineering/ebays-architecture-ebay-inc/.

[57] De Silva L, Balasubramaniam D. Controlling software architecture erosion: Asurvey[J]. Journal of Systems and Software，2012, 85(1)：132-151.

[58] Fielding R T. Architectural styles and the design of network-based software architectures[M]. Doctoral dissertation: University of California，Irvine，2000.

[59] Martin R C. Agile software development: principles, patterns, andpractices[M]. Prentice Hall PTR，2003.

[60] Fowler M, Beck K. Refactoring: Improving the design of existing code[C]//11th European Conference. Jyväskylä, Finland. 1997.

［61］ https://blog.twitter.com/engineering/en_us/topics/infrastructure/2019/building-an-architecture-that-can-grow.

［62］ https://aws.amazon.com/blogs/architecture/.

［63］ Humble J, Farley D. Continuous delivery: reliable software releases through build, test, and deployment automation[M]. Pearson Education, 2010.

［64］ Yamashita A, Counsell S. Code smells as system-level indicators of maintainability: An empiricalstudy[J]. Journal of Systems and Software, 2013, 86(10): 2639-2653.

［65］ Lanza M, Marinescu R. Object-oriented metrics in practice: using software metrics to characterize, evaluate, and improve the design of object-orientedsystems[M]. Springer Science & Business Media, 2007.

［66］ Foster E, Towle Jr B. Software engineering: a methodicalapproach[M]. Auerbach Publications, 2021.

［67］ Otero C. Software engineering design: theory andpractice[M]. CRC Press, 2012.

［68］ 谢元媛,孙文磊,杨杰.逆向工程技术在产品开发中的应用[J].机械工程与自动化,2008(4): 58-60.

［69］ Jacobson I, Ng P W, McMahon P E, et al. The essentials of modern software engineering: free the practices from the method prisons![M]. Morgan & Claypool, 2019.

［70］ Krikhaar R L. Software architecture reconstruction[M]. Philips Electronics, 1999.

［71］ Riva C, Rodriguez J V. Combining static and dynamic views for architecture reconstruction[C]// Proceedings of the Sixth European Conference on Software Maintenance and Reengineering. IEEE, 2002: 47-55.

［72］ Rasool G, Asif N. Software architecture recovery[J]. International Journal of Computer and Systems Engineering, 2007, 1(4): 939-944.

［73］ Lungu M F. Reverse engineering software ecosystems[D]. Università della Svizzera italiana, 2009.

［74］ Pressman R S.软件工程：实践者的研究方法（英文精编版）[M].北京：机械工业出版社,2008.

［75］ Seacord R C, Plakosh D, Lewis G A. Modernizing legacy systems: software technologies, engineering processes, and business practices[M]. Addison-Wesley Professional, 2003.

［76］ Rozanski N, Woods E. Software systems architecture: working with stakeholders using viewpoints and perspectives[M]. Addison-Wesley, 2012.

［77］ Garlan D, Allen R, Ockerbloom J. Exploiting style in architectural design environments[J]. ACM SIGSOFT software engineering notes, 1994, 19(5): 175-188.

［78］ Mettala E, Graham M H. The domain-specific software architecture program[M]. Carnegie Mellon University, Software Engineering Institute, 1992.

［79］ Bosch J. Design and use of software architectures: adopting and evolving a product-line approach [M]. Pearson Education, 2000.

［80］ Chidamber S R, Kemerer C F. A metrics suite for object orienteddesign[J]. IEEE Transactions on software engineering, 1994, 20(6): 476-493.

［81］ Mens T, Tourwé T. A survey of software refactoring[J]. IEEE Transactions on software engineering, 2004, 30(2): 126-139.

［82］ Nesteruk D. Design Patterns in Modern C++: Reusable Approaches for Object-Oriented Software Design [M]. Apress, 2018.

［83］ Bass L, Clements P, Kazman R. Software architecture in practice[M]. Addison-Wesley Professional, 2003.

[84] Garlan D, Allen R, Ockerbloom J. Architectural mismatch or why it's hard to build systems out of existing parts[C]//Proceedings of the 17th international conference on Software engineering. 1995: 179-185.

[85] Binns P, Englehart M, Jackson M, et al. Domain-specific software architectures for guidance, navigation and control [J]. International Journal of Software Engineering and Knowledge Engineering, 1996, 6(2): 201-227.

[86] Feiler P H, Humphrey W S. Software process development and enactment: Concepts and definitions [C]//Proceedings of the Second International Conference on the Software Process-Continuous Software Process Improvement. IEEE, 1993: 28-40.

[87] Shaw M, Garlan D. Software architecture: perspectives on an emerging discipline[M]. Prentice-Hall, Inc., 1996.

[88] 江贺, 冯冲, 冯静芳. 软件体系结构理论与实践[M]. 北京: 人民邮电出版社, 2004.

[89] Fowler M. Patterns of Enterprise Application Architecture: Pattern Enterpr Applica Arch[M]. Addison-Wesley, 2012.

[90] Schmidt D C, Stal M, Rohnert H, et al. Pattern-oriented software architecture, patterns for concurrent and networked objects[M]. John Wiley & Sons, 2013.

[91] Apel S, Batory D, Kästner C, et al. Feature-oriented software productlines[M]. Springer-Verlag Berlin An, 2016.

[92] Medvidovic N, Taylor R N. Software architecture: foundations, theory, and practice [C]// Proceedings of the 32nd ACM/IEEE International Conference on Software Engineering-Volume 2. 2010: 471-472.

[93] Almefelt L, Berglund F, Nilsson P, et al. Requirements management in practice: findings from an empirical study in the automotive industry[J]. Research in engineering design, 2006, 17: 113-134.

[94] Van der Linden F J, Schmid K, Rommes E. Software product lines in action: the best industrial practice in product line engineering[M]. Springer Science & Business Media, 2007.

[95] 子柳. 淘宝技术这十年[M]. 北京: 电子工业出版社, 2013.

图书资源支持

感谢您一直以来对清华版图书的支持和爱护。为了配合本书的使用,本书提供配套的资源,有需求的读者请扫描下方的"书圈"微信公众号二维码,在图书专区下载,也可以拨打电话或发送电子邮件咨询。

如果您在使用本书的过程中遇到了什么问题,或者有相关图书出版计划,也请您发邮件告诉我们,以便我们更好地为您服务。

我们的联系方式:

清华大学出版社计算机与信息分社网站:https://www.shuimushuhui.com/

地　　址:北京市海淀区双清路学研大厦 A 座 714

邮　　编:100084

电　　话:010-83470236　010-83470237

客服邮箱:2301891038@qq.com

QQ:2301891038(请写明您的单位和姓名)

资源下载:关注公众号"书圈"下载配套资源。

书 圈

清华计算机学堂

观看课程直播